高等职业教育土建专业系列教材

建筑材料与检测技术

主　编　夏文杰　张丽丽　刘　杏
副主编　郭玉霞　苏　洁　李静文
　　　　余文星　宋丹举

U0361358

南京大学出版社

内容提要

本教材主要反映当前建筑工程行业实际应用建筑材料及检测技术的最新动态，依据我国最新修订的建筑材料技术标准和相关规范编写，内容主要包括：绪论、建筑材料的基本性质、胶凝材料、混凝土、砂浆、墙体材料、建筑钢材、建筑功能材料、建筑材料检测试验等内容。

本教材主要作为高等职业院校建筑工程技术、工程造价等专业的教学用书，也可作为继续教育与自学考试的教学或自学教材，同时也可供相关培训机构及从事实际工程的土建技术人员学习参考。

图书在版编目（CIP）数据

建筑材料与检测技术 / 夏文杰，张丽丽，刘杏主编.
-- 南京：南京大学出版社，2023.9
ISBN 978 - 7 - 305 - 27166 - 3

Ⅰ. ①建… Ⅱ. ①夏… ②张… ③刘… Ⅲ. ①建筑材料－检测－高等职业教育－教材 Ⅳ. ①TU502

中国国家版本馆 CIP 数据核字（2023）第 133201 号

出版发行　南京大学出版社
社　　址　南京市汉口路 22 号　　　邮　编　210093
出版人　王文军
书　　名　**建筑材料与检测技术**
　　　　　JIANZHU CAILIAO YU JIANCE JISHU
主　　编　夏文杰　张丽丽　刘　杏
责任编辑　王骁宇　　　　　编辑热线　025 - 83592655
照　　排　南京开卷文化传媒有限公司
印　　刷　南京京新印刷有限公司
开　　本　787 mm×1092 mm　1/16　印张 15.25　字数 390 千
版　　次　2023 年 9 月第 1 版　2023 年 9 月第 1 次印刷
ISBN　978 - 7 - 305 - 27166 - 3
定　　价　45.00 元

网　　址：http://www.njupco.com
官方微博：http://weibo.com/njupco
官方微信号：njuyuexue
销售咨询热线：(025)83594756

前　言

　　本教材是根据建筑工程技术、工程造价等专业的特点，按照高等职业教育学校工科类《建筑材料与检测技术》课程要求，结合编者自身多年的教学经验修订编写而成。本书主要阐述工业与民用建筑、交通土建等工程中所必须掌握的建筑材料知识，重点突出水泥、混凝土、建筑钢材等有关内容，根据最新规范进行编写，以适应当前建筑工程发展的需要，努力满足党的二十大报告提出的"办好人民满意的教育"的目标。每章的小结和习题可以帮助学生归纳总结，加深印象，检验学习掌握的程度。高等职业教育逐渐突出实践教学环节，故本教材把建筑材料试验集中一章便于教师在教学过程中结合试验内容讲解。

　　本教材注重理论联系实际，特别注重与工程实践的结合和技能的培养，体现了加强实际应用、服务专业教学的宗旨；全教材采用了最新版修订的规范和标准，图文并茂，便于学生的理解和掌握。

　　本教材共分9章，由济南工程职业技术学院夏文杰、张丽丽和刘杏担任主编，济南工程职业技术学院郭玉霞与苏洁、李静文，江门职业技术学院余文星和河南地矿职业学院宋丹举担任副主编，全书由夏文杰统稿。在编写过程中，力求符合课程教学大纲的要求，适合教与学的特点，反映当前最先进的技术知识、技术规范和技术标准。

　　本教材主要作为高等职业院校建筑工程技术、工程造价、工程监理等专业的教学用书，也可作为继续教育与自学考试的教学或自学教材，同时也可供相关培训机构及从事实际工程的土建技术人员学习参考。

　　本教材在编写过程中参考和引用了国内外大量文献资料，得到了天齐集团、中建八局、建泽搅拌站等企业的大力帮助，在此谨向原书作者和建筑技术人员致以诚挚的谢意！由于编者水平有限，书中缺点和不妥之处在所难免，恳请各位读者批评指正！

编者

2023 年 5 月

目　录

第1章 绪 论

【学习目标】

了解建筑材料分类与作用,熟悉建筑材料的技术标准,初步了解典型建筑材料质量检测要求,掌握本课程的内容及任务。

1.1 建筑材料的分类和作用

1.1.1 建筑材料的定义

建筑材料涉及面广泛,在概念上又没有明确而统一的界定。广义建筑材料除包括构成建筑工程实体的材料之外,还包括两部分:一是施工过程中所需要的辅助材料,如脚手架、组合钢模板、安全防护网等;二是建筑器材,如给排水设施、电气设施等。而通常所指的建筑材料主要是构成建筑工程实体的材料,如水泥、混凝土、钢材、装饰材料、防水材料等,即狭义的建筑材料。

1.1.2 建筑材料的分类

随着材料科学和材料工业不断地发展,各种类型新型建筑材料不断涌现,种类繁多,通常按材料的化学成分、使用目的及其使用功能将建筑材料进行分类。

1. 按化学成分分类

根据材料的化学成分,建筑材料可分为无机材料、有机材料以及复合材料三大类,见表1-1。

表1-1 建筑材料按化学成分分类

分 类			材料举例
无机材料	金属材料	黑色金属	钢、铁及其合金、合金钢等
		有色金属	铜、铝及其合金等
	非金属材料	天然石材	砂、石及石材制品
		烧土制品	黏土砖、瓦、陶瓷制品等
		胶凝材料及制品	石灰、石膏及制品、水泥及混凝土制品、硅酸盐制品等
		玻璃	普通平板玻璃、特种玻璃等
		无机纤维材料	玻璃纤维、矿物棉等

分　类		材料举例
有机材料	植物材料	木材、竹材、植物纤维及制品等
	沥青材料	煤沥青、石油沥青及其制品等
	合成高分子材料	塑料、涂料、胶黏剂、合成橡胶等
复合材料	有机与无机非金属材料复合 金属与无机非金属材料复合 金属与有机材料复合	聚合物混凝土、玻璃纤维增强塑料等 钢筋混凝土、钢纤维混凝土等 PVC钢板、有机涂层铝合金板等

2. 按使用目的分类

建筑材料按使用目的可分为如下几类。

（1）结构材料（建筑物骨架，如梁、柱、墙体等组合受力部分的材料），如木材、石材、砌块、混凝土及钢铁等。

（2）装饰材料（如内外装饰材料、地面装饰材料），如瓷砖、玻璃、金属饰板、轻板、涂料、粘铺材料、壁纸等。

（3）隔断材料（防水、防潮、隔音、隔热等为目的而使用的材料），如沥青、嵌缝材料、双玻璃及玻璃棉等。

（4）防火耐火材料（提高难燃、防烟及耐火性等性能为目的的材料），如防火预制混凝土制品、石棉水泥板、硅钙板等；此外，还有兼顾防火、耐火及隔断两方面功能的装饰材料。

3. 按使用功能分类

根据材料功能及特点，建筑材料可分为建筑结构材料、墙体材料和建筑功能材料。

（1）建筑结构材料主要是指构成建筑物受力构件和结构所用的材料。如梁、板、柱、基础及其他受力件和结构等所用的材料都属于这一类。对这类材料主要技术性能的要求是强度和耐久性。目前，所用的主要结构材料有砖、石、水泥混凝土和钢材及两者的复合物——钢筋混凝土和预应力钢筋混凝土。在相当长的时期内，钢筋混凝土及预应力钢筋混凝土仍是我国建筑工程中的主要结构材料之一。随着工业的发展，轻钢结构和铝合金结构所占的比例将会逐渐加大。

（2）墙体材料是指建筑物内、外及分隔墙体所用的材料，有承重和非承重两类。由于墙体在建筑物中占有很大比例，故合理选用墙体材料，对降低建筑物的成本，节能和使用安全耐久等都是很重要的。目前，我国大量采用的墙体材料为砌墙砖、混凝土及加气混凝土砌块等。此外，还有混凝土墙板、石膏板、金属板材和复合墙体等，特别是轻质多功能的复合墙板发展较快。

（3）建筑功能材料主要是指担负某些建筑功能的非承重用材料，如防水材料、绝热材料、吸声和隔声材料、采光材料、装饰材料等。这类材料的品种、形式繁多，功能各异。随着国民经济的发展以及人民生活水平的提高，这类材料将会越来越多地应用于建筑物上。

一般来说，建筑物的可靠度与安全度，主要决定于由建筑结构材料组成的构件和结构体系；而建筑物的使用功能与建筑品质，主要决定于建筑功能材料。此外，对某一种具体材料来说，可能兼有多种功能。

1.1.3　建筑材料在建筑工程中的地位和作用

建筑材料是一切建筑工程的物质基础。建筑业的发展也离不开建筑材料工业的发展。

（1）建筑材料是建筑工程的物质基础。建筑的总造价中，建筑材料费用所占比重较大，一般超过 50%。因此，选用的建筑材料是否经济适用，对降低房屋建筑的造价起着重要的作用。正确掌握并准确熟练地应用建筑材料知识，可以通过优化选择和正确使用材料，充分利用材料的各种功能，在满足工程各项使用要求的条件下，降低材料的资源消耗或能源消耗，节约与材料有关的费用。从工程技术经济及可持续发展的角度来看，正确选择和使用材料，对于创造良好的经济效益与社会效益具有十分重要的意义。在建筑工程中恰当地选择和合理地使用建筑材料，不仅能提高建筑物质量、延长建筑物寿命，而且对降低工程造价也有着重要的意义。

（2）建筑材料的发展赋予了建筑物以鲜明的时代特征和风格。中国古代以木结构为主的建筑，当代以钢筋混凝土和钢结构为主体材料的超高层建筑，均体现了鲜明的时代感。

（3）建筑设计理论的不断进步和施工技术的革新不但受到建筑材料发展的制约，同时也受到其发展的推动。大跨度预应力结构、薄壳结构、悬索结构、空间网架结构等结构类型，节能建筑、绿色建筑等新型建筑的出现无疑都是与新材料的产生密切相关的。

（4）建筑材料的质量如何直接影响建筑物的坚固性、适用性和耐久性。建筑材料只有具有足够的强度以及与环境条件相适应的耐久性，才能使建筑物具有足够的使用寿命，并最大限度地减少维修费用。

建筑材料的发展是随着人类社会生产力的不断发展和人民生活水平的不断提高而向前发展的。现代科学技术的发展，使生产力水平不断提高，人民生活水平不断改善；这将要求建筑材料的品种和性能更加完备，不仅要求经久耐用，而且要求建筑材料具有轻质、高强、美观、保温、吸声、防水、防震、防火、节能等功能。

▶　1.2　建筑材料的技术标准　◀

1.2.1　建筑材料的技术标准及作用

建筑材料的技术标准是生产和使用单位检验，确证产品质量是否合格的技术文件。为了保证材料的质量、现代化生产和科学管理，必须对材料产品的技术要求制定统一的执行标准。其内容主要包括：产品规格、分类、技术要求、检验方法、验收规则、标志、运输和贮存注意事项等方面。

1.2.2　技术标准的级别与种类

我国的技术标准划分为国家级、行业（或部）级、地方级和企业级四个级别。

1. 国家标准

国家标准由国家质量监督检验总局发布或其与相关国务院行政主管部门联合发布，标准分为强制性标准（代号 GB）和推荐性标准（代号 GB/T）。强制性标准是在全国范围内必须执行的技术指导文件，产品的技术指标都不得低于标准中规定的要求。推荐性标准在执行时也可采用其他相关标准的规定。工程建设国家标准（代号 GBJ）是涉及建设行业相关技术内容的国家标准。

2. 行业(或部)标准

各行业(或主管部门)为了规范本行业的产品质量而制定的技术标准,也是全国性的指导文件,如建筑工程行业标准(代号 JGJ)、建筑材料行业标准(代号 JC)、冶金工业行业标准(代号 YB)、交通行业标准(代号 JT)等。

3. 地方(地区)标准

地方标准为地方(地区)主管部门发布的地方性技术指导文件(代号 DB),适于在该地区使用。

4. 企业标准

由企业制定发布的指导本企业生产的技术文件(代号 QB),仅适用于本企业。凡没有制定国家标准、行业标准的产品,企业均应制定企业标准。企业标准所订的技术要求应不低于类似(或相关)产品的国家标准。

5. 国际标准

随着我国经济和科技实力的提升,我国的各级技术标准已比较完善,并自成体系,但工程中还可能引用其他国外的技术标准,这些标准包括:

(1)国际标准化组织制定发布的"ISO"系列国际化标准;

(2)国际上有影响的团体标准和公司标准,如美国材料与试验协会标准"ASTM";

(3)工业先进国家的国家标准或区域性标准,如德国工业标准"DIN"、英国的标准"BS"、日本的标准"JIS"等。

1.2.3 技术标准的基本表示方法

我国标准的基本表示方法依次为:标准名称、部门代号、编号和批准年份。如:国家标准(强制性)——《钢结构设计标准》(GB 50017—2017),国家标准(推荐性)——《低碳钢热轧圆盘条》(GB/T 701—2008),建设行业标准——《普通混凝土配合比设计规程》(JGJ 55—2011),上海市工程建设地方标准——《结构混凝土抗压强度检测技术标准》(DG/TJ 08—2020—2020)。

目前,主要建筑材料标准内容大致包括材料质量要求和检验两大方面。有的二者合在一起,有的则分开订立标准。在现场配制的一些材料(如钢筋混凝土等),其原材料(钢筋、水泥、石子、砂等)应符合相应的材料标准要求;而其制成品(如钢筋混凝土构件等)的检验及使用方法,常包含于施工验收规范及有关的规程中。由于有些标准的分工细,且相互渗透、关联,有时一种材料的检验要涉及多个标准、规范等。

▶ 1.3　建筑材料质量检测的有关规定 ◀

在建筑施工过程中,影响工程质量的主要因素包括材料、机械、人、施工方法和环境条件五个方面。为了保证工程质量,检测者必须对施工的各工序质量从上述五个方面进行事前、事中和事后的有效控制,做到科学管理。要完成这样的目标,检测者就必须做好检测工作,其中材料性能的检测是必不可少的重要环节。

为了加强对建筑工程及建筑工程所用材料、制品、设备的质量监督检测工作,1985 年建设部发布了《建筑工程质量检测工作规定》,对检测机构的设置、任务、权限和责任等进行了规范。1996 年建设部发布了《关于加强工程质量检测工作的若干意见》,提出了加强检测工作的领导、建立健全工程质量检测体系、加强检测机构自身建设、促进检测技术水平的提高、发挥国家和省级检测中心的骨干作用、加强职业道德教育六个方面的意见。这两个文件从法规方面提出了检测的基本要求,是进行材料质量检测的重要依据。

1.4　本课程的内容和学习要求

1.4.1　课程内容

本课程主要讲述常用建筑材料的品种、规格、技术性能、质量标准、检测方法、选用及保管等基本内容。本课程既是一门与建筑构造、建筑结构、建筑施工和验收以及工程监理等专业课程有着密切联系的专业基础课程,又是一门实践性较强的专业技能课程。通过课程的学习,学生在今后的工作实践中能合理选择、正确使用建筑材料,重点掌握建筑材料的技术性能,并具备对常用建筑材料的主要技术指标进行抽样检测的能力,同时也为进一步学习房屋建筑学、建筑结构、建筑施工技术、建筑工程预算等课程打下扎实的基础。

1.4.2　课程学习方法

本课程具有内容繁杂、涉及面广、理论知识系统性不强等特点,学生在初学时要正确理解与全面掌握这些知识的难度较大。因此,在理论学习方面,学生应在首先掌握材料基本性质和相关理论的基础上,再熟悉常用材料的主要性能、技术标准及应用方法。学习时要注意不能面面俱到,要抓住重点内容与核心内容。建筑材料的性质与应用是构建本课程知识目标的核心内容,实验实训环节是本课程的重点内容。学生通过完成实验实训项目,不仅可以加深理解材料的性能和掌握试验及检测方法,更能培养严谨的科学态度和团结协作的职业精神。

【知识拓展】　　　　　　　　夯　土

夯土建筑是指使用未经焙烧的土壤或经过简单加工的原状土作为主体材料,辅以木、石等天然材料营建而成的建筑。夯土建筑出现于四千多年前,是具有代表性的中国传统民居建筑形式之一。传统的夯土建筑由于技术、经济条件的限制和材料处理与施工工艺不完善,导致传统夯土建筑在耐久性、空间布局以及造型外观上有较多不足。我们必须坚定历史自信、文化自信,坚持古为今用,推陈出新。近年来,相关专家学者展开深入研究,建立"黏粒含量控制为主、级配曲线为辅"的混合夯筑料标准,配比出合适的现代夯筑料,并在夯筑料中添加水泥石灰等固化剂,满足现代夯土建筑在特殊受力及极端状况下的安全性能。

习 题

1. 建筑材料按照化学成分如何进行分类?

2. 利用业余时间找到任一种现行建筑材料的产品标准,了解建筑材料各级标准的基本内容和格式。

3. 学习本章内容后,你对本专业毕业生就业如何理解?

第2章 建筑材料的基本性质

【学习目标】

通过学习建筑材料的基本性质,初步具备判断材料的性质和正确运用材料的能力,为后续章节的学习和正确选择合理使用建筑材料奠定基础。

2.1 材料的基本物理性质

2.1.1 材料与质量有关的性能

1. 三种密度

(1) 实际密度

实际密度(简称密度),是指材料在绝对密实状态下单位体积的质量,按下式计算:

$$\rho = \frac{m}{V} \tag{2.1}$$

式中:ρ——实际密度(g/cm^3);

m——材料在干燥状态下的质量(g);

V——材料在绝对密实状态下的体积(cm^3)。

绝对密实状态下的体积,指不包括材料内部孔隙在内的固体物质的体积。测定材料密度时,可采取不同方法。对钢材、玻璃、铸铁等接近于绝对密实的材料,可用排水(液)法;而绝大多数材料内部都含有一定孔隙,测定其密度,应把材料磨成细粉(粒径小于 0.2 mm)以排除其内部孔隙,然后用排水(液)法测定其实际体积,再计算其绝对密度;水泥、石膏粉等材料本身是粉末态,就可以直接采用排水(液)法测定。

在测量某些较致密的不规则的散粒材料(如卵石、砂等)的实际密度时,常直接用排水法测其绝对体积的近似值(因颗粒内部的封闭孔隙体积没有排除),这时所测得的实际密度为近似密度,即视密度(ρ')。

(2) 体积密度

体积密度,指材料在自然状态下单位体积的质量,按下式计算:

$$\rho_0 = \frac{m}{V_0} \tag{2.2}$$

式中:ρ_0——体积密度(g/cm^3 或 kg/m^3);

m——材料的质量(g 或 kg);

V_0——材料在自然状态下的体积,或称表观体积(cm^3 或 m^3)。

自然状态下的体积即表观体积,包含材料内部孔隙(包含开口孔隙和封闭空隙)在内。对外形规则的材料,其几何体积即为表观体积;对外形不规则的材料,可用排水(液)法测定,但在测定前,待测材料表面应用薄蜡层密封,以免测液进入材料内部孔隙而影响测定值。

(3)堆积密度

堆积密度,指散粒(粉状、粒状或纤维状)材料在自然堆积状态下单位体积的质量,按下式计算:

$$\rho'_0 = \frac{m}{V'_0}$$
(2.3)

式中:ρ'_0——堆积密度(kg/m³);

m——材料的质量(kg);

V'_0——材料的堆积体积(m³)。

自然堆积状态下的体积即堆积体积,包含颗粒内部的孔隙及颗粒之间的空隙,如图2-1所示。测定散粒状材料的堆积密度时,材料的质量是指填充在一定容积的容器内的材料质量,其堆积体积是指所用容器的容积。

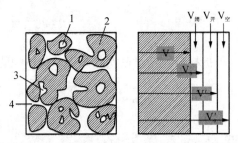

1—闭口孔隙 2—固体物质 3—开口孔隙 4—颗粒间隙

图2-1 材料孔(空)隙及体积示意图

在建筑工程中,计算材料用量、构件自重、配料计算,以及确定堆放空间时,经常要用到材料的密度、表观密度和堆积密度等参数。常用建筑材料的有关参数见表2-1。

表2-1 常用建筑材料的密度、表观密度、堆积密度和孔隙率

材　料	密度 ρ(g/cm³)	表观密度 ρ_0(kg/m³)	堆积密度 ρ'_0(kg/m³)	孔隙率(%)
石灰岩	2.60	1 800~2 600	—	—
花岗岩	2.60~2.90	2 500~2 800	—	0.50~3.00
碎石(石灰岩)	2.60	—	1 400~1 700	—
砂	2.60	—	1 450~1 650	—
黏土	2.60	—	1 600~1 800	—
普通黏土砖	2.50~2.80	1 600~1 800	—	20~40
黏土空心砖	2.50	1 000~1 400	—	—
水泥	3.10	—	1 200~1 300	—

材　料	密度 ρ(g/cm³)	表观密度 ρ_0(kg/m³)	堆积密度 ρ_0'(kg/m³)	孔隙率(%)
普通混凝土	—	2 100～2 600	—	5～20
轻骨料混凝土	—	800～1 900	—	—
木材	1.55	400～800	—	55～75
钢材	7.85	7 850	—	0
泡沫塑料	—	20～50	—	—
玻璃	2.55	—	—	—

2. 材料的密实度与孔隙率

（1）密实度

密实度是指材料体积内被固体物质所充实的程度，也就是固体物质的体积占总体积的比例。密实度反映了材料的致密程度，以 D 表示：

$$D = \frac{V}{V_0} \times 100\% = \frac{\rho_0}{\rho} \times 100\% \tag{2.4}$$

含有孔隙的固体材料的密实度均小于 1。材料的很多性能如强度、吸水性、耐久性、导热性等均与其密实度有关。

（2）孔隙率

孔隙率是指材料体积内，孔隙总体积（V_P）占材料总体积（V_0）的百分率。因 $V_P = V_0 - V$，则 P 值可用下式计算：

$$P = \frac{V_0 - V}{V_0} \times 100\% = \left(1 - \frac{V}{V_0}\right) \times 100\% = \left(1 - \frac{\rho_0}{\rho}\right) \times 100\% \tag{2.5}$$

孔隙率与密实度的关系为：

$$P + D = 1 \tag{2.6}$$

上式表明，材料的总体积是由该材料的固体物质与其所包含的孔隙所组成。

（3）材料的孔隙

材料内部孔隙一般由自然形成或在生产、制造过程中产生，主要形成原因包括：材料内部混入水（如混凝土、砂浆、石膏制品），自然冷却作用（如浮石、火山渣），外加剂作用（如加气混凝土、泡沫塑料），焙烧作用（如膨胀珍珠岩颗粒、烧结砖）等。

材料的孔隙构造特征对建筑材料的各种基本性质具有重要的影响，一般可由孔隙率、孔隙连通性和孔隙直径三个指标来描述。孔隙率的大小及孔隙本身的特征与材料的许多重要性质，如强度、吸水性、抗渗性、抗冻性和导热性等都有密切关系。一般而言，孔隙率较小，且连通孔较少的材料，其吸水性较小、强度较高、抗渗性和抗冻性较好、绝热效果好。孔隙率是指孔隙在材料体积中所占的比例。孔隙按其连通性可分为连通孔和封闭孔。连通孔是指孔隙之间、孔隙和外界之间都连通的孔隙（如木材、矿渣），封闭孔是指孔隙之间、孔隙和外界之间都不连通的孔隙（如发泡聚苯乙烯、陶粒），介于两者之间的称为半连通孔或半封闭孔。一般情况下，连通孔对材料的吸水性、吸声性影响较大，而封闭孔对材料的保温隔热性能影响较大。孔隙按其直径的大小可分为粗大孔、毛细孔、微孔三类。粗大孔指直径大于毫米级的孔隙,这类孔隙对材料的密度、强度等性能影响较大,如矿渣。毛细孔指直径在微米至毫米级的孔隙,对水具有强烈的毛细作用,主要影响材料的吸水性、抗冻性等性能。这类孔在多数材料内都存在,如混凝土、石膏等。微孔的直径在微米级以下,其直径微小,对材料的性能反而影响不大,如瓷质及炻质陶瓷。几种常用建筑材料的孔隙率见表 2-1。

3. 材料的填充率与空隙率

（1）填充率

填充率是指散粒材料在某容器的堆积体积中,被其颗粒填充的程度,以 D' 表示,可用下式计算：

$$D' = \frac{V_0}{V_0'} \times 100\% = \frac{\rho_0'}{\rho_0} \times 100\% \tag{2.7}$$

（2）空隙率

空隙率是指散粒材料在某容器的堆积体积中,颗粒之间的空隙体积(V_a)占堆积体积的百分率,以 P' 表示,因 $V_a = V_0' - V_0$,则 P' 值可用下式计算：

$$P' = \frac{V_0' - V_0}{V_0'} \times 100\% = \left(1 - \frac{V_0}{V_0'}\right) \times 100\% = \left(1 - \frac{\rho_0'}{\rho_0}\right) \times 100\% = 1 - D' \tag{2.8}$$

即

$$D' + P' = 1 \tag{2.9}$$

空隙率反映了散粒材料的颗粒之间的相互填充的致密程度,对于混凝土的粗、细骨料,空隙率越小,说明其颗粒大小搭配的越合理,用其配制的混凝土越密实,水泥也越节约。配制混凝土时,砂、石空隙率可作为控制混凝土骨料级配与计算含砂率的依据。

2.1.2 材料与水有关的性能

1. 亲水性与憎水性

材料在空气中与水接触时,根据其是否能被水润湿,可将材料分为亲水性和憎水性(或称疏水性)两大类。

材料在空气中与水接触时能被水润湿的性质称为亲水性。具有这种性质的材料称为亲水性材料,如砖、混凝土、木材等。

材料在空气中与水接触时不能被水润湿的性质,称为憎水性(也称疏水性)。具有这种性质的材料称为疏水性材料,如沥青、石蜡等。

在材料、水和空气三相交点处,沿水的表面且限于材料和水接触面所形成的夹角 θ 称为"润湿角"。当 $\theta \leqslant 90°$ 时材料分子与水分子之间互相的吸引力大于水分子之间的内聚力,称为亲水性材料。当 $\theta > 90°$,材料与水分子之间互相的吸引力小于水分子之间的内聚力,称为憎水性材料。如图 2-2 所示。

大多数建筑材料,如石料、砖及砌块、混凝土、木材等都属于亲水性材料,表面均能被水

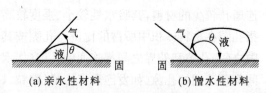

（a）亲水性材料　　　　（b）憎水性材料

图 2-2　材料的润湿示意图

润湿,且能通过毛细管作用将水吸入材料的毛细管内部。沥青、石蜡等属于憎水性材料,表面不能被水润湿。该类材料一般能阻止水分渗入毛细管中,因而能降低材料的吸水性。憎水性材料不仅可用做防水材料,而且还可用于亲水性材料的表面处理,以降低其吸水性。

2. 吸水性

材料在浸水状态下吸入水分的能力为吸水性。吸水性的大小,以吸水率表示。吸水率有质量吸水率和体积吸水率之分。

质量吸水率为材料吸水饱和时,其所吸收水分的质量占材料干燥时质量的百分率,可按下式计算:

$$W_{质} = \frac{m_{湿} - m_{干}}{m_{干}} \times 100\% \tag{2.10}$$

式中:$W_{质}$——材料的质量吸水率(%);

$\quad m_{湿}$——材料吸水饱和后的质量(g);

$\quad m_{干}$——材料烘干到恒重的质量(g)。

体积吸水率是指材料体积内被水充实的程度,即材料吸水饱和时,所吸收水分的体积占干燥材料自然体积的百分率,可按下式计算:

$$W_{体} = \frac{V_{水}}{V_0} \times 100\% = \frac{m_{湿} - m_{干}}{V_0} \cdot \frac{1}{\rho_{H_2O}} \tag{2.11}$$

式中:$W_{体}$——材料的体积吸水率(%);

$\quad V_{水}$——材料在吸水饱和时,水的体积(cm^3);

$\quad V_0$——干燥材料在自然状态下的体积(cm^3);

$\quad \rho_{H_2O}$——水的密度(g/cm^3),常温下 $\rho_{H_2O} = 1\ g/cm^3$。

质量吸水率与体积吸水率存在如下关系:

$$W_{体} = W_{质} \cdot \frac{\rho_0}{\rho_{H_2O}} = W_{质} \cdot \rho_0 \tag{2.12}$$

式中:ρ_0——材料干燥状态的表观密度。

材料吸水性,不仅取决于材料本身是亲水的还是憎水的,也与其孔隙率的大小及孔隙特征有关。封闭的孔隙实际上是不吸水的,只有那些开口而尤以毛细管连通的孔才是吸水最强的。粗大开口的孔隙,水分又不易存留,难以吸足水分,故材料的体积吸水率,常小于孔隙率。这类材料常用质量吸水率表示它的吸水性。而对于某些轻质材料,如加气混凝土、软木等,由于具有很多开口而微小的孔隙,所以它的质量吸水率往往超过 100%,即湿质量为干质量的几倍,在这种情况下,最好用体积吸水率表示其吸水性。

材料在吸水后,原有的许多性能会发生改变,如强度降低、表观密度加大、保湿性变差,甚至有的材料会因吸水发生化学反应而变质。因此,吸水率大对材料性能是不利的。

3. 吸湿性

材料在潮湿的空气中吸收空气中水分的性质,称为吸湿性。吸湿性的大小用含水率表示。

材料所含水的质量占材料干燥质量的百分数,称为材料的含水率,可按下式计算:

$$W_{含} = \frac{m_{含} - m_{干}}{m_{干}} \times 100\% \tag{2.13}$$

式中：$W_{含}$——材料的含水率（%）；

$m_{含}$——材料含水时的质量（g）；

$m_{干}$——材料干燥至恒重时的质量（g）。

材料的含水率大小，除与材料本身的特性有关外，还与周围环境的温度、湿度有关。气温越低、相对湿度越大，材料的含水率也就越大。

4. 耐水性

材料长期在饱和水作用下而不破坏，其强度也不显著降低的性质称为耐水性。材料的耐水性用软化系数表示，可按下式计算：

$$K_{软} = \frac{f_{饱}}{f_{干}} \tag{2.14}$$

式中：$K_{软}$——材料的软化系数；

$f_{饱}$——材料在水饱和状态下的抗压强度（MPa）；

$f_{干}$——材料在绝对干燥状态下的抗压强度（MPa）。

材料的软化系数，反映材料吸水后强度降低的程度，其值在 0～1 之间。$K_{软}$愈小，耐水性愈差。故 $K_{软}$ 值可作为处于严重受水侵蚀或潮湿环境下的重要结构物选择材料时的主要依据。处于水中的重要结构物，其材料的 $K_{软}$ 值应不小于 0.85～0.90；次要的或受潮较轻的结构物，其 $K_{软}$ 值应不小于 0.75～0.85；对于经常处于干燥环境的结构物，可不必考虑 $K_{软}$。通常认为 $K_{软}$ 大于 0.85 的材料，可认为是耐水材料。

5. 抗渗性

材料抵抗压力水渗透的性质，称为抗渗性（或不透水性），可用渗透系数 K 表示。

达西定律表明，在一定时间内，透过材料试件的水量与试件的断面积及水头差（液压）成正比，与试件的厚度成反比，即：

$$W = K\frac{h}{d}At \text{ 或 } K = \frac{Wd}{Ath} \tag{2.15}$$

式中：K——渗透系数（cm/h）；

W——透过材料试件的水量（cm^3）；

t——透水时间（h）；

A——透水面积（cm^2）；

h——静水压力水头（cm）；

d——试件厚度（cm）。

渗透系数反映了材料抵抗压力水渗透的性质；渗透系数越大，材料的抗渗性越差。

建筑中大量使用的砂浆、混凝土等材料，其抗渗性用抗渗等级表示。抗渗等级用材料抵抗的最大水压力来表示。如 P6、P8、P10、P12 等，分别表示材料可抵抗 0.6、0.8、1.0、1.2 MPa 的水压力而不渗水。抗渗等级愈大，材料的抗渗性愈好。

材料抗渗性的好坏，与材料的孔隙率和孔隙特征有密切关系。孔隙率很小而且是封闭孔隙的材料具有较高的抗渗性。对于地下建筑及水工构筑物，因常受到压力水的作用，故要求材料具有一定的抗渗性;对于防水材料,则要求具有更高的抗渗性。材料抵抗其他液体渗透的性质,也属于抗渗性。

6. 抗冻性

材料在吸水饱和状态下,能经受多次冻结和融化作用(冻融循环)而不破坏,同时也不严重降低强度,质量也不显著减少的性质,称为抗冻性。一般建筑材料抗冻性,如混凝土常用抗冻等级 F 表示。抗冻等级是以规定的试件、在规定试验条件下,测得其强度降低不超过规定值,并无明显损坏和剥落时所能经受的冻融循环次数来确定,用符号"F"加数字表示,其中数字为最小冻融循环次数。例如,抗冻等级 F10 表示在标准试验条件下,材料强度下降不大于 25%,质量损失不大于 5%,所能经受的冻融循环的次数最少为 10 次。

材料经多次冻融循环后,表面将出现裂纹、剥落等现象,造成质量损失、强度降低。这是由于材料内部孔隙中的水分结冰时体积增大,对孔壁产生很大压力,冰融化时压力又骤然消失所致。无论是冻结还是融化过程都会使材料冻融交界层间产生明显的压力差,并作用于孔壁使之遭损。对于冬季室外计算温度低于 −10 ℃的地区,工程中使用的材料必须进行抗冻试验。

材料抗冻等级的选择,是根据建筑物的种类、材料的使用条件和部位、当地的气候条件等因素决定的。冰冻对材料的破坏作用,是由于材料孔隙内的水结冰时体积膨胀(约增大9%)而引起孔壁受力破裂所致。所以,材料抗冻性的高低,决定于材料的吸水饱和程度和材料对结冰时体积膨胀所产生的压力的抵抗能力。

抗冻性良好的材料,对于抵抗温度变化、干湿交替等破坏作用的性能也较强。所以,抗冻性常作为考查材料耐久性的一个指标。处于温暖地区的建筑物,虽无冰冻作用,但为抵抗大气的作用,确保建筑物的耐久性,有时对材料也提出一定的抗冻性要求。

2.1.3　材料的热工性能

在建筑中,建筑材料除了须满足必要的强度及其他性能的要求外,为了减少建筑物的使用能耗,以及为生产和生活创造适宜的条件,常要求材料具有一定的热工性能,以维持室内温度。常考虑的热性质有材料的导热性、热容量和热变形性等。

1. 导热性

材料传导热量的能力,称为导热性。材料导热能力的大小可用导热系数(λ)表示。导热系数在数值上等于厚度为单位厚度(1 m)的材料,当其相对两侧表面的温度差为单位温差(1 K)时,经单位面积(1 m²)、单位时间(1 s)所通过的热量,可用下式表示:

$$\lambda = \frac{Q\delta}{At(T_2 - T_1)} \tag{2.16}$$

式中:λ——导热系数[W/(m・K)];

　　Q——传导的热量(J);

　　A——热传导面积(m²);

　　δ——材料厚度(m);

　　t——热传导时间(s);

　　$T_2 - T_1$——材料两侧温差(K)。

材料的导热系数越小,绝热性能越好。各种建筑材料的导热系数差别很大,大致在 $0.035\sim3.5$ W/(m·K)之间。典型材料导热系数见表 2-2。材料的导热系数与其内部孔隙构造有密切关系。由于密闭空气的导热系数很小,仅 0.023 W/(m·K),所以,材料的孔隙率较大者其导热系数较小,但如孔隙粗大而贯通,由于对流作用的影响,材料的导热系数反而增高。材料受潮或受冻后,其导热系数会大大提高。这是由于水和冰的导热系数比空气的导热系数高很多,分别为 0.58 和 2.20 W/(m·K)。因此,绝热材料应经常处于干燥状态,以利于发挥材料的绝热效能。

2. 热容量

材料加热时吸收热量,冷却时放出热量的性质,称为热容量。热容量大小用比热容(也称热容量系数,简称比热)表示。比热容表示 1 g 材料,温度升高 1 K 时所吸收的热量,或降低 1 K 时放出的热量。材料吸收或放出的热量和比热可由下式计算:

$$Q = cm(T_2 - T_1) \tag{2.17}$$

$$c = \frac{Q}{m(T_2 - T_1)} \tag{2.18}$$

式中:Q——材料吸收或放出的热量(J);

c——材料的比热[J/(g·K)];

m——材料的质量(g);

$T_2 - T_1$——材料受热或冷却前后的温差(K)。

比热是反映材料的吸热或放热能力大小的物理量。不同材料的比热不同,即使是同一种材料,由于所处物态不同,比热也不同。例如,水的比热为 4.186 J/(g·K),而结冰后比热则是 2.093 J/(g·K)。c 与 m 的乘积(即 $c \cdot m$)为材料的热容量值。采用热容量大的材料,对于保持室内温度具有很大意义。如果采用热容量大的材料做维护结构材料,能在热流变动或采暖设备供热不均匀时,减轻室内的温度波动,不会使人有忽冷忽热的感觉。常用建筑材料的比热见表 2-2。

表 2-2　几种典型材料及物质的热工性质

材料名称	钢材	混凝土	松木	烧结普通砖	花岗石	密闭空气	水
比热[J/(g·K)]	0.48	0.84	2.72	0.88	0.92	1.00	4.18
导热系数[W/(m·K)]	58	1.51	1.17~0.35	0.80	3.49	0.023	0.58

3. 材料的保温隔热性能

在建筑工程中常把 $1/\lambda$ 称为材料的热阻,用 R 表示,单位为(m·K)/W。导热系数 λ 和热阻 R 都是评定建筑材料保温隔热性能的重要指标。人们常习惯把防止室内热量的散失称为保温,把防止外部热量的进入称为隔热,将保温隔热统称为绝热。

材料的导热系数越小,其热阻值越大,则材料的导热性能越差,其保温隔热性能越好,所以常将 $\lambda \leqslant 0.175$ W/(m·K)的材料称为绝热材料。

4. 热变形性

材料的热变形性,是指材料在温度变化时其尺寸的变化。一般材料均具有热胀冷缩这一自然属性。材料的热变形性,常用长度方向变化的线膨胀系数表示。土木工程总体上要求材料的热变形不要太大,对于像金属、塑料等热膨胀系数大的材料,因温度和日照都易引起伸缩,成为构件产生位移的原因,在构件接合和组合时都必须予以注意。在有隔热保温要求的工程设计中,应尽量选用热容量(或比热)大、导热系数小的材料。

▶ 2.2　材料的力学性能 ◀

材料的力学性能,主要是指材料在外力(荷载)作用下,有关抵抗破坏和变形的能力的性质。

2.2.1　材料的强度、强度等级和比强度

1. 强度

材料可抵抗因外力(荷载)作用而引起破坏的最大能力,即该材料的强度。其值是以材料受力破坏时,单位受力面积上所承受的力表示,其通式可写为:

$$f = P/A \qquad (2.19)$$

式中:f——材料的强度(MPa);

P——破坏荷载(N);

A——受荷面积(mm^2)。

材料在建筑物上所受的外力,主要有拉力、压力、弯曲及剪力等。材料抵抗这些外力破坏的能力,分别称为抗拉、抗压、抗弯和抗剪等强度。这些强度一般是通过静力试验来测定的,因而总称为静力强度。图 2 - 3 列出了材料基本强度的分类和测定。

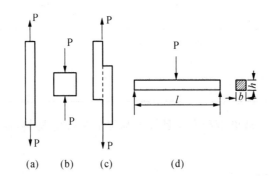

(a)—抗拉强度　(b)—抗压强度　(c)—抗剪强度　(d)—抗弯强度

图 2 - 3　材料静力强度分类

材料抗拉、抗压和抗剪等强度按公式 2.19 计算,抗弯(折)强度的计算,按受力情况,截面形状等不同,方法各异。如当跨中受一集中荷载的矩形截面的试件(如图 2 - 3 示),其抗弯强度按下式计算:

$$f_m = \frac{3FL}{2bh^2} \qquad (2.20)$$

式中：f_m——抗弯(折)强度(MPa)；

  F——受弯时破坏荷载(N)；

  L——两支点间的距离(mm)；

  b、h——材料截面宽度、高度(mm)。

材料的静力强度，实际上只是在特定条件下测定的强度值。试验测出的强度值，除受材料的组成、结构等内在因素的影响外，还与试验条件有密切关系，如试件的形状、尺寸、表面状态、含水率、温度及试验时加荷速度等。为了使试验结果比较准确而且具有互相比较的意义，测定材料强度时，必须严格按照统一的标准试验方法进行。

2. 强度等级

大部分建筑材料，根据其极限强度的大小，可划分为若干不同的强度等级。如砂浆按抗压强度分为 M5.0～M30 等 7 个强度等级，普通水泥按抗压强度分为 32.5～62.5 等强度等级。普通混凝土按其立方体抗压强度标准值划分为 C7.5、C10、C15、C20、C30 等 12 个强度等级，烧结普通砖分为 MU10、MU15、MU20、MU25、MU30 等 5 个强度等级，碳素结构钢按其抗拉强度分为 Q195、Q215、Q235、Q255、Q275 等 5 个强度等级。将建筑材料划分为若干强度等级，对掌握材料性能，合理选用材料，正确进行设计和控制工程质量十分重要。

3. 比强度

为了对不同的材料强度进行比较，可以采用比强度。比强度是按单位质量计算的材料强度，其值等于材料的强度与其表观密度之比，它是衡量材料轻质高强的一个主要指标。优质结构材料的比强度应高。几种典型材料的强度比较情况见表 2-3。

表 2-3　几种典型材料的强度比较

材　料	体积密度(kg/m³)	强度(MPa)	比强度
低碳钢(抗拉)	7 850	400	0.051
普通混凝土(抗压)	2 400	40	0.017
松木(顺纹抗拉)	500	100	0.200
玻璃钢(抗压)	2 000	450	0.225
烧结普通砖(抗压)	1 700	10	0.006

由表 2-3 数据可知，玻璃钢和木材是轻质高强的高效能材料，而普通混凝土为质量大而强度较低的材料。

2.2.2　材料的弹性和塑性

材料在外力作用下产生变形，当外力取消后，材料变形即可消失并能完全恢复原来形状的性质，称为弹性。这种当外力取消后瞬间内即可完全消失的变形，称为弹性变形。这种变形属于可逆变形，其数值的大小与外力成正比。其比例系数 E，称为弹性模量。在弹性变形范围内，弹性模量 E 为常数，其值等于应力与应变的比值。弹性模量是衡量材料抵抗变形能力的一个指标，E 越大，材料越不易变形。

在外力作用下材料产生变形，如果取消外力，仍保持变形后的形状尺寸，并且不产生裂缝的性质，称为塑性。这种不能消失的变形，称为塑性变形(或永久变形)。

许多材料受力不大时,仅产生弹性变形;受力超过一定限度后,即产生塑性变形。如建筑钢材,当外力值小于弹性极限时,仅产生弹性变形;若外力大于弹性极限后,则除了弹性变形外,还产生塑性变形。有的材料在受力时,弹性变形和塑性变形同时产生,如果取消外力,则弹性变形可以消失,而其塑性变形则不能消失,称为弹塑性材料。普通混凝土硬化后可看作典型的弹塑性材料。材料的应力应变曲线见图 2-4。

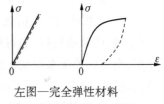

左图—完全弹性材料

右图—弹塑性材料(如:混凝土)

图 2-4　材料的应力应变曲线

2.2.3　材料的脆性和韧性

在外力作用下,当外力达到一定限度后,材料突然破坏而又无明显的塑性变形的性质,称为脆性。

脆性材料抵抗冲击荷载或震动作用的能力很差。其抗压强度比抗拉强度高得多,如混凝土、玻璃、砖、石、陶瓷等。

在冲击、震动荷载作用下,材料能吸收较大的能量,产生一定的变形而不致被破坏的性能,称为韧性。如建筑钢材、木材等属于韧性较好的材料。建筑工程中,对于要承受冲击荷载和有抗震要求的结构,其所用的材料都要考虑材料的冲击韧性。

2.2.4　材料的硬度、耐磨性

硬度是材料表面能抵抗其他较硬物体压入或刻画的能力。不同材料的硬度测定方法不同。按刻画法,矿物硬度分为 10 级(莫氏硬度)。其硬度递增的顺序依次为:滑石、石膏、方解石、萤石、磷灰石、正长石、石英、黄玉、刚玉、金刚石。木材、混凝土、钢材等的硬度常用钢球压入法测定(布氏硬度 HB)。一般来说,硬度大的材料耐磨性较强,但不易加工。耐磨性是材料表面抵抗磨损的能力。建筑工程中,用于道路、地面、踏步等部位的材料,均应考虑其硬度和耐磨性。一般来说,强度较高且密实的材料的硬度较大,耐磨性较好。

▶ 2.3　材料的耐久性 ◀

建筑材料除应满足各项物理、力学的功能要求外,还必须经久耐用,反映这一要求的性质即耐久性。耐久性是指材料在内部和外部多种因素作用下,长久地保持其使用性能的性质。

影响材料耐久性的因素是多种多样的,除材料内在原因使其组成、构造、性能发生变化以外,还要长期受到使用条件及各种自然因素的作用。这些作用可概括为以下几方面。

(1)温湿作用:包括环境温度、湿度的交替变化,即冷热、干湿、冻融等循环作用。材料在经受这些作用后,将发生膨胀、收缩或产生内应力;长期的反复作用,将使材料变形、开裂甚至破坏。

(2)化学作用:包括大气和环境水中的酸、碱、盐或其他有害物质对材料的侵蚀作用,以及日光、紫外线等对材料的作用,使材料发生腐蚀、碳化、老化等而逐渐丧失使用功能。

（3）机械作用：包括荷载的持续作用，交变荷载对材料引起的疲劳、冲击、磨损等。

（4）生物作用：包括菌类、昆虫等的侵害作用，导致材料发生腐朽、虫蛀等而破坏。

一般矿物质材料，如石材、砖瓦、陶瓷、混凝土等，暴露在大气中时，主要受到大气的物理作用；当材料处于水位变化区或水中时，还受到环境水的化学侵蚀作用。金属材料在大气中易被锈蚀。沥青及高分子材料，在阳光、空气及辐射的作用下，会逐渐老化、变质而破坏。影响材料耐久性的外部因素，往往通过其内部因素而发生作用。与材料耐久性有关的内部因素，主要是材料的化学组成、结构和构造的特点。当材料含有易与其他外部介质发生化学反应的成分时，就会造成因其抗渗性和耐腐蚀能力差而引起破坏。

对材料耐久性最可靠的判断，是对其在使用条件下进行长期的观察和测定，但这需要很长的时间，往往满足不了工程的需要。所以常常根据使用要求，用一些实验室可测定又能基本反映其耐久性特性的短时试验指标来表达。如常用软化系数来反映材料的耐水性，用实验室的冻融循环（数小时一次）试验得出的抗冻等级来说明材料的抗冻性，采用较短时间的化学介质浸渍来反映实际环境中的水泥石长期腐蚀现象等。

为了提高材料的耐久性，以利于延长建筑物的使用寿命和减少维修费用，可根据使用情况和材料特点，采取相应的措施。如设法减轻大气或周围介质对材料的破坏作用（降低湿度，排除侵蚀性物质等），提高材料本身对外界作用的抵抗能力（提高材料的密实度，采取防腐措施等），也可用其他材料保护主体材料免受破坏（覆面、抹灰、刷涂料等）。

【知识拓展】　　　　　建筑材料的碳减排

气候变化是当前人类社会面临的重大挑战，积极应对气候变化已成为全球共识，也是我国生态文明建设的重要内容和内在要求。建筑材料工业是重要的原材料及制品工业，与国家经济建设、工农业生产和人民生活息息相关。建筑材料工业也是我国 CO_2 排放最多的工业部门之一，CO_2 排放超过全国碳排放总量的 10%。因此，工业生产过程中的碳减排是建材行业面临的巨大挑战。问题是时代的声音，回答并指导解决问题是理论的根本任务。建材行业要加大研发力度，推进相关技术在建材行业中的应用，为我国的碳达峰、碳中和工作做出贡献。

习　题

一、选择题

1. 当材料的润湿角 θ（　　）时，称为憎水性材料。

A. $>90°$　　　　　　　　B. $\leqslant 90°$　　　　　　　　C. $0°$

2. 当材料的软化系数（　　）时，可以认为是耐水材料。

A. >0.85　　　　　　　　B. >0.8　　　　　　　　C. >0.75

3. 颗粒材料的密度为 ρ，表观密度为 ρ_0，堆积密度为 ρ_0'，则存在下列关系（　　）。

A. $\rho > \rho_0' > \rho_0$　　　　　　B. $\rho_0 > \rho > \rho_0'$　　　　　　C. $\rho > \rho_0 > \rho_0'$

4. 含水率为 5% 的湿砂 220 g，其干燥后的重量是（　　）g。

A. 209.0　　　　　　　　B. 209.5　　　　　　　　C. 210.0

5. 材质相同的 A、B 两种材料,已知表观密度 $\rho_{0A} > \rho_{0B}$,则 A 材料的保温效果比 B 材料（　　）。

A. 好　　　　　　　　B. 差　　　　　　　　C. 差不多

二、简答

1. 什么是材料的实际密度、体积密度和堆积密度?它们有何不同之处?三者之间存在什么大小关系?

2. 建筑材料的亲水性和憎水性在建筑工程中有什么实际意义?如何划分?

3. 什么是材料的吸水性、吸湿性、耐水性、抗渗性和抗冻性?各用什么指标表示?吸水性和吸湿性有何不同?

4. 材料的孔隙率与孔隙特征对材料的表观密度、吸水、吸湿、抗渗、抗冻、强度及保温隔热等性能有何影响?

5. 解释下列名词符号:

(1) 软化系数,耐久性;

(2) P12,F100。

6. 弹性材料与塑性材料有何不同?材料的脆性与韧性有何不同?

7. 为什么新建房屋的保暖性能较差?且冬季尤其明显?

三、计算题

1. 某一块状材料的全干质量为 115 g,自然状态体积为 44 cm³,绝对密实状态下的体积为 37 cm³,试计算其实际密度、表观密度、密实度和孔隙率。

2. 已知某种普通烧结砖的实际密度为 2.5 g/cm³,表观密度为 1 800 kg/m³,试计算该砖的孔隙率和密实度?

3. 计算下列材料的强度值:

(1) 边长为 10 cm 的混凝土立方体试块,抗压破坏荷载为 265 kN;

(2) 直径为 10 mm 的钢材拉伸试件,破坏时的拉力为 25 kN。

第3章 胶凝材料

【学习目标】

　　掌握气硬性胶凝材料的特点和应用;气硬性胶凝材料的主要技术性能;气硬性胶凝材料的验收与储存;通用硅酸盐水泥的品种、技术要求、性能及应用;熟悉硅酸盐水泥熟料的矿物组成;理解水泥的水化及凝结硬化过程;了解其他品种水泥;具备根据工程特点选择合理水泥品种的能力;具备检测通用硅酸盐水泥技术性质的能力。

　　在建筑工程中,经过一系列物理、化学作用,能将散粒状材料或块状材料黏结成为一个整体的材料,统称为胶凝材料。

　　胶凝材料 ⎰ 无机胶凝材料 ⎰ 气硬性胶凝材料:只能在空气中凝结硬化,保持和发展强度。(如石灰、石膏、水玻璃等)

　　水硬性胶凝材料:既能在空气中,还能更好地在水中凝结硬化,保持和发展其强度。(如各种水泥)

　　有机胶凝材料:沥青、树脂、橡胶等

▶ 3.1 气硬性胶凝材料 ◀

3.1.1 石　　灰

　　石灰是一种古老的建筑材料,具有原材料蕴藏丰富、分布广、生产工艺简单、成本低廉、使用方便等特点,所以至今仍被广泛应用于建筑工程中。

图 3-1　石灰

图 3-2　生石灰粉

标准规范

建筑生石灰

1. 生石灰的生产

　　生石灰(图3-2)是以碳酸钙为主要成分的石灰石、白垩等为原料,在高温煅烧下所得的产物,其主要成分是氧化钙。煅烧反应如下:

$$\begin{array}{l} CaCO_3 \\ MgCO_3 \end{array} \xrightarrow[800\sim1\,000℃]{高温煅烧} \begin{array}{l} CaO+CO_2 \\ MgO+CO_2 \end{array} \qquad (3.1)$$

生石灰是一种白色或灰色块状物质,主要成分是氧化钙。正常温度下煅烧得到的石灰具有多孔结构,内部孔隙率大,晶粒细小,表观密度小,与水作用速度快。烧制过程中,往往由于石灰石原料尺寸过大或窑中温度不均匀等原因,生石灰中残留有未烧透的内核,这种石灰称为"欠火石灰"。另一种情况是由于烧制过程中温度过高或时间过长,使得石灰表面出现裂缝或玻璃状的外壳,体积收缩明显,颜色呈灰黑色,这种石灰称为"过火石灰"。过火石灰熟化十分缓慢,使用时会影响工程质量。

2. **生石灰的熟化与硬化**

(1) 生石灰的熟化(又称消化或消解)是指生石灰与水发生化学反应生成熟石灰的过程。其反应式如下:

$$CaO+H_2O == Ca(OH)_2 \qquad (3.2)$$

(2) 熟化特点:① 石灰熟化时放出大量的热量,② 体积膨胀 1~2.5 倍。

(3) 过火石灰的危害及消除:生石灰中常含有过火石灰,过火石灰表面有一层深褐色熔融物。石灰熟化极慢,为了避免过火石灰在使用后,因吸收空气中的水蒸气而逐步水化膨胀,造成硬化砂浆或石灰制品产生隆起、开裂等破坏,石灰浆应在储灰池中"陈伏"两周以上。陈伏期间,石灰浆表面应留有一层水,与空气隔绝,以免石灰碳化。

图 3-3　过火石灰的危害

(4) 石灰的硬化

石灰浆体的硬化包含干燥、结晶和碳化 3 个交错进行的过程。在石灰浆体中由于水分的蒸发或被砌体吸收使 $Ca(OH)_2$ 的浓度增加,获得一定的强度。随着水分继续减少,$Ca(OH)_2$ 逐渐从溶液中结晶出来,形成结晶结构,使强度继续增加。$Ca(OH)_2$ 与潮湿空气中的 CO_2 反应生成 $CaCO_3$(称为碳化),新生成的 $CaCO_3$ 晶体相互交叉连生或与 $Ca(OH)_2$ 共生,构成紧密交织的结晶网,使硬化浆体的强度进一步提高。由于空气中的 CO_2 浓度低,且表面形成碳化层后,CO_2 较难深入内部,故自然状态下的碳化过程十分缓慢。

从石灰浆体的硬化过程可以看出,石灰浆体硬化速度慢,硬化后强度低,耐水性差。

3. **石灰的品种及技术性质**

石灰有以下两种分类方法。

(1) 按化学成分分类

按生石灰的化学成分分为钙质石灰和镁质石灰两类。钙质石灰主要由氧化钙或氢氧化钙组成,镁质生石灰主要由氧化钙和氧化镁($MgO>5\%$)或氢氧化钙和氢氧化镁组成。根据化学成分的含量每类分成各个等级,见表 3-1。

表 3-1　建筑生石灰的分类（JC/T 479—2013）

项目	名称	代号
钙质生石灰	钙质石灰 90	CL90
	钙质石灰 85	CL85
	钙质石灰 75	CL75
镁质生石灰	镁质石灰 85	ML85
	镁质石灰 80	ML80

（2）按加工情况分类

按石灰加工方法不同分为块灰和石灰粉、消石灰粉、石灰膏及石灰乳。

块灰是直接高温煅烧所得的块状生石灰，其主要成分是 CaO。块灰是所有石灰品种中最传统的一个品种。

磨细生石灰粉由块灰经破碎、磨细而成，然后包装成袋待用。

生石灰粉熟化快，不需提前消化，直接加水使用即可。生石灰粉具有提高功效、节约场地、改善施工环境、硬化速度快、强度提高等优点及成本高、不易储存等缺点。

（3）石灰的技术性质

建筑生石灰的技术要求见表 3-2 及 3-3。

表 3-2　建筑生石灰的化学成分（JC/T 479—2013）

名称	（氧化钙＋氧化镁） （CaO＋MgO）	氧化镁（MgO）	二氧化碳（CO_2）	三氧化硫（SO_3）
CL90-Q CL90-QP	≥90	≤5	≤4	≤2
CL90-Q CL90-QP	≥85	≤5	≤7	≤2
CL90-Q CL90-QP	≥75	≤5	≤12	≤2
ML90-Q ML90-QP	≥85	＞5	≤7	≤2
ML90-Q ML90-QP	≥80	＞5	≤7	≤2

注：Q 代表生石灰块，QP 代表生石灰粉

表 3-3　建筑生石灰的物理性质（JC/T 479—2013）

名称	产浆量 $dm^3/10\ kg$	细度	
		0.2 mm 筛余量 %	90 μm 筛余量 %
CL90-Q CL90-QP	≥26 —	— ≤2	— ≤7
CL90-Q CL90-QP	≥26 —	— ≤2	— ≤7

名称	产浆量 dm³/10 kg	细度	
		0.2 mm 筛余量 %	90 μm 筛余量 %
CL90 - Q CL90 - QP	≥26 —	— ≤2	— ≤7
ML90 - Q ML90 - QP	— —	— ≤2	— ≤7
ML90 - Q ML90 - QP	— —	— ≤2	— ≤7

石灰膏是由消石灰和一定量的水组成的具有一定稠度的膏状物，其主要成分是 $Ca(OH)_2$ 和 H_2O。

石灰乳是由生石灰加入大量水熟化而成的一种乳状液，主要成分是 $Ca(OH)_2$ 和 H_2O。

4. 石灰的特性、应用及储存

（1）石灰的特性

① 凝结硬化缓慢，强度低。石灰浆的碳化很慢，且 $Ca(OH)$ 结晶量很少，因而硬化慢、强度很低。如石灰砂浆（1∶3）28 d 的抗压强度通常只有 0.2～0.5 MPa，不宜用于重要建筑物的基础。

② 可塑性好，保水性好。生石灰熟化成的石灰浆具有良好的保水性和可塑性，用来配制建筑砂浆可显著提高砂浆的和易性，便于施工。

③ 硬化后体积收缩较大（图 3-4）。石灰浆在硬化过程中要蒸发掉大量水分，引起体积收缩，易出现干缩裂缝，因此除调成石灰乳做薄层粉刷外，不宜单独使用。使用时常在其中掺加砂、麻刀、纸筋等，以抵抗收缩引起的开裂和增加抗拉强度。

④ 耐水性差（图 3-5）。石灰不宜用于潮湿环境及受水侵蚀部位。

⑤ 吸湿性强。石灰吸湿性强，保水性好，是传统的干燥剂。

图 3-4　石灰硬化收缩产生的裂缝

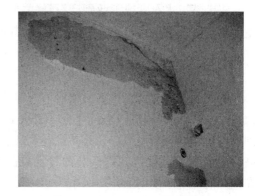

图 3-5　石灰砂浆受潮墙皮脱落

（2）石灰的应用

石灰是建筑工程中应用量较大的建筑材料之一，其常见的用途如下。

① 广泛用于建筑室内粉刷。石灰砂浆和石灰乳涂料将熟化好的石灰膏或石灰粉加水稀释成石灰乳，用作内墙及天棚粉刷的涂料，起增强室内美观和亮度的作用。目前基本被各

图 3-6 灰土

类装修涂料代替。

② 用于配制建筑砂浆。如果掺入适量的砂或水泥和砂,即可配制成石灰砂浆或混合砂浆,用于墙体砌筑或内墙、顶棚抹面。

③ 配制三合土和灰土(图 3-6)。石灰粉与黏土按一定比例加水拌合后,可制成石灰土,或与黏土、砂石、炉渣等填料拌制成三合土,夯实后主要用在一些建筑物的基础、地面的垫层和公路的路基上。其强度和耐久性比石灰或黏土都要高。

④ 制作碳化石灰板。石灰粉还可与纤维材料(如玻璃纤维)或轻质骨料加水拌合成型,然后用 CO_2 进行人工碳化,制成碳化石灰板。其加工性能好,适合做非承重的内隔墙板、天花板。

⑤ 生产硅酸盐制品。石灰粉可与含硅材料混合(如天然砂、粉煤灰、炉渣等)经加工制成硅酸盐制品,如灰砂砖、粉煤灰砖、砌块等,主要用作墙体材料。

(3)石灰的储存

生石灰会吸收空气中的水分和 CO_2 生成 $CaCO_3$ 固体,从而失去胶凝性能。所以生石灰在储存时要防止受潮,且时间不宜太长。另外,石灰熟化时要放出大量的热,因此应将生石灰与可燃物分开保管,以免引起火灾。

3.1.2 建筑石膏

石膏资源丰富,生产工艺简单。它是以硫酸钙为主要成分的矿物,以石膏中结晶水的多少不同,可形成多种性能不同的石膏。石膏及石膏制品具有轻质、高强、隔热、耐火、吸声、容易加工等一系列优良性能,是一种有发展前途的新型建筑材料。

1. 石膏的生产

将天然二水石膏或工业副产石膏(主要成分为 $CaSO_4 \cdot 2H_2O$),经加热脱水后,制得的主要成分为 β 型半水石膏,即为熟石膏。其反应式如下:

$$2CaSO_4 \cdot 2H_2O \xrightarrow{107\,℃\sim170\,℃} 2CaSO_4 \cdot H_2O + 3H_2O \qquad (3.3)$$

将此熟石膏磨细得到的白色粉末为建筑石膏。其晶粒细小,需水量较大,因而孔隙率较大,强度较低。但若将二水石膏蒸压加热至 125℃ 时,则能得到 α 型半水石膏,将其磨细得到的白色粉末为高强石膏。其晶粒较大,比表面积小,需水量也很小,硬化后密实度大,强度高。主要用于室内高级抹灰、装饰制品和石膏板等,若掺入防水胶可制成高强度抗水石膏,在潮湿的环境中使用。

2. 建筑石膏的凝结硬化

建筑石膏与水拌合后,很快与水发生水化反应,反应式如下:

$$2CaSO_4 \cdot H_2O + 3H_2O \longrightarrow 2CaSO_4 \cdot 2H_2O \qquad (3.4)$$

建筑石膏与适量的水混合后,起初形成均匀的石膏浆体,半水石膏遇水后生成二水石膏;而二水石膏的溶解度仅为半水石膏溶解度的 1/5,所以二水石膏很快饱和,不断从过饱和溶液中沉淀而析出胶体微粒。随着水化的不断进行,石膏浆体中的水分因水化和蒸发而减少,浆体的稠度不断增加,胶体凝聚并转变为晶体。晶体颗粒间相互搭接、交错、共生,使浆体完全失去可塑性,产生强度、硬化,最终成为具有一定强度的人造石材。

3. 建筑石膏的技术性质

建筑石膏呈白色粉末状,密度一般为 $2.60\sim2.75$ g/cm³,堆积密度一般为 $800\sim1\,000$ kg/m³。根据《建筑石膏》(GB/T 9776—2022)规定,建筑石膏按 2h 湿抗折强度分为 4.0、3.0、2.0 三个等级。其中强度、细度和凝结时间三个指标均应满足各等级的技术要求,见表3-4。

指标中若有一项不合格,则判定该产品不合格。

表 3-4　建筑石膏的技术指标(GB/T 9776—2022)

等级	凝结时间(min)		强度(MPa)			
			2 h 湿强度		干强度	
	初凝时间	终凝时间	抗折	抗压	抗折	抗压
4.0			≥4.0	≥8.0	≥7.0	≥15.0
3.0	≥3	≤30	≥3.0	≥6.0	≥5.0	≥12.0
2.0			≥2.0	≥4.0	≥4.0	≥8.0

4. 建筑石膏及其制品的特性

(1) 凝结硬化很快,强度较低。建筑石膏与水拌合后,在常温下几分钟可初凝,30 min 以内可达终凝。在室内自然干燥状态下,达到完全硬化约需一周。若要加快石膏的硬化,可以对制品进行加热或掺促凝剂。

(2) 硬化时体积略微膨胀。建筑石膏硬化过程中体积略有膨胀,膨胀值约 1%,硬化时不出现裂缝,硬化后表面光滑饱满,干燥时不开裂,能够制成造型棱角分明的石膏饰件。

(3) 孔隙率大,体积密度小,保温隔热性能好,吸声性能好等。为了保证石膏浆体在施工中有一定的流动性,实际加水量是理论上的好几倍,多余水分挥发后,留下大量孔隙,石膏硬化后孔隙率可达 50%~60%。因此建筑石膏质轻、隔热、吸声性好,且具有一定的调温调湿性,是良好的室内装饰材料,但石膏制品的强度低、吸水率大。

(4) 耐水性差,抗冻性差。石膏制品软化系数小,耐水性差,若吸水后受冻,将因水分结冰而崩裂,故建筑石膏的耐水性和抗冻性都较差,不宜用于室外。

(5) 防火性能良好。石膏硬化后的结晶物 $CaSO_4 \cdot 2H_2O$ 遇火时,石膏制品中一部分结晶水蒸发吸收热量,并在表面生成具有良好绝热性的无水石膏,起到阻止火焰蔓延和温度升高的作用,所以石膏有良好的防火性。

(6) 具有一定的调温调湿性能。石膏凝结硬化后,开口孔和毛细孔的数量增多,使其具有较强的吸湿性,可以调节室内空气的湿度。

(7) 石膏制品具有良好的可加工性,且装饰性能好。建筑石膏在加工时可以采用多种加工方式,如锯、刨、钉、钻、螺栓连接等。石膏颜色洁白、材质细密,采用模具经浇筑成型后,可形成各种图案,质感光滑,具有较好的装饰效果。

5. 石膏的应用

建筑石膏不仅具有如上所述的许多优良性能，而且还具有无污染、保温绝热、吸声、阻燃等方面的优点，一般做成石膏抹面灰浆、建筑装饰制品和石膏板等。

（1）室内抹灰及粉刷

建筑石膏加水和砂拌合成石膏砂浆，可用于室内抹灰面，具有绝热、阻火、隔音、舒适、美观等特点。抹灰后的墙面和天棚还可以直接涂刷油漆及粘贴墙纸。建筑石膏加水和缓凝剂调成石膏浆体，掺入部分石灰可用做室内粉刷涂料，粉刷后的墙面光滑、细腻、洁白美观。

（2）装饰制品

以石膏为主要原料，掺加少量的纤维增强材料和凝胶料，加水搅拌成石膏浆体，利用石膏硬化时体积微膨胀的性能，可制成各种石膏雕塑、饰面板及各种装饰品（图3-7）。

（3）石膏板

石膏板具有轻质、隔热保温、吸声、防火、尺寸稳定和施工方便等性能，在建筑工程中得到广泛使用。我国目前生产的石膏板主要有纸面石膏板、石膏空心条板、石膏装饰板、纤维石膏板等（图3-8）。

图3-7　石膏雕塑饰品

图3-8　石膏板

（4）水泥生产中，做水泥的缓凝剂

为了延缓水泥的凝结，在生产水泥时需要加入天然二水石膏或无水石膏作为水泥的缓凝剂。

6. 建筑石膏运输及储存

建筑石膏在存储和运输的过程中，应防止受潮和混入杂物。储存时间不宜超过三个月，超过三个月的建筑石膏，应重新进行检验，然后确定其等级。建筑石膏一般是采用袋装，包装袋上应标有产品标记、生产厂名、生产批号、出厂日期、质量等级、商标和防潮标志。

3.1.3　水玻璃

水玻璃（图3-9）又称泡花碱，由不同比例的碱金属化合物（如纯碱）和二氧化硅（如石英砂）在玻璃熔炉中熔融而成的一种气硬性胶凝材料。水玻璃可分为硅酸钠水玻璃和硅酸钾水玻璃等，其中硅酸钠水玻璃最常用。

1. 水玻璃的硬化

水玻璃溶液在空气中吸收二氧化碳形成无定形硅酸凝胶，并

图3-9　水玻璃

逐渐干燥而硬化。

$$Na_2O \cdot nSiO_2 + CO_2 + mH_2O \longrightarrow nSiO_2 \cdot mH_2O + Na_2CO_3 \tag{3.5}$$

这一过程进行得很慢,在使用过程中,需将水玻璃加热或加入氟硅酸钠作为促硬剂,促进硅酸凝胶析出,加快水玻璃的硬化速度。

氟硅酸钠的适宜用量为水玻璃质量的 $12\% \sim 15\%$,若掺量太少,则硬化慢、强度低,未反应的水玻璃易溶于水,耐水性变差;若掺量太多,又会引起凝结过速,施工困难,且渗透性大、强度低。

2. 水玻璃的特性

(1)耐热性好

硬化后的水玻璃的主要成分是硅酸凝胶,在高温下分解,强度不因此降低,反而有所增加。

(2)耐酸性好

水玻璃硬化后的硅酸凝胶,具有很强的耐酸腐蚀性,能抵抗多数无机酸、有机酸侵蚀,尤其是在强氧化酸中,其化学稳定性仍较强,可以配制耐酸砂浆和耐酸混凝土。

(3)黏结性能强

水玻璃硬化后具有较高的强度,用水玻璃拌制的混凝土抗压强度能达到 $15 \sim 40\ MPa$。

3. 水玻璃的应用

(1)水玻璃可用做涂料材料。水玻璃可以涂刷在天然石材、烧结砖、水泥混凝土和硅酸盐制品表面或侵入到多孔材料,从而提高其密实度,可以在材料原有的基础上增强强度、耐久性。

(2)配制防水剂。以水玻璃和二、三、四、五种矾制成的防水剂,分别成为二矾、三矾、四矾或五矾防水剂。这种防水剂凝结时间很快,适用于抢修工程,如堵洞、缝隙。

(3)配制耐酸材料。水玻璃与耐酸粉料、粗细骨料作用在一起,可以配制耐酸砂浆和耐酸混凝土等,用于防腐工程中。

(4)配制耐热材料、耐火材料。水玻璃耐高温性能良好,能承受一定高温作用而强度不降低,可与耐热骨料一起配制成耐热砂浆、耐热混凝土。

(5)加固土壤和地基。将水玻璃液与氯化钙溶液交替灌入土壤中,两种溶液发生化学反应,能析出硅酸胶体起胶凝作用,可以填充土壤孔隙,增加土壤的密实度和强度,可加固地基(图 3 - 10)。

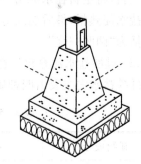

图 3 - 10 水玻璃加入后的基础

▶ **3.2 水泥** ◀

水泥呈粉状,与水拌合后变稀,经水化反应后慢慢变稠,最终形成坚硬的水泥石。水泥不仅可以在空气中硬化,而且可以在潮湿环境、甚至在水中硬化,所以水泥是一种应用极为广泛的水硬性无机胶凝材料。

水泥是工程建设中最重要的建筑材料之一,广泛用于建筑、交通、水利、电力、国防建设等工程。水泥是制造各种形式的混凝土、钢筋混凝土和预应力钢筋混凝土构筑物最基本的组成材料,也常用于配制砂浆及灌浆材料等。

水泥的品种很多,按矿物组成可分为硅酸盐系列、铝酸盐系列、硫铝酸盐系列、铁铝酸盐系列等多种水泥。按用途和性能分为通用硅酸盐水泥、专用水泥和特性水泥三大类。通用硅酸盐水泥是指用于一般土木建筑工程的水泥,包括硅酸盐水泥、普通硅酸盐水泥、矿渣硅酸盐水泥、火山灰质硅酸盐水泥、粉煤灰硅酸盐水泥、复合硅酸盐水泥;专用水泥是指有专门用途的水泥,如大坝水泥、油井水泥、砌筑水泥、道路水泥等;特性水泥是指具有比较突出的某种性能的水泥,如膨胀水泥、白色水泥、快硬硅酸盐水泥等。基于水泥品种较多,从应用角度考虑,本节重点介绍产量最大、应用最广的硅酸盐系列水泥中的通用硅酸盐水泥。

3.2.1 硅酸盐水泥

1. 硅酸盐水泥的定义、类型及代号

凡由硅酸盐水泥熟料、0%~5%石灰石或粒化高炉矿渣和适量的石膏磨细制成的水硬性胶凝材料,称为硅酸盐水泥。硅酸盐水泥分两类:不掺混合材料的称Ⅰ型硅酸盐水泥,代号为P·Ⅰ;在硅酸盐水泥熟料粉磨时掺加不超过水泥熟料质量5%的石灰石或粒化高炉矿渣混合材料称Ⅱ型硅酸盐水泥,代号为P·Ⅱ。

2. 硅酸盐水泥生产及其矿物组成

(1) 硅酸盐水泥的生产

硅酸盐水泥熟料的生产是以适当比例的石灰原料、黏土质原料,再加入少量辅助材料磨细成生料,将生料在水泥窑中经过 1 400 ℃~1 450 ℃的高温煅烧至部分熔融,冷却后得到硅酸盐水泥熟料,最后加入适量石膏共同磨细得到一定细度的硅酸盐水泥。整个生产过程可概括为"两磨一烧"。

(2) 硅酸盐水泥熟料矿物组成

硅酸盐水泥主要由四种矿物组成,其名称、代号和矿物含量见表 3-5。

表 3-5 硅酸盐水泥熟料的主要矿物组成及其含量

矿物成分	化学组成式	简 写	含量(%)
硅酸三钙	$3CaO \cdot SiO_2$	C_3S	45~60
硅酸二钙	$2CaO \cdot SiO_2$	C_2S	15~30
铝酸三钙	$3CaO \cdot Al_2O_3$	C_3A	7~12
铁铝酸四钙	$4CaO \cdot Al_2O_3 \cdot Fe_2O_3$	C_4AF	6~18

从表 3-5 中可以看出,水泥熟料中硅酸二钙和硅酸三钙约占 60%~80%,且是决定水泥强度的重要组成部分;铝酸三钙和铁铝酸四钙仅占 25%左右,因此这类熟料得名硅酸盐水泥熟料。

除上述四种矿物成分外,水泥中还有游离氧化钙(f-CaO)、游离氧化镁(f-MgO)和含碱矿物等少量的有害成分,若有害成分过高,会降低水泥的质量,甚至成为废品,所以要严格控制水泥的有害成分。

(3)硅酸盐水泥的特性

四种矿物单独与水作用时,表现不同的特性,见表3-6。

表 3-6 硅酸盐水泥熟料四种主要矿物凝结硬化特性

性 质		熟料矿物			
		C_3S	C_2S	C_3A	C_4AF
水化凝结硬化速度		快	慢	最快	快
28 d 水化热		大	小	最大	中
强度	早期	高	低	低	低
	后期	高	高	低	低
耐腐蚀性		差	好	最差	中
干缩		中	小	大	小

由表3-6可知,C_3S 水化速度快,水化热较大,早期和后期强度都很高,是决定水泥强度的主要矿物;C_2S 的水化速度最慢,水化热小且是后期放出,保证了水泥后期强度;C_3A 凝结硬化速度最快,水化热最大,且硬化时体积收缩比较大;C_4AF 的水化速度也较快,仅次于 C_3A,其水化热中等,可提高水泥抗拉强度。若改变水泥矿物之间的比例,水泥性质会发生相应的变化,可以制成不同性能的水泥。如提高 C_3S 的含量,可制得快硬高强水泥;提高 C_3A 含量和降低 C_4AF 的含量可制得道路水泥。

3. 硅酸盐水泥的凝结硬化

(1)硅酸盐水泥的水化

水泥加水拌和后,成为具有良好可塑性的水泥浆,水泥浆逐渐变稠失去可塑性,但尚不具有强度的过程,称为水泥的"凝结"。随后水泥浆的可塑性完全失去,开始产生明显的强度并逐渐发展而成为坚硬的人造石材,这一过程称为水泥的"硬化"。水泥之所以能够凝结、硬化,发展成坚硬的水泥石,是因为水泥与水之间要发生一系列的水化反应。

(2)影响硅酸盐水泥凝结硬化的因素

① 水泥的熟料矿物组成及细度。水泥熟料中各种矿物的凝结硬化特点不同,当水泥中各矿物的相对含量不同时,水泥的凝结硬化特点就不同。水泥磨得越细,水泥颗粒的平均粒径越小,比表面积越大,水化时与水的接触面越大,因而水化速度快,凝结硬化快,早期强度就高。

② 水泥浆的水灰比。水泥浆的水灰比是指水泥浆中水与水泥的质量之比。当水泥浆中加水较多时水灰比较大,此时水泥的初期水化反应得以充分进行。但是水泥颗粒间原来被水隔开的距离较远,颗粒间相互连接形成骨架结构所需的凝结时间长,因此,水泥浆凝结较慢且空隙多降低了水泥石的强度。

③ 石膏的掺量。硅酸盐水泥中加入适量的石膏会起到良好的缓凝效果,且由于钙矾石的生成,还能提高水泥石的强度。但是石膏掺量过多时,可能危害水泥石的安定性。

④ 环境温度和湿度。水泥水化反应的速度与环境的温度有关,只有处于适当温度下,

水泥的水化、凝结和硬化才能进行。通常，温度较高时，水泥的水化、凝结和硬化速度就较快，当环境温度低于零摄氏度时，水泥水化趋于停止，就难以凝结硬化。

水泥水化是水泥与水之间的反应，必须在水泥颗粒表面保持有足够的水分，水泥的水化凝结硬化才能充分进行。保持水泥浆温度和湿度的措施称为水泥的养护。

⑤ 龄期。水泥浆随着时间的延长水化物增多，内部结构就逐渐致密，一般来说，强度会不断增长。

标准规范

通用硅酸盐水泥

4. 通用硅酸盐水泥的品种

（1）硅酸盐水泥和普通硅酸盐水泥

根据国家标准《通用硅酸盐水泥》（GB 175—2007）规定，硅酸盐水泥的品种及组分见表 3-7。

表 3-7　硅酸盐水泥、普通硅酸盐水泥的矿物组分

水泥名称	代号	水泥组分				
		熟料＋石膏	粒化高炉矿渣	火山灰质混合材料	粉煤灰	石灰石
硅酸盐水泥	P·Ⅰ	100%	—	—	—	—
	P·Ⅱ	≥95%	≤5%	—	—	—
		≥95%	—	—	—	≤5%
普通硅酸盐水泥	P·O	≥80%且<95%	>5%且≤20%			—

普通水泥中混合材料的掺加量比硅酸盐水泥多，其矿物组成的比例仍与硅酸盐水泥相似，所以普通水泥的性能、应用范围与同强度等级的硅酸盐水泥相近，其早期凝结硬化速度略微慢些，3d 强度稍低。

（2）掺混合材料的硅酸盐水泥

磨细的混合材料与石灰、石膏或硅酸盐水泥一起，加水拌合后会发生化学反应，生成具有一定水硬性的胶凝物质，这种混合材料称为活性混合材料。在水泥中主要起填充作用而不与水泥发生化学反应的矿物材料，称为非活性混合材料。其主要目的是为了提高水泥产量，调节水泥强度等级，减小水化热等。

掺混合材料的硅酸盐水泥一般是指混合材料掺量在 20% 以上的硅酸盐系列水泥。主要品种包括矿渣硅酸盐水泥、火山灰质硅酸盐水泥、粉煤灰硅酸盐水泥和复合硅酸盐水泥等。其矿物组分见表 3-8。

表 3-8　掺混合材料的硅酸盐水泥的矿物组分

水泥名称	代号	水泥组分				
		熟料＋石膏	粒化高炉矿渣	火山灰质混合材料	粉煤灰	石灰石
矿渣硅酸盐水泥	P·S·A	≥50%且<80%	>20%且≤50%	—	—	—
	P·S·B	≥30%且<50%	>50%且≤70%			

续　表

水泥名称	代号	水泥组分				
		熟料＋石膏	粒化高炉矿渣	火山灰质混合材料	粉煤灰	石灰石
火山灰质硅酸盐水泥	P·P	≥60%且<80%	—	>20%且≤40%	—	—
粉煤灰硅酸盐水泥	P·F	≥60%且<80%	—	—	>20%且≤40%	—
复合硅酸盐水泥	P·C	≥50%且<80%	>20%且≤50%			

（3）矿渣水泥

粒化高炉中的熔融矿渣经水淬等急冷方式形成的松软颗粒,在有碱激发的情况下,具有一定水硬性的材料称为粒化高炉矿渣。矿渣硅酸盐水泥中熟料含量少,粒化高炉矿渣的含量较多,因此,与硅酸盐水泥相比,矿渣水泥有以下几方面的特点。

① 早期强度低,后期强度增长较快。矿渣水泥的水化过程是水泥熟料颗粒水化析出 $Ca(OH)_2$ 等产物,矿渣中的活性氧化硅和活性氧化铝受水化产物及外掺石膏的激发,进入溶液,然后与 $Ca(OH)_2$ 反应生成新的水化硅酸钙和水化铝酸钙凝胶体,并由于石膏存在,还同时生成钙矾石。由于矿渣水泥中熟料的含量相对减少,水化分两步进行,所以 28d 硬化速度慢,早期强度低,但二次反应后生成的水化硅酸钙凝胶逐渐增多,所以其后期强度发展较快,将赶上甚至超过硅酸盐水泥。

② 抗侵蚀能力较强。矿渣水泥水化产物中 $Ca(OH)_2$ 含量少,碱度低,抗碳化能力较差,抗溶出性侵蚀的能力较强。

③ 水化热较低。矿渣水泥中熟料的减少,使水化时发热量高的 C_3S 和水化速度快的 C_3A 含量相对减少,故可在大体积混凝土工程中选用。

④ 干缩性大,抗渗性、抗冻性和抗干湿交替作用的性能均较差。矿渣颗粒亲水性较小,故矿渣水泥保水性较差,泌水性较大,容易在水泥石内部形成毛细通道,增加水分蒸发。因此,矿渣水泥干缩性较大,抗渗性、抗冻性和抗干湿交替作用的性能均较差,不宜用于有抗渗要求的混凝土工程。

⑤ 耐热性较好。矿渣水泥中掺入的矿渣本身是耐火材料,因此其耐火性能好,可用于耐热混凝土工程。

⑥ 对环境温度、湿度的灵敏度高。矿渣水泥低温时凝结硬化缓慢,当温度达到 70 ℃以上的湿热条件下,硬化速度大大加快,甚至可超过硅酸盐水泥的硬化速度,强度发展很快,故适用于蒸汽养护。

（4）火山灰水泥

凡是天然或人工的以活性氧化硅和活性氧化铝为主要成分,具有火山性的矿物材料,都称为火山灰质混合材料。火山灰水泥和矿渣水泥在性能方面有很多共同点。两者都是水化反应分两步进行,早期强度低,后期强度增长率较大,水化热低,耐腐蚀性强,抗冻性差,易碳化等。

火山灰表面粗糙、多孔,所以火山灰水泥的用水量比一般的水泥都大,泌水性较小。火山灰质混合材料在石灰溶液中会产生膨胀现象,使拌制的混凝土较为密实,故抗渗性较高,宜用于有抗渗要求的混凝土工程。由于火山灰水泥在硬化过程中的干缩较矿渣水泥更为显著,在干热环境中易产生干缩裂缝,因此,使用时需加强养护,使其在较长时间内保持潮湿状态。

(5)粉煤灰水泥

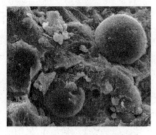

图3-11 粉煤灰

粉煤灰是从电厂煤粉炉烟道气体中收集的粉末,主要化学成分为活性氧化硅和活性氧化铝,具有火山灰性,因此粉煤灰水泥实质上就是一种火山灰水泥,其水化硬化过程及其他性能与火山灰水泥极为相似。

粉煤灰水泥的主要特点是干缩性小,抗裂性较好。另外,粉煤灰颗粒呈球形(图3-11),能起一定的润滑作用,结构较致密,吸水能力弱,所以粉煤灰水泥的需水量小,配制成的混凝土和易性较好,水化热低,因此适用于水利工程及大体积混凝土工程。

(6)复合水泥

复合水泥中掺入两种或两种以上规定的混合材料,因此较掺单一混合材料的水泥具有更好的使用效果。复合水泥的特性与其所掺混合材料的种类、掺量及相对比例有密切关系。大体上其特性与矿渣水泥、火山灰水泥、粉煤灰水泥相似。

综上所述,通用硅酸盐水泥的特性见表3-9。

表3-9 通用硅酸盐水泥的特性

品种	硅酸盐水泥	普通水泥	矿渣水泥	火山灰水泥	粉煤灰水泥	复合水泥
主要特性	①凝结硬化快 ②早期强度高 ③水化热大 ④抗冻性好 ⑤干缩性小 ⑥耐腐蚀性差 ⑦耐热性差	①凝结硬化较快 ②早期强度较高 ③水化热较大 ④抗冻性较好 ⑤干缩性较小 ⑥耐腐蚀性较差 ⑦耐热性较差	①凝结硬化慢 ②早期强度低,后期强度增长较快 ③水化热较低 ④抗冻性差 ⑤干缩性大 ⑥耐腐蚀性较好 ⑦耐热性好 ⑧泌水性大	①凝结硬化慢 ②早期强度低,后期强度增长较快 ③水化热较低 ④抗冻性差 ⑤干缩性大 ⑥耐腐蚀性较好 ⑦抗渗性较好	①凝结硬化慢 ②早期强度低,后期强度增长较快 ③水化热较低 ④抗冻性差 ⑤干缩性较小,抗裂性较好 ⑥耐腐蚀性较好 ⑦耐热性较好	与所掺两种或两种以上混合材料的种类、掺量有关,其特性基本上与矿渣水泥、火山灰水泥、粉煤灰水泥的特性相似

5. 硅酸盐水泥的技术性质

根据国家标准《通用硅酸盐水泥》(GB 175—2007),对硅酸盐水泥的技术性质要求如下。

(1)化学指标

通用硅酸盐水泥的化学指标应符合表3-10的规定。不溶物是指经盐酸处理后的残渣,再以氢氧化钠溶液处理,经盐酸中和过滤后所得的残渣再经高温灼烧所剩的物质。烧失量是指水泥经高温灼烧处理后的质量损失率,用来限制石膏和混合材料中的杂质,以保证水泥的质量。

表 3 - 10　通用硅酸盐水泥的化学指标

品种	代号	不溶物	烧失量	三氧化硫	氧化镁	氯离子
硅酸盐水泥	P·Ⅰ	≤0.75%	≤3.0%	≤3.5%	≤5.0%	≤0.06%
	P·Ⅱ	≤1.50%	≤3.5%			
普通水泥	P·O	—	≤5.0%			
矿渣水泥	P·S·A			≤4.0%	≤6.0%	
	P·S·B				—	
火山灰	P·P	—	—	≤3.5%	≤6.0%	
粉煤灰	P·F	—	—			
复合水泥	P·C	—	—			

（2）标准稠度用水量

标准稠度用水量是指水泥净浆达到标准规定的稠度时所需拌合水量占水泥质量的百分数。因在测定水泥凝结时间、体检定性时，为了使所测得的结果有可比性，所用水泥净浆必须采用标准稠度。对于不同的水泥品种，水泥的标准稠度用水量一般都不同。

水泥的标准稠度检测试验步骤如下。

① 试验前检查试验仪器是否能正常工作，包括维卡仪金属棒能自由滑动（图 3 - 12）、水泥净浆搅拌机运行正常（图 3 - 13），调整至试杆接触玻璃板时指针对准零。

图 3 - 12　水泥标准稠度和凝结时间维卡仪

图 3 - 13　水泥净浆搅拌机

② 用搅拌机搅拌水泥净浆。首先将搅拌锅和搅拌叶片用抹布湿润后，将拌合水倒入搅拌锅，然后将称好的 500 g 水泥加入锅中，进行搅拌。

③ 搅拌结束后，将拌制好的水泥净浆装入已置于玻璃板上的试模中，用小刀插捣，轻轻振动数次。刮去多余的净浆。抹平后迅速将试模和底板移到维卡仪上，使试模的中心对准试杆，试杆至水泥接触面，拧紧螺丝 1～2 s 后，突然放松，使试杆自由下落。在试杆落入水泥净浆中 30 s 后记录试杆距底板的距离，整个过程在 1.5 min 内完成。

④ 测定实验结果是以试杆沉入净浆并距底板（6±1）mm 的水泥净浆为标准稠度净浆，其拌和水量为该水泥的标准稠度用水量。

（3）凝结时间

凝结时间是指水泥从加水开始到水泥浆失去可塑性所需要的时间。水泥全部加水后至水泥开始失去塑性的时间称为水泥初凝，水泥全部加水后至水泥净浆完全失去可塑性并开始产生强度所需的时间称为水泥的终凝。

水泥的凝结时间在工程施工中具有重要意义。为保证在水泥初凝之前，混凝土有足够的时间进行搅拌、运输、浇筑、振捣等工序的操作，故初凝时间不宜过短；当混凝土浇捣完成后应尽早凝结硬化，以利下道工序进行，故终凝时间不宜过长。

根据国标规定：通用水泥的初凝时间均不得早于 45 min，硅酸盐水泥的终凝时间不得迟于 6.5 h，其他五种水泥的终凝时间不得迟于 10 h。水泥的初、终凝时间都是采用标准稠度的水泥净浆在(20±2)℃，相对湿度不低于50％的环境下测定的。

水泥凝结时间的测试步骤如下：

① 调整好标准法维卡仪试针，使其接触玻璃板时指针对零。

② 将搅拌好并装模好的标准稠度净浆[方法见（2）]，放入标准养护箱进行养护。

③ 初凝时间的测定。试件在养护箱里养护至 30 min 后测定第一次，临近初凝时，每隔 5 min 测定一次。测定时试针与水泥净浆表面接触，拧紧螺丝 1～2 s 后，突然放松，试杆自由下落，试针插入水泥净浆，整个过程约 30 s 后开始读数，当试针沉入距底板 4 mm±1 mm 时，为水泥初凝时间。测定时需注意，金属棒要自由徐徐下落，防止试针撞弯，且试针沉入位置需离试模内壁至少 10 mm，每次测定不能插入同一个测定孔。

图 3 - 14　水泥终凝时间的测定后试件

④ 终凝时间的测定。将初凝针换成终凝针，在初凝测定后将试模从玻璃板上取下，翻转 180°，直径大端朝上，小端向下放在玻璃板上，放入标准养护箱，接近终凝时，每隔 15 min 测定一次，当试针沉入试件 0.5 mm，且终凝针上圆环附件不能在试件上留下痕迹时，为水泥的终凝时间（图 3 - 14）。

⑤ 初凝和终凝时间用 min 表示。

（4）强度

水泥强度是选用水泥的主要技术指标。划分水泥强度等级是依据国标《水泥胶砂强度检测方法（ISO 法）》（GB/T 17671—2021）测定。方法为将水泥和标准砂按 1：3 混合，水灰比为 0.5，按规定方法制成 40 mm×40 mm×160 mm 的试件，在(20±1)℃、相对湿度≥90％的养护箱中养护 24 h，脱模后放在温度(20±1)℃的水中养护至 3 d 和 28 d 测定其抗压强度和抗折强度。根据测定结果，按表 3 - 11 的规定，确定该水泥的强度等级。

硅酸盐水泥分为 42.5、42.5R、52.5、52.5R、62.5、62.5R 六个强度等级，普通水泥分为 42.5、42.5R、52.5、52.5R 四个强度等级，其他四种水泥分为 32.5、32.5R、42.5、42.5R、52.5、52.5R 六个强度等级。其中有代码 R 者为早强型水泥。通用水泥各强度等级的 3d、28d 强度均不得低于表 3 - 11 中的规定值。

表 3‑11　通用硅酸盐水泥的强度等级

品种	强度等级	抗压强度		抗折强度	
		3 d	28 d	3 d	28 d
硅酸盐水泥	42.5	≥17.0	≥42.5	≥3.5	≥6.5
	42.5R	≥22.0		≥4.0	
	52.5	≥23.0	≥52.5	≥4.0	≥7.0
	52.5R	≥27.0		≥5.0	
	62.5	≥28.0	≥62.5	≥5.0	≥8.0
	62.5R	≥32.0		≥5.5	
普通水泥	42.5	≥17.0	≥42.5	≥3.5	≥6.5
	42.5R	≥22.0		≥4.0	
	52.5	≥23.0	≥52.5	≥4.0	≥7.0
	52.5R	≥27.0		≥5.0	
矿渣水泥 火山灰水泥 粉煤灰水泥 复合水泥	32.5	≥10.0	≥32.5	≥2.5	≥5.5
	32.5R	≥15.0		≥3.5	
	42.5	≥15.0	≥42.5	≥3.5	≥6.5
	42.5R	≥19.0		≥4.0	
	52.5	≥21.0	≥52.5	≥4.0	≥7.0
	52.5R	≥23.0		≥4.5	

水泥胶砂强度检测步骤如下。

① 先按水泥与标准砂的质量比为 1∶3,水灰比为 0.5,称取 450 g 水泥,1 350 g ISO 标准砂和 225 g 拌合水。

② 将称好的拌合水放入已湿润搅拌锅,再加入水泥,把锅放稳后,开动胶砂搅拌机,低速搅拌 30 s,在第二个 30 s 开始的同时均匀地将砂子加入砂漏,砂从砂漏中漏入锅内转至高速再拌 30 s。停拌 90 s,在第 1 个 15 s 内用一胶皮刮具将叶片和锅壁上的胶砂,刮入锅中间,在高速下继续搅拌 60 s。

③ 胶砂制备后立即进行成型。将空试模(图 3‑15)和模套固定在振实台上,用一个适当勺子直接从搅拌锅里将胶砂分两层装入试模(图 3‑16)。装第一层时,每个槽里约放 300 g 胶砂,用大播料器垂直架在模套顶部沿每个模槽来回一次将料层播平,接着振实 60 次。再装入第二层胶砂,用小播料器播平,再振实 60 次。移走模套,从振实台(图 3‑18)上取下试模,用一金属直尺(图 3‑17)以近似 90°的角度架在试模模顶的一端,然后沿试模长度方向以横向锯割动作慢慢向另一端移动,一次将超过试模部分的胶砂刮去,并用同一直尺以近乎水平的情况下将试体表面抹平,并在试模上做标记。

④ 抗折强度测定。将试体一个侧面放在试验机(图 3‑19)支撑圆柱上,试体长轴垂直于支撑圆柱,通过加荷圆柱以 (50 ± 10) N/s 的速率均匀地将荷载垂直地加在棱柱体相对侧面上,直至折断(图 3‑20)。保持两个半截棱柱体处于潮湿状态直至抗压试验。

抗折强度 f_m 以牛顿每平方毫米(MPa)表示,按下式进行计算:

$$f_m = \frac{3FL}{2b^3} \qquad (3.6)$$

式中:F—折断时施加于棱柱体中部的荷载,N;

　　L—支撑圆柱之间的距离,mm;

　　b—棱柱体正方形截面的边长,mm。

⑤ 抗压强度测定

抗压强度试验通过水泥抗压试验仪器(图 3-21),在半截棱柱体的侧面上进行。半截棱柱体中心与压力机压板受压中心盖应在 ±0.5 mm 内,棱柱体露在压板外的部分约有 10 mm。在整个加荷过程中以 2 400 N/s±200 N/s 的速率均匀地加荷直至破坏(见图 3-22)。

抗压强度 f 以牛顿每平方毫米(MPa)为单位,按下式进行计算:

$$f = \frac{P}{A} \qquad (3.7)$$

式中:P—破坏时的最大荷载,N;

　　A—受压部分面积,mm^2(40 mm×40 mm=1 600 mm^2)。

图 3-15　水泥胶砂试模　　图 3-16　水泥胶砂装入试模　　图 3-17　水泥胶砂抹平成型

图 3-18　水泥胶砂振实台　　图 3-19　水泥胶砂抗折试验机　　图 3-20　水泥胶砂试块抗折破坏

图 3-21　水泥胶砂抗压试验机　　图 3-22　水泥胶砂试块抗压破坏

（5）体积安定性

水泥的体积安定性是指水泥在凝结硬化过程中，体积变化的均匀性。如果水泥硬化后产生不均匀的体积变化，会使水泥混凝土结构物产生膨胀性裂缝，降低工程质量，甚至引起严重事故，此即体积安定性不良。

引起水泥体积安定性不良的原因两方面，一方面是由于水泥熟料矿物组成中含有过多游离氧化钙（f-CaO）、游离氧化镁（f-MgO），f-CaO 和 f-MgO 是在高温下生成，处于过烧状态，水化很慢，它们在水泥凝结硬化后再慢慢水化，其水化产物 $Ca(OH)_2$ 和 $Mg(OH)_2$ 的体积膨胀增长两倍以上，从而导致硬化的水泥石开裂、翘曲、疏松和崩溃；另一方面是水泥在磨细时石膏掺量过多，而过量石膏会与已固化的水化铝酸钙作用，生成水化硫铝酸钙（钙矾石），产生体积膨胀，造成硬化水泥石开裂。

国家标准《水泥标准稠度用水量、凝结时间、安定性检验方法》（GB/T 1346—2011）规定：由游离氧化钙引起的水泥体积安定性不良可采用沸煮法检验。沸煮法包括试饼法和雷氏法两种。试饼法是将标准稠度水泥净浆做成试饼，标准养护（24±2）h，沸煮 3 h 后，若用肉眼观察未发现裂纹，用直尺检查没有弯曲现象，则称为安定性合格。雷氏法是标准稠度水泥净浆在雷氏夹中，标准养护（24±2）h，沸煮 3 h 后的膨胀值，若膨胀量在规定值内则为安定性合格。当试饼法和雷氏法两者结论有矛盾时，以雷氏法为准。

由于氧化镁和石膏引起的体积安定性不良不便于快速检验，因此，在水泥生产中要严格控制。国家标准规定：通用水泥中游离氧化镁含量不得超过 5.0%，三氧化硫不得超过3.5%，如果水泥压蒸试验合格，则水泥中氧化镁的含量允许放宽到 6.0%。

水泥安定性检测方法如下。

① 将预先准备好的雷氏夹放在已稍擦油的玻璃板上，并立即将已制好的标准稠度净浆一次装满雷氏夹（图 3-23），装浆时一只手轻轻扶持雷氏夹，另一只手用宽约 10 mm 的小刀插捣数次，然后抹平，盖上稍涂油的玻璃板，接着立即将试件移至湿气养护箱内养护（24±2）h。

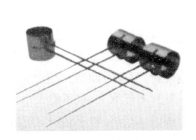 

图 3-23 雷氏夹 　　　　　　　　图 3-24 沸煮箱

② 调整好沸煮箱（图 3-24）内的水位使能保证在整个沸煮过程中都超过试件，不需中途添补试验用水同时又能保证在（30±5）min 内升至沸腾。

③ 脱去玻璃板取下试件，先测量雷氏夹指针尖端间的距离，精确到 0.5 mm，接着将试件放入沸腾箱水中的试件架上，指针朝上然后在（30±5）min 内加热至沸并恒沸（180±5）min。

④ 结果判定：沸煮结束后，立即放掉沸煮箱中的热水，打开箱盖，待箱体冷却至室温，取出试件进行判断。测量雷氏夹指针尖端的距离，准确至 0.5 mm，当两个试件煮后增加距离的平均值不大于 5.0 mm 时即认为该水泥安定性合格；大于 5.0 mm 时为不合格；当两个

试件的值相差超4.0 mm时,应用同一样品立即重做一次试验。若试验结果仍然和上次相同,则认为该水泥为安定性不合格。

（6）碱含量

碱含量是指水泥中 Na_2O 和 K_2O 的含量。水泥中碱含量过高,遇到有活性的骨料,易产生碱—骨料反应,造成工程危害。国家标准规定:水泥中碱含量按 $Na_2O+0.658 K_2O$ 计算值来表示。若使用活性骨料,用户要求提供低碱水泥时,水泥中的碱含量应不大于0.60%或由供需双方商定。

（7）细度

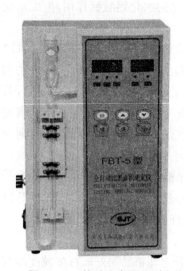

图 3 - 25　勃氏比表面积测定仪

细度是指水泥颗粒的粗细程度。水泥颗粒过细、过粗都不好,因此细度应适宜。国家标准规定:硅酸盐水泥和普通水泥的细度以比表面积表示,其比表面积不小于 $300 \ m^2/kg$;其他四种水泥的细度用筛析法,要求在0.08 mm 方孔筛筛余不大于10%或0.045 mm 方孔筛筛余不大于30%。测定方法可采用勃氏比表面积仪测定(图 3 - 25)。

根据国标《水泥比表面积测定法 勃氏法》(GB/T 8074—2008)测定步骤如下。

① 捣实试样时,在试样放入圆筒后,按水平方向轻轻摇动,使试样均匀分布在筒中(使表面成水平),然后再用捣器捣实。这样制备的水泥层,空隙分布就比较均匀。

② 对一般硅酸盐水泥,空隙率为 0.48±0.02 (T-3仪)和 0.500±0.005(勃氏仪)。掺有软质多孔混合材的水泥,过细的水泥以及密度小的物料,这个数值就需适当改变。在测定需要相互比较的物料时,空隙率改变不应太大,否则会影响试验结果的可比性。

③ 比表面积计算公式中考虑了密度的因素,因此水泥影响试验结果的可比性。

④ 测定前要检查仪器的密封性,及时处理漏气的地方,保证试验过程中无漏气。

⑤ 仪器的液面应保持在一定刻度,不在这个刻度时,要及时调整。

⑥ 垫在带孔圆板上的滤纸大小应与圆筒内径一致,不能太大,也不能太小。

⑦ 捣器捣实水泥层时,捣器的边必须与圆筒上接触,以保证料层达一定记度。

⑧ 抽气时,要用阀控制进气量让液面徐徐上升,以免液体损失。

6. 水泥石的腐蚀与防范

水泥硬化后,在一般的条件下有较高的耐久性,但水泥石长期处于侵蚀性介质中时,如流动的软水、酸性溶液、强碱性溶液等环境下,会慢慢受到腐蚀。水泥石腐蚀的表现基本有两种情况:一是孔隙率变大,变得疏松,强度降低,导致破坏;二是内部生成膨胀性物质,使水泥石膨胀开裂、翘曲和破坏。水泥石腐蚀一般分为四种主要类型。

（1）软水腐蚀

软水腐蚀又称溶出性侵蚀。当水泥石长期处于软水中时,水泥石中的 $Ca(OH)_2$ 逐渐溶于水中。由于 $Ca(OH)_2$ 的溶解度较小,仅微溶于水,因此在静止和无水压的情况下,

$Ca(OH)_2$ 很容易在周围溶液中达到饱和,使溶解反应停止,不会对水泥石产生较大的破坏作用。但在流动水中,溶解的 $Ca(OH)_2$ 被流动水带走,水泥石中的 $Ca(OH)_2$ 继续不断地溶解于水。随着侵蚀不断增加,水泥石中 $Ca(OH)_2$ 含量降低,还会使水化硅酸钙、水化铝酸钙等水化产物分解,引起水泥石结构破坏和强度降低。

(2) 酸腐蚀

酸腐蚀又称为溶解性化学腐蚀,是指水泥石中 $Ca(OH)_2$ 与碳酸以及一般酸发生中和反应,形成可溶性盐类的腐蚀。

盐酸与水泥石中 $Ca(OH)_2$ 发生化学反应,会生成极易溶于水的氯化钙,其化学方程式如下:

$$2HCl + Ca(OH)_2 = CaCl_2 + 2H_2O \qquad (3.8)$$

硫酸与水泥石中的 $Ca(OH)_2$ 作用,反应式如下:

$$H_2SO_4 + Ca(OH)_2 = CaSO_4 \cdot 2H_2O \qquad (3.9)$$

生成的二水硫酸钙或直接在水泥石孔隙中结晶膨胀,或者再与水泥石中的水化铝酸钙作用,生成高硫型水化硫铝酸钙针状晶体(俗称水泥杆菌)。高硫型水化硫铝酸钙含有大量的结晶水,体积发生膨胀。

(3) 盐类腐蚀

盐类主要包括镁盐、硫酸盐、氯盐等,对水泥石均会不同程度地产生腐蚀。硫酸盐和镁盐对水泥石的腐蚀作用最强,与水泥石接触后会发生以下化学反应:

$$MgSO_4 + Ca(OH)_2 + 2H_2O = CaSO_4 \cdot 2H_2O + Mg(OH)_2 \qquad (3.10)$$

反应生成的 $CaSO_4 \cdot 2H_2O$,一方面可直接造成水泥石结构破坏;另一方面会与水泥石中的水化铝酸钙反应生成水化硫铝酸钙,使水泥石体积发生更大的膨胀。由于是在已经硬化的水泥石中发生的,因此对水泥石有极大的破坏作用。由于生成的 $Mg(OH)_2$ 溶解度很小,极易从溶液中析出,且 $Mg(OH)_2$ 易吸水膨胀,可导致水泥石结构破坏,故硫酸镁具有双重腐蚀作用,破坏性极大。

(4) 强碱腐蚀

当介质中碱含量较低时,对水泥石不会产生腐蚀;当介质中碱含量高且水泥石中水化铝酸钙含量较高时,会发生以下反应:

$$3CaO \cdot Al_2O_3 \cdot 6H_2O + 2NaOH = Na_2O \cdot Al_2O_3 + 3Ca(OH)_2 + 4H_2O \quad (3.11)$$

由于生成的 $Na_2O \cdot Al_2O_3$ 极易溶于水,造成水泥石密实度下降,强度和耐久性降低。

为了减少水泥石腐蚀,可采取以下措施。

① 根据侵蚀环境的特点,合理选择水泥品种。如采用水化后产生氢氧化钙含量少的水泥,可提高对软水等侵蚀性液体的抵抗能力。

② 提高水泥石的密实度。水泥石的密实度越大,孔隙率越小,气孔和毛细孔等孔隙越少,则腐蚀性介质难以进入水泥石内部,可提高水泥石的抗腐蚀性能。

③ 用耐腐蚀的石料、陶瓷、塑料在水泥石表面作保护层。沥青等覆盖水泥石表面,可以阻止腐蚀性介质与水泥石直接接触和侵入水泥石内部,达到防止腐蚀的目的。

7. 通用水泥的选用

根据各类混凝土工程的性质和所处的环境条件,按表 3 - 12 选用。

表 3 - 12 通用水泥品种的选用

混凝土工程特点或所处环境条件		优先使用	可以使用	不可使用
普通混凝土	在一般普通气候条件下的混凝土	普通水泥	矿渣水泥 火山灰水泥 粉煤灰水泥 复合水泥	
	干燥环境中的混凝土	普通水泥	矿渣水泥	火山灰水泥 粉煤灰水泥
	在高湿度环境中或长期处于水下的混凝土	矿渣水泥	普通水泥 火山灰水泥 粉煤灰水泥 复合水泥	
	厚大体积混凝土	矿渣水泥 火山灰水泥 粉煤灰水泥 复合水泥	普通水泥	硅酸盐水泥
有特殊要求的混凝土	快硬高强(不小于C40)的混凝土	硅酸盐水泥	普通水泥	矿渣水泥 火山灰水泥 粉煤灰水泥 复合水泥
	强度不小于 C50 的混凝土	硅酸盐水泥	普通水泥 矿渣水泥	火山灰水泥 粉煤灰水泥
	严寒地区的露天混凝土,寒冷地区处于水位升降范围内的混凝土	普通水泥	矿渣水泥	火山灰水泥 粉煤灰水泥
	严寒地区处在水位升降范围内的混凝土	普通水泥		矿渣水泥 火山灰水泥 粉煤灰水泥 复合水泥
	有耐磨要求的混凝土	普通水泥 硅酸盐水泥	矿渣水泥	火山灰水泥 粉煤灰水泥
	有抗渗要求的混凝土	普通水泥 火山灰水泥		矿渣水泥
	处于侵蚀性环境中的混凝土	根据侵蚀性介质的种类、浓度等具体 条件按专门的规定选用		

8. 其他品种水泥

(1) 专用水泥

专用水泥是指专门用途的水泥,如道路硅酸盐水泥、油井水泥、白色水泥和彩色水泥。

① 道路硅酸盐水泥

由较高铁铝酸钙含量的硅酸盐道路水泥熟料、0%～10%活性混合材料和适量石膏磨细制成的水硬性胶凝材料,称为道路硅酸盐水泥(简称道路水泥)。对道路水泥的性能要求是耐磨性好、收缩小、抗冻性好、抗冲击性好,有高的抗折强度和良好的耐久性。道路水泥的上述特性主要依靠改变水泥熟料的矿物组成、粉磨细度、石膏加入量及外加剂来达到。

② 油井水泥

油井水泥专用于油井、气井、地固井工程,又称堵塞水泥。它的主要作用是将套管与周围的岩层胶结封固,封隔地层内油、气、水泥,防止互相窜扰,以便在井内形成一条从油层流向地面,隔绝良好的油流通道。

③ 装饰水泥

装饰水泥指白色水泥和彩色水泥。在水泥生料中加入少量金属氧化物着色剂直接烧成彩色熟料,也可制得彩色水泥。

白色硅酸盐水泥的组成、性质与硅酸盐水泥基本相同,所不同的是在配料和生产过程中严格控制着色氧化物(Fe_2O_3、MnO_2、Cr_2O_3、TiO_2 等等)的含量。彩色硅酸盐水泥简称彩色水泥。它是用白水泥熟料、适量石膏和耐碱矿物颜料共同磨细而制成的。白水泥和彩色水泥广泛地应用于建筑装修中,如制作彩色水磨石、饰面砖、锦砖、玻璃马赛克以及制作水刷石、斩假石、水泥花砖等。

(2) 特性水泥

特性水泥是指某种性能比较突出的水泥,如中热水泥和低热矿渣水泥、快硬水泥、抗硫酸盐水泥、膨胀水泥等。

① 中热水泥和低热矿渣水泥

中热硅酸盐水泥是由适当成分的硅酸盐水泥熟料加入适量石膏磨细而成的,具有中等水化热的水硬性胶凝材料,简称中热水泥。中热硅酸盐水泥的主要特点为水化热低,适用于大坝和大体积混凝土工程。

低热矿渣硅酸盐水泥是由适当成分的硅酸盐水泥熟料加入矿渣和适量石膏磨细而成的具有低水化热的水硬性胶凝材料,简称低热矿渣水泥。其矿渣掺量为水泥质量的 20%～60%,允许用不超过混合材总量 50%的磷渣或粉煤灰代替矿渣。低热矿渣水泥主要适用于大坝或大体积建筑物内部及水下工程。

② 快硬水泥

a. 快硬硅酸盐水泥。凡以硅酸盐水泥熟料和石膏磨细制成,以 3d 抗压强度表示标号水硬性胶凝材料,称为快硬硅酸盐水泥(简称快硬水泥)。快硬硅酸盐水泥生产方法与硅酸水泥基本相同,只是要求 C_3S 和 C_3A 含量高些。快硬硅酸盐水泥水化放热速率快,水化热较高,早期强度高,但干缩率较大,主要用于抢修工程、军事工程、预应力钢筋混凝土构件,适用于配制干硬混凝土,水灰比可控制在 0.40 以下。

b. 快硬硫铝酸盐水泥。以无水硫铝酸钙和硅酸二钙为主要成分的熟料,加入适量石膏磨细制成的具有早期强度高的特点水硬性胶凝材料,称为快硬硫铝酸盐水泥。快硬硫铝酸盐水泥的主要矿物为无水硫铝酸钙和 β-C_2S。快硬水泥可用来配制早强、高等级的混凝土及紧急抢修工程以及冬季施工和混凝土预制构件,但不能用于大体积混凝土工程及经常与腐蚀介质接触的混凝土工程。《快凝快硬硫铝酸盐水泥》(JC/T 2282—2014)规定,快硬硫酸铝盐水泥初凝时间不得早于 25 min,终凝时间不得迟于 3 h。

③ 抗硫酸盐水泥。按抗硫酸盐侵蚀程度,分为中抗硫酸盐硅酸盐水泥和高抗硫酸盐硅酸盐水泥两类。以适当成分的硅酸盐水泥熟料,加入适量石膏磨细制成的,具有抵抗中等浓

度硫酸根离子侵蚀的水硬性胶凝材料,称为中抗硫酸盐硅酸盐水泥(简称中抗硫水泥),代号为 P.MSR。以适当成分的硅酸盐水泥熟料,加入适量石膏磨细制成的、具有抵抗较高浓度硫酸根离子侵蚀的水硬性胶凝材料,称为高抗硫酸盐硅酸盐水泥(简称高抗硫水泥),代号P.HSR。

抗硫酸盐水泥适用于一般受硫酸盐侵蚀的海港、水利、地下、隧涵、道路和桥梁基础等工程设施。

④ 膨胀水泥。通用水泥在空气中硬化时会收缩,导致混凝土产生裂缝,使一系列性能变坏。膨胀水泥可克服通用水泥混凝土的这一缺点。膨胀水泥的种类有硅酸盐膨胀水泥、铝酸盐膨胀水泥,硫铝酸盐膨胀水泥和铁铝酸钙膨胀水泥。

膨胀水泥的膨胀是由于水泥石中形成了钙矾石。通过调整各组分比例,即可得到不同膨胀值的膨胀水泥。膨胀水泥主要用于配制收缩补偿混凝土、构件接缝及管道接头、混凝土结构的加固和修补、防渗堵漏工程、机器底座和地脚螺丝固定。

3.2.2　水泥的取样、验收和保管

水泥是工程结构最重要的胶凝材料,水泥质量对建筑工程的安全有十分重要的意义。因此,对进入施工现场的水泥必须进行验收,以检测水泥是否合格,确定水泥是否能够用于工程中。水泥的验收包括包装标志和数量的验收、检查出厂合格证和试验报告、复试、仲裁检验等四个方面。

1. 通用水泥的取样

(1) 水泥交货时的质量验收可抽取实物试样以其检验结果为依据,也可以水泥厂同编号水泥的试验报告为依据。采用何种方法验收由买卖双方商定,并在合同或协议中注明。

以水泥厂同编号水泥的试验报告为验收依据时,在发货前或交货时,买方在同编号水泥中抽取试样,双方共同签封后保存三个月;或委托卖方在同编号水泥中抽取试样,签封后保存三个月。在三个月内,买方对质量有疑问时,则买卖双方应将签封的试样送交有关监督检验机构进行仲裁检验。

以抽取实物试样的检验结果为验收依据时,买卖双方应在发货前或交货地共同取样和签封。取样方法按《水泥取样方法》(GB/T 12573—2008)进行,取样数量为 20 kg,缩分为两等份:一份由卖方保存 40 d,一份由买方按相应标准规定的项目和方法进行检验。在 40 d以内,买方检验认为产品质量不符合相应标准要求,而卖方也有异议时,则双方应将卖方保存的另一份试样送交有关监督检验机构进行仲裁检验。

水泥出厂后三个月内,如购货单位对水泥质量提出疑问或施工过程中出现与水泥质量有关问题需要仲裁检验时,用水泥厂同一编号水泥的封存样进行。若用户对体积安定性、初凝时间有疑问要求现场取样仲裁时,生产厂应在接到用户要求后,7 d 内会同用户共同取样,送水泥质量监督检验机构检验;生产厂在规定时间内不去现场,用户可单独取样送检,结果同等有效。仲裁检验由国家指定的省级以上水泥质量监督机构进行。

(2) 复验按照《混凝土结构工程施工质量验收规范》(GB 50204—2015),以及工程质量管理的有关规定,用于承重结构的水泥,用于使用部位有强度等级要求的混凝土用水泥,或水泥出厂超过三个月(快硬硅酸盐水泥为超过一个月)和进口水泥,在使用前必须进行复验,并提供试验报告。水泥的抽样复验应符合见证取样送检的有关规定。

2. 通用水泥的验收

(1) 包装标志和数量的验收

① 包装标志的验收。水泥的包装方法有散装和袋装两种。散装水泥一般采用散装水泥输送车运输至施工现场,采用气动输送至散装水泥贮仓中贮存。袋装水泥采用多层纸袋或多层塑料编织袋进行包装。在水泥包装袋上应清楚地标明产品名称、代号、净含量、强度等级、生产许可证编号、生产者名称和地址、出厂编号、执行标准号、包装时间等主要包装标志。包装袋两侧应印有水泥名称和强度等级。硅酸盐水泥和普通硅酸盐水泥的印刷采用红色,矿渣硅酸盐水泥的印刷采用绿色,火山灰质硅酸盐水泥、粉煤灰硅酸盐水泥和复合硅酸盐水泥的印刷采用黑色。散装水泥在供应时必须提交与袋装水泥标志相同内容的卡片。

② 数量的验收。袋装水泥每袋净含量为 50 kg,且不得少于标志质量的 99%;随机抽取 20 袋总质量不得少于 1 000 kg。其他包装形式由供需双方协商确定,但有关袋装质量要求,必须符合上述原则规定。

图 3 - 26　普通硅酸盐水泥　图 3 - 27　矿渣硅酸盐水泥　图 3 - 28　复合水泥

(2) 质量的验收

水泥复验的项目,在水泥标准中作了规定,包括不溶物、氧化镁、三氧化硫、烧失量、细度、凝结时间、安定性、强度和碱含量等九个项目。水泥生产厂家在水泥出厂时已经提供了标准规定的有关技术要求的试验结果,通常复验项目只检测水泥的安定性、凝结时间和胶砂强度三个项目。

3. 水泥的保管

水泥进入施工现场后,必须妥善保管,一方面不使水泥变质,使用后能够确保工程质量;另一方面可以减少水泥的浪费,降低工程造价。保管时需注意以下几个方面。

(1) 水泥在运输与储存时不得受潮和混入杂物,不同品种和不同强度等级的水泥要分别存放,并应用标牌加以明确标示。

(2) 储存水泥时防水防潮、防漏。做到上盖下垫水泥临时库房应设置在通风、干燥、屋面不渗漏、地面排水通畅的地方。堆垛不宜过高,一般不超过 10 袋,场地狭窄时最多不超过 15 袋,袋装水泥平放时,离地、离墙 30 cm 以上堆放。袋装水泥一般采用平放并叠放。堆垛过高,则上部水泥重力全部作用在下面的水泥上,容易使包装袋破裂而造成水泥浪费。

(3) 贮存期不能过长,通用水泥贮存期不超过 3 个月。贮存期若超过 3 个月,水泥会受潮结块,水泥强度会大幅度降低。过期水泥应按规定进行取样复验,并按复验结果使用,但不允许用于重要工程和工程的重要部位。

【知识拓展】 **核电水泥**

秦山核电站是一座 300 MW 单机组的压水堆型核电站,是我国自行设计、建造和运行管理的第一座核电站。这座充满传奇的核电站结束了中国大陆无核电的历史,使中国成为继美国、英国、法国、苏联、加拿大、瑞典之后世界上第七个能够自行设计、建造核电站的国家。核反应堆作为核电站的核心,需要用安全壳来隔绝放射性物质。秦山核电站建设时期,由于海外技术的封锁,工程师不得不自主研究设计安全壳,通过不断地查阅论证和试验,在有限的信息中,秦山核电站最终选择了由预应力混凝土浇筑而成的直立式圆筒型预应力混凝土耐压结构安全壳。但作为核电安全的最后一道防线,其必须具备高强度、无裂缝等特性。我国在岭澳核电站之前的秦山一期、大亚湾核电站主体工程中均采用进口水泥,不但运输非常不便,而且成本高昂,同时也制约着民族工业的发展。发展国产核电水泥刻不容缓。

水泥作为安全壳的重要建筑材料,需要具备低水化热、高早强、抗硫酸盐侵蚀性强、低碱含量、干缩性小等一系列复杂特性。而"高早强"同"低水化热"从化学反应上来讲简直就是互相矛盾,常规的高早强水泥势必会引发高水热化,加剧化学反应,进而导致后期产生裂缝。为克服这些问题,通过不断地技术摸底和研究吸收,多个团队通过组分和熟料煅烧工艺的调控,解决了高强中热核电水泥熟料在煅烧过程中液相量少、液相粘度低和烧成温度范围窄等技术难题,实现了高强中热核电水泥在新型干法生产线上的稳定生产。为了实现核电水泥国产化,中国建材总院联合淮海中联水泥有限公司、安徽海螺股份有限公司等生产单位以及中广核工程有限公司、国核电力研究院等工程设计和施工单位制定了全球首个核电工程建设用水泥标准——国家标准《核电工程用硅酸盐水泥》(GB/T 31545—2015),以指导核电水泥的生产和应用。该标准的发布实施有利于规范我国核电工程用硅酸盐水泥(简称"核电水泥")的生产和质量控制,推动水泥行业转型升级,提升我国核电工程用水泥和混凝土质量,也统一了工程单位对核电水泥的采购标准,更加有利于提高核电工程的耐久性和使用寿命,对保障核电站的长期安全运营起到重要作用。我国的核电事业正在以"战略必争、确保安全、稳步高效"的方针健康有序发展,实现高水平科技自立自强,进入创新型国家前列。

习　题

一、填空题

1. 石灰熟化的两大特点是:_____,_____。

2. 磨细生石灰的优点有_____,_____,_____和_____;缺点有_____和_____。

3. 硅酸盐水泥熟料的四种矿物组成为_____,_____,_____和_____。

4. 硅酸盐水泥的主要水化产物是_____,_____,_____和_____。

5. 常用的活性混合材料包括_____,_____和_____。

6. 国家标准规定,通用硅酸盐水泥中硅酸盐水泥的初凝时间_____,终凝时间_____;其他品种水泥的初凝时间_____,终凝时间_____。

7. 引起硅酸盐水泥体积安定性不良的因素有_____和_____。

二、选择题

1. 为了消除_____石灰的危害,应提前洗灰,使灰浆在灰坑中_____两周以上。( )
A. 过火,碳化 B. 欠火,水化
C. 过火,陈伏 D. 欠火,陈伏

2. 石灰硬化过程中,体积发生( )。
A. 微小收缩 B. 膨胀 C. 较大收缩 D. 不变

3. 在生产水泥时必须掺入适量石膏是为了( )。
A. 提高水泥产量 B. 延缓水泥凝结时间
C. 防止水泥石产生腐蚀 D. 提高强度

4. 通用水泥的储存期一般不宜过长,一般不超过( )。
A. 一个月 B. 三个月 C. 六个月 D. 一年

5. 在硅酸盐水泥熟料的四种主要矿物组成中( )水化反应速度最快。
A. C_2S B. C_3S C. C_3A D. C_4AF

6. 国家标准规定:水泥的初凝不得早于( )min。
A. 6 B. 30 C. 45 D. 60

7. 水泥试验中需检测水泥的标准稠度用水量,其检测目的是( )。
A. 使得凝结时间和体积安定性具有准确可比性
B. 判断水泥是否合格
C. 判断水泥的需水性大小
D. 该项指标是国家标准规定的必检项目

8. 下列材料中,属于非活性混合材料的是( )。
A. 石灰石粉 B. 矿渣 C. 火山灰 D. 粉煤灰

9. 在生产水泥时,若掺入的石膏量不足则会发生( )。
A. 快凝现象 B. 水泥石收缩 C. 体积安定性不良 D. 缓凝现象

10. 沸煮法只能检测出( )引起的水泥体积安定性不良。
A. SO_3 含量超标 B. 游离 CaO 含量超标
C. 游离 MgO 含量超标 D. 石膏掺量超标

11. 水泥安定性经( )检验必须合格。
A. 坍落度法 B. 沸煮法 C. 筛分析法 D. 维勃稠度法

三、简答题

1. 建筑工程中使用的石灰品种主要有哪些? 石灰的特性和应用各如何?
2. 生石灰熟化的方式、特点和注意事项有哪些? 熟石灰在使用前为什么要"陈伏"?
3. 何谓水泥体积安定性? 引起水泥体积安定性不良的原因是什么?
4. 水泥是怎样分类的? 通用水泥主要包括哪些品种?
5. 国家标准对普通硅酸盐水泥的细度、凝结时间、体积安定性是如何规定的?
6. 通用水泥的强度等级划分的依据是什么? 六大品种水泥分别有哪些强度等级?
7. 什么是混合材料? 混合材料按其活性分为哪几类? 常用的品种主要有哪些?
8. 矿渣水泥、粉煤灰水泥、火山灰水泥与硅酸盐水泥和普通水泥相比,三种水泥的共同特性是什么？

9. 什么是水泥的体积安定性？安定性不良的原因是什么？安定性不合格的水泥用于工程中会产生什么后果？水泥安定性不合格应怎样处置？

10. 通用水泥验收的内容包括哪几个方面？其中水泥数量的验收内容如何？

11. 通用水泥在保管时需要注意哪些方面？

四、计算题

测得某硅酸盐水泥各龄期的抗折强度及抗压强度破坏荷载如下表所示，试评定其强度等级。

龄期	抗折强度(MPa)	抗压强度(kN)
3 d	1 700,1 800,1 760	70,60,62,58,60,58
28 d	3 100,3 300,3 200	120,130,126,138,120,130

第4章 混凝土

【学习目标】

掌握混凝土的组成及其原材料的质量控制。掌握混凝土的主要技术性质及其提高措施。熟悉混凝土配合比设计程序。了解其他品种混凝土的特点及应用。

▶ 4.1 混凝土概述 ◀

4.1.1 定义、分类

混凝土,一般是指由胶凝材料(胶结料),粗、细骨料(或称集料),水及其他材料,按适当比例配制并硬化而成的具有所需的形体、强度和耐久性的人造石材。

1. 按所用胶凝材料分类

混凝土按凝胶材料可分为水泥混凝土、聚合物浸渍混凝土、聚合物胶结混凝土、沥青混凝土、硅酸盐混凝土、石膏混凝土及水玻璃混凝土等。

2. 按表观密度分类

(1) 重混凝土

其表观密度大于 2 800 kg/m³,是采用密度很大的重晶石、铁矿石、钢屑等重骨料和钡水泥、锶水泥等重水泥配制而成。

(2) 普通混凝土

其表观密度为 2 000~2 800 kg/m³,是用普通的天然砂石为骨料配制而成,为建筑工程中常用的混凝土。

(3) 轻混凝土

其表观密度小于 2 000 kg/m³,是采用陶粒等轻质多孔骨料配制的混凝土以及无砂的大孔混凝土,或者不采用骨料而掺入加气剂或泡沫剂,形成多孔结构的混凝土。主要用作轻质结构材料和隔热保温材料。

3. 按用途分类

混凝土按用途可分为结构混凝土、装饰混凝土、防水混凝土、道路混凝土、防辐射混凝土、耐热混凝土、耐酸混凝土、大体积混凝土、膨胀混凝土等。

4. 按强度等级分类

(1) 普通混凝土:其抗压强度一般在 C60 以下。

(2) 高强混凝土:其抗压强度大于或等于 60 MPa,小于 100 MPa。

(3) 超高强混凝土:其抗压强度在 100 MPa 以上。

5. 按生产和施工方法分类

混凝土按生产和施工方法可分为泵送混凝土、喷射混凝土、碾压混凝土、真空脱水混凝土、离心混凝土、压力灌浆混凝土、预拌混凝土（商品混凝土）等。

4.1.2 混凝土的特点

（1）可以根据不同要求配制出具有特定性能（防冻、抗渗、耐热、耐酸等）的混凝土产品。

（2）拌合物可塑性良好，可浇筑成不同形状和大小的制品或构件。

（3）与钢筋复合组成的钢筋混凝土，互补优缺点，使混凝土的应用范围更为广阔。

（4）可以现浇成抗震性良好的整体建筑物，也可以做成各种类型的装配式预制构件。

（5）可以充分利用工业废料，减少对环境的污染，有利于环保。

（6）自重大，抗拉强度低，呈脆性，易开裂。

（7）在施工中影响质量的因素较多，质量容易产生波动。

（8）大量生产、使用常规的水泥产品，会造成环境污染及温室效应。

▶ 4.2　混凝土的组成材料 ◀

普通混凝土的基本组成材料是水泥、水、天然砂和石子，另外还常掺入适量的掺合料和外加剂。

水泥和水形成水泥浆，包裹在砂粒表面并填充砂粒间的空隙而形成水泥砂浆；水泥砂浆又包裹石子，并填充石子间的空隙而形成混凝土（如图 4-1）。

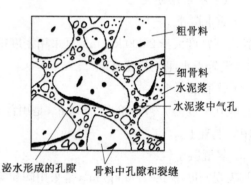

图 4-1　硬化混凝土结构

4.2.1 混凝土中各组成材料的作用

（1）水泥浆（水泥＋水）：混凝土硬化前起润滑作用，赋予混凝土拌合物一定的流动性，便于施工；水泥浆硬化后，起胶结作用，把砂石骨料胶结在一起，并产生力学强度。

（2）骨料（砂子、石子）：起骨架作用，提高混凝土强度，减少水泥用量和收缩。

4.2.2 水泥

正确、合理地选择水泥的品种和强度等级，是影响混凝土强度、耐久性及经济性的重要因素。

1. 水泥品种的选择

应当根据工程性质与特点、工程所处环境及施工条件,依据各种水泥的特性,合理选择水泥品种。常用水泥品种的选用见本书第 3 章。

2. 水泥强度等级的选择

水泥强度等级的选择,应当与混凝土的设计强度等级相适应。原则上是配制高强度等级的混凝土选用高强度等级水泥,低强度等级的混凝土选用低强度等级水泥。通常以水泥强度等级(MPa)为混凝土强度等级(MPa)的 1.5～2 倍为宜,对于高强度混凝土可取 0.9～1.5 倍。

4.2.3　骨料

混凝土用骨料,按其粒径大小不同分为细骨料和粗骨料。粒径小于 4.75 mm 的岩石颗粒,称为细骨料;粒径大于 4.75 mm 的称为粗骨料。

1. 骨料的分类及特点

(1) 细骨料(砂子)

① 天然砂:在自然条件下用于岩矿土破碎、风化、分选、运移、堆(沉)积,形成的粒径小于 4.75 mm 的岩石颗粒如河砂,砂粒洁净、圆滑,拌制的混凝土流动性好。

② 人工砂:以岩石、卵石、矿山废石和层矿等为原料,经除土处理,由机械破碎、整形筛分、粉矿等工艺制成的级配、粉形和石粉含量满足要求且粒径小于 4.75 mm 的颗粒机制砂,砂粒表面粗糙,拌制的混凝土强度高。

混合砂:由天然砂与人工砂按一定比例组合而成的砂。

(2) 粗骨料(石子)

① 卵石:如河卵石,其表面光滑、洁净,拌制的混凝土流动性好。

② 碎石:如矿山碎石,其表面粗糙、多棱角,拌制的混凝土强度高。

2. 细骨料(砂)的质量和技术要求

根据我国规范《建设用砂》(GB/T 14684—2022)的规定,砂按细度模数(M_x)大小分为粗、中、细、特细四种规格;按技术要求分为 I 类、II 类、III 类三种类别。I 类宜用于强度等级大于 C60 的混凝土,II 类宜用于强度等级 C30～C60 及抗冻、抗渗或其他要求的混凝土,III 类宜用于强度等级小于 C30 的混凝土和建筑砂浆。

(1) 含泥量、石粉含量和泥块含量

含泥量:指公称粒径小于 75 μm 颗粒的含量。

石粉含量:指人工砂中公称粒径小于 75 μm,且其矿物组成和成分与被加工母岩石相同的颗粒含量。

泥块含量:指砂中原粒径大于 1.18 mm,经水浸泡、淘洗等处理后小于 0.60 mm 的颗粒含量。

天然砂中的泥附在砂粒表面妨碍水泥与砂的黏结,增大混凝土用水量,降低混凝土的强度和耐久性,增大干缩,所以,它对混凝土是有害的,必须严格控制其含量。

人工砂中适量的石粉对混凝土质量是有益的。因人工砂颗粒尖锐、多棱角,对混凝土的和易性不利,而适量的石粉存在,可弥补这一缺陷。此外,由于石粉主要是由 40～80 μm 的微粒组成,它能完善细骨料的级配,从而提高混凝土密实性。

根据《普通混凝土用砂、石质量及检验方法标准》(JGJ 52—2006)的规定,天然砂的含泥量和泥块含量及人工砂或混合砂的石粉含量应分别符合表 4-1 和表 4-2 的规定。

标准规范

普通混凝土用砂、石质量及检验方法标准

表4-1 天然砂含泥量和泥块含量

项 目	指 标		
	Ⅰ类	Ⅱ类	Ⅲ类
含泥量(按质量计)(%)	≤1.0	≤3.0	≤5.0
泥块含量(按质量计)(%)	≤0.2	≤1.0	≤2.0

表4-2 机制砂的石粉含量

类 别	亚甲蓝值(MB)	石粉含量(质量分数)/%
Ⅰ类	MB≤0.5	≤15.0
	0.5<MB≤1.0	≤10.0
	1.0<MB≤1.4 或快速试验合格	≤5.0
	MB>1.4 或快速试验不合格	≤1.0ᵃ
Ⅱ类	MB≤1.0	≤15.0
	1.0<MB≤1.4 或快速试验合格	≤10.0
	MB>1.4 或快速法不合格	≤3.0ᵃ
Ⅲ类	MB≤1.4 或快速试验合格	≤15.0
	MB>1.4 或快速法不合格	≤5.0ᵃ

注:砂浆用砂的石粉含量不做限制。

[a] 根据使用环境和用途,经试验验证,由供需双方协商确定,Ⅰ类砂石粉含量可放宽至不大于3.0%,Ⅱ类砂石粉含量可放宽至不大于5.0%,Ⅲ类砂石粉含量可放宽至不大于7.0%。

(2) 有害物质含量

砂中不应混有草根、树叶、树枝、塑料、煤块、炉渣等杂物。砂中如含有云母、轻物质、有机物、硫化物及硫酸盐、氯盐等,其含量应符合表4-3的规定。

表4-3 有害物质含量

类 别	Ⅰ类	Ⅱ类	Ⅲ类
云母(按质量计)/%	≤1.0	≤2.0	
轻物质(按质量计)ᵃ/%	≤1.0		
有机物	合格		
硫化物及硫酸盐(按SO₃质量计)/%	≤0.5		
氯化物(以氯离子质量计)/%	≤0.01	≤0.02	≤0.06ᵇ
贝壳(按质量计)ᶜ/%	≤3.0	≤5.0	≤8.0

[a] 天然砂中如含有浮石、火山渣等天然轻骨料时,经试验验证后,该指标可不作要求。
[b] 对于钢筋混凝土用净化处理的海砂,其氯化物含量应不大于0.02%。
[c] 该指标仅适用于净化处理的海砂,其他砂种不作要求。

（3）细度模数（M_x）和颗粒级配

砂的粗细程度是指不同粒径的砂粒，混合在一起后的总体砂的粗细程度。砂子通常分为粗砂、中砂、细砂、特细砂四种。在相同砂用量条件下，细砂的总表面积较大，粗砂的总表面积较小。在混凝土中砂子表面需用水泥浆包裹，以赋予流动性和黏结强度。砂子的总表面积越大，则需要包裹砂粒表面的水泥浆就越多。一般用粗砂配制混凝土比用细砂所用水泥量要省。

砂的颗粒级配，是指不同粒径砂颗粒的分布情况。在混凝土中砂粒之间的空隙是由水泥浆所填充，为节约水泥和提高混凝土强度，就应尽量减小砂粒之间的空隙。从表示骨料颗粒级配的图 4-2 可以看出：如果用同样粒径的砂，空隙率最大［如图 4-2(a)］；两种粒径的砂搭配起来，空隙率就减小［如图 4-2(b)］；三种粒径的砂搭配，空隙率就更小［如图 4-2(c)］。因此，要减小砂粒间的空隙，就必须有大小不同的颗粒合理搭配。

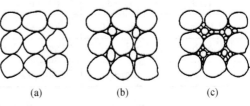

(a)　　　(b)　　　(c)

图 4-2　骨料的颗粒级配

砂的颗粒级配和粗细程度，常用筛分析的方法进行测定。用级配区表示砂的级配，用细度模数表示砂的粗细度。筛分析的方法，是用一套方孔孔径（净尺寸）为 9.50 mm、4.75 mm、2.36 mm、1.18 mm、600 μm、300 μm、150 μm 的 7 个标准筛，将 500 g 干砂试样由粗到细依次过筛，然后称量余留在各筛上的砂量，并计算出各筛上的分计筛余百分率（各筛上的筛余量占砂样总质量的百分率）a_1、a_2、a_3、a_4、a_5、a_6 及累计筛余百分率（各筛和比该筛粗的所有分计筛余百分率之和）A_1、A_2、A_3、A_4、A_5、A_6。累计筛余百分率与分计筛余百分率的关系见表 4-4。

表 4-4　累计筛余百分率与分计筛余百分率关系

筛孔尺寸	分计筛余（%）	累计筛余（%）
4.75 mm	a_1	$A_1 = a_1$
2.36 mm	a_2	$A_2 = a_1 + a_2$
1.18 mm	a_3	$A_3 = a_1 + a_2 + a_3$
600 μm	a_4	$A_4 = a_1 + a_2 + a_3 + a_4$
300 μm	a_5	$A_5 = a_1 + a_2 + a_3 + a_4 + a_5$
150 μm	a_6	$A_6 = a_1 + a_2 + a_3 + a_4 + a_5 + a_6$

砂的粗细程度用细度模数（M_x）表示，其计算公式为：

$$M_x = \frac{(A_2 + A_3 + A_4 + A_5 + A_6) - 5A_1}{100 - A_1} \tag{4.1}$$

其中 M_x 在 3.7～3.1 为粗砂，M_x 在 3.0～2.3 为中砂，M_x 在 2.2～1.6 为细砂，M_x 在 1.5～0.7 为特细砂。

除特细砂外，Ⅰ类砂的累计筛余应符合表 4-5 中 2 区的规定，分计筛余应符合表 4-6 的规定；Ⅱ类和Ⅲ类砂的累计筛余应符合表 4-5 的规定。砂的实际颗粒级配除 4.75 mm 和 0.60 mm 筛档外，可以超出，但各级累计筛余超出值总和应不大于 5%。

表 4-5　累计筛余

砂的分类	天然砂			机制砂、混合砂		
级配区	1 区	2 区	3 区	1 区	2 区	3 区
方筛孔尺寸/mm	累计筛余/%					
4.75	10～0	10～0	10～0	5～0	5～0	5～0
2.36	35～5	25～0	15～0	35～5	25～0	15～0
1.18	65～35	50～10	25～0	65～35	50～10	25～0
0.60	85～71	70～41	40～16	85～71	70～41	40～16
0.30	95～80	92～70	85～55	95～80	92～70	85～55
0.15	100～90	100～90	100～90	97～85	94～80	94～75

表 4-6　分计筛余

方筛孔尺寸/mm	4.75[a]	2.36	1.18	0.60	0.30	0.15[b]	筛底[c]
分计筛余/%	0～10	10～15	10～25	20～31	20～30	5～15	0～20

[a] 对于机制砂,4.75 mm 筛的分计筛余不应大于 5%。
[b] 对于 MB>1.4 的机制砂,0.15 mm 筛和筛底的分计筛余之和不应大于 25%。
[c] 对于天然砂,筛底的分计筛余不应大于 10%。

（4）坚固性

天然砂的坚固性应采用硫酸钠溶液检验,试样经 5 次循环后,其质量损失应符合表 4-7 的规定。

表 4-7　砂的坚固性指标

混凝土所处的环境条件及其性能要求	5 次循环后的重量损失（%）
在严寒及寒冷地区室外使用并经常处于潮湿或干湿交替状态下的混凝土 对于有抗疲劳、耐磨、抗冲击要求的混凝土 有腐蚀介质作用或经常处于水位变化区的地下结构混凝土	≤8
其他条件下使用的混凝土	≤10

（5）表观密度、堆积密度、空隙率

砂的表观密度、堆积密度、空隙率应符合如下规定：表观密度大于 2 500 kg/m³,松散堆积密度大于 1 350 kg/m³,空隙率小于 47%。

（6）碱活性检测

对于长期处于潮湿环境的重要混凝土结构用砂,应采用砂浆棒（快速法）或砂浆长度法进行骨料的碱活性检验。经上述检验判断为有潜在危害时,应控制混凝土中的碱含量不超过 3 kg/m³,或采用能抑制碱—骨料反应的有效措施。

3. 粗骨料的质量和技术要求

普通混凝土常用的粗骨料分卵石和碎石两类（如图 4-3）。

图 4 - 3　碎石与卵石

卵石、碎石按技术要求分为Ⅰ类、Ⅱ类、Ⅲ类三种类别。Ⅰ类宜用于强度等级大于 C60 的混凝土,Ⅱ类宜用于强度等级为 C30～C60 及抗冻、抗渗或其他要求的混凝土,Ⅲ类宜用于强度等级小于 C30 的混凝土。

(1) 卵石含泥量、碎石泥粉含量和泥块含量

卵石的含泥量、碎石泥粉含量和泥块含量应符合表 4 - 8 的规定。

表 4 - 8　卵石的含泥量、碎石泥粉含量和泥块量

类别	Ⅰ类	Ⅱ类	Ⅲ类
卵石含泥量(按质量计)(%)	≤0.5	≤1.0	≤1.5
碎石含泥量(按质量计)(%)	≤0.5	≤1.0	≤2.0
泥块含量(按质量计)(%)	≤0.1	≤0.2	≤0.7

(2) 有害物质

碎石或卵石中的硫化物和硫酸盐含量应符合表 4 - 9 的规定。

表 4 - 9　卵石、碎石中有害物质含量

类别	Ⅰ类	Ⅱ类	Ⅲ类
硫化物及硫酸盐含量 (折算成 SO_3,按质量计,%)	≤0.5	≤1.0	≤1.0

(3) 针、片状颗粒含量

卵石、碎石颗粒的长度大于该颗粒所属相应粒级平均粒径 2.4 倍的针状颗粒,厚度小于平均粒径 0.4 倍的为片状颗粒。平均粒径指该粒级上、下限粒径的平均值。

卵石和碎石的针、片状颗粒含量应符合表 4 - 10 的规定。

表 4 - 10　卵石和碎石的针、片状颗粒含量

项　目	指　标		
	Ⅰ类	Ⅱ类	Ⅲ类
针、片状颗粒(%)(按质量计)	≤5	≤8	≤15

（4）最大粒径

粗骨料公称粒级的上限称为该粒级的最大粒径。如公称粒级 5～40 mm 中的 40 mm 是该粒级的上限值，即为最大粒径。

根据《混凝土结构工程施工质量验收规范》(GB 50204—2015)规定，混凝土用粗骨料的最大粒径不得大于结构截面最小尺寸的 1/4，同时不得大于钢筋最小净距的 3/4；对于混凝土实心板，最大粒径不宜超过板厚的 1/3，且不得超过 40 mm。

（5）颗粒级配

粗骨料的级配也是通过筛分试验来确定，其方孔标准筛为孔径 2.36 mm、4.75 mm、9.50 mm、16 mm、19 mm、26.5 mm、31.5 mm、37.5 mm、53 mm、63 mm、75 mm 及 90 mm 共 12 个筛。分计筛余百分率及累计筛余百分率的计算与砂相同。依据国家标准，普通混凝土用碎石及卵石的颗粒级配应符合表 4-11 的规定。

表 4-11　普通混凝土用碎石及卵石的颗粒级配

累计筛余(%) 方筛孔径 / 公称粒径		2.36	4.75	9.50	16.0	19.0	26.5	31.5	37.5	53.0	63.0	75.0	90.0
连续粒级	5～10	95～100	80～100	0～15	0								
	5～16	95～100	85～100	30～60	0～10	0							
	5～20	95～100	90～100	40～80		0～10	0						
	5～25	95～100	90～100		30～70		0～5	0					
	5～31.5	95～100	90～100	70～90		15～45		0～5	0				
	5～40		95～100	70～90		30～65			0～5	0			
单粒粒级	10～20		95～100	85～100		0～15	0						
	16～31.5		95～100		85～100			0～10	0				
	20～40			95～100		80～100			0～10	0			
	31.5～63				95～100			75～100	45～75		0～10	0	
	40～80					95～100			70～100		30～60	0～10	0

粗骨料的级配有连续级配和间断级配两种。连续级配是按颗粒尺寸由小到大连续分级，配制的混凝土拌合物和易性好，不易发生离析，目前应用较广泛。间断级配是人为剔除某些中间粒级颗粒，可减小水泥用量，但混凝土拌合物易产生离析现象。

（6）坚固性

碎石和卵石的坚固性应用硫酸钠溶液法检验，试样经 5 次循环后，其质量损失应符合表 4-12 的规定。

表 4 - 12　碎石或卵石的坚固性指标

混凝土所处的环境条件及其性能要求	5 次循环后的质量损失(%)
在严寒及寒冷地区室外使用,并经常处于潮湿或干湿交替状态下的混凝土,有腐蚀性介质作用或经常处于水位变化区的地下结构或有抗疲劳、耐磨、抗冲击等要求的混凝土	≤8
在其他条件下使用的混凝土	≤12

(7) 强度

碎石的强度可用岩石的抗压强度和压碎值指标表示。岩石的抗压强度应比所配制的混凝土强度至少高 20%。当混凝土强度等级大于或等于 C60 时,应进行岩石抗压强度检验,岩石强度首先应由生产单位提供,工程中可采用压碎值指标进行质量控制。

压碎指标检验,是将一定质量气干状态下粒径 9.5～13.2 mm 的石子装入标准圆模内,放在压力机上均匀加荷至 200 kN,卸荷后称取试样质量 G_1,然后用孔径为 2.36 mm 的筛筛除被压碎的细粒,称出剩余在筛上的试样质量 G_2,按下式计算压碎指标值 Q_c。

$$Q_c = \frac{G_1 - G_2}{G_1} \times 100 \qquad (4.2)$$

碎石的压碎值指标宜符合表 4 - 13 的规定。

表 4 - 13　碎石的压碎值指标

岩石品种	混凝土强度等级	碎石压碎值指标（%）
沉积岩	C60～C40 ≤C35	≤10 ≤16
变质岩或深成的火成岩	C60～C40 ≤C35	≤12 ≤20
喷出的火成岩	C60～C40 ≤C35	≤13 ≤30

卵石的强度用压碎值指标表示。其压碎值指标宜符合表 4 - 14 的规定采用。

表 4 - 14　卵石的压碎指标值

混凝土强度等级	C60～C40	≤C35
压碎指标值(%)	≤12	≤16

(8) 表观密度、堆积密度、空隙率

石子的表观密度、堆积密度、空隙率应符合如下规定:表观密度大于 2 500 kg/m³,松散堆积密度大于 1 350 kg/m³,空隙率小于 47%。

(9) 碱活性检验

对于长期处于潮湿环境的重要结构混凝土,其所使用的碎石或卵石应进行碱活性检验。

进行碱活性检验时,首先应采用岩相法检验碱活性骨料的品种、类型和数量。当检验出骨料中含有活性二氧化硅时,应采用快速砂浆法和砂浆长度法进行碱活性检验;当检验出骨料中含有活性碳酸盐时,应采用岩石柱法进行碱活性检验。

经上述检验,当判定骨料存在潜在碱—碳酸盐反应危害时,不宜用作混凝土骨料,否则,应通过专门的混凝土试验,做最后评定。

当判定骨料存在潜在碱—硅反应危害时,应控制混凝土中的碱含量不超过 3 kg/m³,或采用能抑制碱—骨料反应的有效措施。

4. 混凝土拌合及养护用水

对混凝土用水的质量要求是:不影响混凝土的凝结和硬化,无损于混凝土强度发展及耐久性,不加快钢筋锈蚀,不引起预应力钢筋脆断,不污染混凝土表面。因此《混凝土拌合用水标准》(JGJ 63—2006)对混凝土用水提出了具体的质量要求。

混凝土用水,按水源可分为饮用水、地表水、地下水、海水,以及经适当处理后的工业废水。拌制及养护混凝土,宜采用饮用水。地表水和地下水常溶有较多的有机质和矿物盐类,必须按标准规定检验合格后,方可使用。海水中含有较多硫酸盐和氯盐,影响混凝土的耐久性和加速混凝土中钢筋的锈蚀,因此对于钢筋混凝土和预应力混凝土结构,不得采用海水拌制;对有饰面要求的混凝土,也不得采用海水拌制,以免因表面产生盐析而影响装饰效果。工业废水经检验合格后,方可用于拌制混凝土。生活污水的水质比较复杂,不能用于拌制混凝土。

▶ 4.3 混凝土的外加剂 ◀

混凝土外加剂是指在混凝土拌合过程中掺入的,用以改善混凝土性能的物质。除特殊情况外,掺量一般不超过水泥用量的 5%。在工程中常用的外加剂主要有减水剂、引气剂、早强剂、缓凝剂、防冻剂、速凝剂等。

4.3.1 减水剂

减水剂是指在混凝土坍落度基本相同的条件下,能显著减少混凝土拌和用水量的外加剂。根据减水剂的作用效果及功能情况,可分为普通减水剂、高效减水剂、早强减水剂、缓凝减水剂、缓凝高效减水剂及引气减水剂等。

1. 减水剂的技术经济效果

根据使用目的的不同,在混凝土中加入减水剂后,一般可取得以下效果。

(1) 增加流动性。在用水量及水灰比不变时,混凝土坍落度可增大 100~200 mm,且不影响混凝土的强度。

(2) 提高混凝土强度。在保持流动性及水泥用量不变的条件下,可减少拌合水量 10%~15%,从而降低了水灰比,使混凝土强度提高 15%~20%,特别是早期强度提高更为显著。

(3) 节约水泥。在保持流动性及水灰比不变的条件下,可以在减少拌合水量的同时,相应减少水泥用量,即在保持混凝土强度不变时,可节约水泥用量 10%~15%。

2. 常用的减水剂

减水剂种类很多。按减水效果可分为普通减水剂和高效减水剂,按凝结时间可分为标准型、早强型、缓凝型三种,按是否引气可分为引气型和非引气型两种,按其化学成分主要有木质素系、萘系、水溶性树脂类、糖蜜类和复合型减水剂等。

（1）木质素系减水剂

这类减水剂包括木质素磺酸钙（木钙）、木质素磺酸钠（木钠）、木质素磺酸镁（木镁）等。其中，木钙减水剂（又称 M 型减水剂）使用较多。

（2）萘磺酸盐系减水剂

萘磺酸盐系减水剂，是用萘或萘的同系物经磺化与甲醛缩合而成。目前，我国生产的主要有 NNO、NF、FDN、UNF、MF、建 I 型等减水剂，其中大部分品牌为非引气型减水剂。

（3）水溶性树脂减水剂

这类减水剂是以一些水溶性树脂为主要原料制成的减水剂，如三聚氰胺树脂、古玛隆树脂等。该类减水剂增强效果显著，为高效减水剂，我国产品有 SM 树脂减水剂等。

4.3.2 早强剂

早强剂是加速混凝土早期强度发展，并对后期强度无显著影响的外加剂。早强剂可以在常温、低温和负温（不低于$-5℃$）条件下加速混凝土的硬化过程，多用于冬季施工和抢修工程。早强剂主要有无机盐类（氯盐类、硫酸盐类）和有机胺及有机-无机的复合物三大类。

1. 氯盐类早强剂

氯盐类早强剂主要有氯化钙、氯化钠、氯化钾、氯化铝及三氯化铁等，其中以氯化钙应用最广。氯化钙为白色粉状物，其适宜掺量为水泥质量的 0.5%～1.0%，能使混凝土 3 d 强度提高 50%～100%，7 d 强度提高 20%～40%，同时能降低混凝土中水的冰点，防止混凝土早期受冻。

2. 硫酸盐类早强剂

硫酸盐类早强剂主要有硫酸钠、硫代硫酸钠、硫酸钙、硫酸铝、硫酸铝钾等，其中硫酸钠应用较多。硫酸钠为白色粉状物，一般掺量为 0.5%～2.0%。当掺量为 1%～1.5% 时，达到混凝土设计强度 70% 的时间，可缩短一半左右。

3. 有机胺类早强剂

有机胺类早强剂，主要有三乙醇胺、三异丙醇胺等，其中早强效果以三乙醇胺为佳。

4.3.3 缓凝剂

缓凝剂是指能延缓混凝土凝结时间，并对混凝土后期强度发展无不利影响的外加剂。缓凝剂主要有四类：糖类，如糖蜜；木质素磺酸盐类，如木钙、木钠；羟基羧酸及其盐类，如柠檬酸、酒石酸；无机盐类，如锌盐、硼酸盐等。常用的缓凝剂是木钙和糖蜜，其中糖蜜的缓凝效果最好。

缓凝剂具有缓凝、减水、降低水化热和增强作用，对钢筋也无锈蚀作用。缓凝剂主要适用于大体积混凝土和炎热气候下施工的混凝土，以及需长时间停放或长距离运输的混凝土。缓凝剂不宜用于日最低气温 5℃ 以下施工的混凝土，也不宜单独用于有早强要求的混凝土及蒸养混凝土。

4.3.4 引气剂

引气剂是指在混凝土搅拌过程中，能引入大量分布均匀的微小气泡。主要作用效果有：① 改善混凝土拌合物的和易性；② 显著提高混凝土的抗渗性、抗冻性；③ 降低混凝土强度。

引气剂可用于抗渗混凝土、抗冻混凝土、抗硫酸盐侵蚀混凝土、泌水严重的混凝土、贫混凝土、轻混凝土,以及对饰面有要求的混凝土等,但引气剂不宜用于蒸养混凝土及预应力混凝土。目前,应用较多的引气剂为松香热聚物、松香皂、烷基苯磺酸盐等。

4.3.5　防冻剂

防冻剂是能使混凝土在负温下硬化,并在规定养护条件下达到预期性能的外加剂。常用的防冻剂有氯盐类(氯化钙、氯化钠)、氯盐阻锈类(以氯盐与亚硝酸钠阻锈剂复合而成)、无氯盐类(以硝酸盐、亚硝酸盐、碳酸盐、乙酸钠或尿素复合而成)。

防冻剂用于负温条件下施工的混凝土。目前,国产防冻剂品种适用于−15℃～0℃的气温,当在更低气温下施工时,应增加其他混凝土冬季施工措施,如暖棚法、原料(砂、石、水)预热法等。

4.3.6　速凝剂

速凝剂是指能使混凝土迅速凝结硬化的外加剂。速凝剂主要有无机盐类和有机物类两类。我国常用的速凝剂是无机盐类,主要有红星Ⅰ型、711型、728型、8604型等。

速凝剂掺入混凝土后,能使混凝土在5 min内初凝,10 min内终凝,1 h就可产生强度,1 d强度提高2～3倍,但后期强度会下降,28 d强度约为不掺时的80%～90%。

速凝剂主要用于矿山井巷、铁路隧道、引水涵洞、地下工程以及喷锚支护时的喷射混凝土或喷射砂浆工程中。

4.3.7　外加剂的掺加方法

外加剂的掺量很少,必须保证其均匀分散,一般不能直接加入混凝土搅拌机内。对于可溶于水的外加剂,应先配成一定浓度的溶液,随水加入搅拌机。对于不溶于水的外加剂,应与适量水泥或砂混合均匀后,再加入搅拌机内。另外,外加剂的掺入时间,对其效果的发挥也有很大影响。如减水剂有同掺法、后掺法、分掺法等三种方法。同掺法为减水剂在混凝土搅拌时一起掺入;后掺法是搅拌好混凝土后间隔一定时间,然后再掺入;分掺法是一部分减水剂在混凝土搅拌时掺入,另一部分在间隔一段时间后再掺入。而实践证明,后掺法最好,能充分发挥减水剂的功能。

▶ 4.4　混凝土的性质 ◀

4.4.1　混凝土拌合物的和易性

1. 和易性的概念

和易性是指混凝土拌合物易于各工序施工操作(搅拌、运输、浇注、捣实),并能获得质量均匀、成型密实的混凝土的性能。

和易性是一项综合性的技术指标,包括流动性、黏聚性和保水性等三方面的性能。

(1)流动性是指混凝土拌合物在自重或机械振捣作用下,能流动并均匀密实地填满模板的性能。流动性的大小,反映混凝土拌合物的稀稠,直接影响着浇捣施工的难易和混凝土的质量。

（2）黏聚性是指混凝土拌合物内组分之间具有一定的凝聚力，在运输和浇筑过程中不致发生分层离析现象，使混凝土保持整体均匀的性能。

（3）保水性是指混凝土拌合物具有一定的保持内部水分的能力，在施工过程中不致产生严重的泌水现象。保水性差的混凝土拌合物，在施工过程中，一部分水易从内部析出至表面，在混凝土内部形成泌水通道，使混凝土的密实性变差，降低混凝土的强度和耐久性。

混凝土拌合物必须具有良好的和易性，才便于施工，并能获得均匀而密实的混凝土、从而保证混凝土的强度和耐久性。

2. 和易性的测定

根据《普通混凝土拌合物性能试验方法标准》(GB/T 50080—2016)规定：采用坍落度法和维勃稠度法测定混凝土拌合物的流动性（如图 4-4）。与此同时，观察混凝土拌合物的黏聚性和保水性，然后综合评定混凝土拌合物的和易性。

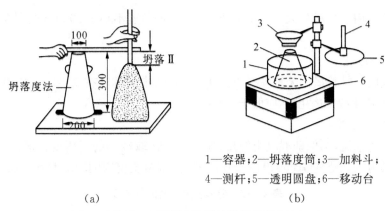

1—容器；2—坍落度筒；3—加料斗；
4—测杆；5—透明圆盘；6—移动台

（a）　　　　　　　　　　　　　　（b）

图 4-4　混凝土和易性的测定方法

（1）坍落度法

将混凝土拌合物按规定方法装入坍落度筒内，提起坍落度筒后，拌合物因自重而向下坍落。坍落度筒顶面与坍落后混凝土顶面之间的高度差（mm），即为该混凝土拌合物的坍落度值[如图 4-4(a)]。

用捣棒在已坍落的混凝土锥体侧面轻轻敲打，此时如果锥体逐渐下沉，则表示混凝土拌合物黏聚性良好[如图 4-5(a)]；如果锥体倒塌、部分崩裂或出现离析现象，则表示黏聚性不好[如图 4-5(b、c)]。

黏聚性的分析判断

用捣棒在拌合物的侧面轻轻敲打，出现三种情况

真实坍落　（a）　　　　沿斜面下滑　（b）　　　　崩裂　（c）

图 4-5　黏聚性的分析判断

坍落度筒提起后，如有较多的稀浆从底部析出，锥体部分的混凝土也因失浆而骨料外

露,则表明此混凝土拌合物的保水性不好(如图4-6);如坍落度筒提起后,无稀浆或仅有少量稀浆自底部析出,则表示此混凝土拌合物的保水性良好。

图4-6　保水性的判断

坍落度法适用于骨料最大粒径不大于40 mm、坍落度不小于10 mm的混凝土拌合物稠度测定。

(2)维勃稠度法

本方法宜用于骨料最大公称粒径不大于40 mm,维勃稠度在5～30 s的混凝土拌合物维勃稠度的测定,秒表的精度不应低于0.1 s。

3.坍落度的选用

为了既节约水泥,又保证混凝土质量,应尽可能选取较小的坍落度。根据《混凝土结构工程施工质量验收规范》(GB 50204—2015)规定,混凝土浇筑的坍落度宜按表4-15选用。

表4-15　混凝土浇筑时的坍落度

项目	结构种类	坍落度(mm)
1	基础或地面等的垫层、无筋的厚大结构或配筋稀疏的结构构件	10～30
2	板、梁和大型及中型截面的柱子等	30～50
3	配筋密列的结构(薄壁、筒仓、细柱等)	50～70
4	配筋特密的结构	70～90

泵送混凝土选择坍落度除考虑振捣方式外,还需要考虑其可泵性。拌和物坍落度过小,泵送时吸入混凝土缸较困难,即活塞后退汲吸混凝土时,进入缸内的数量少,也就使充盈系数小,影响泵送效率。这种拌合物进行泵送时的摩阻力也大,要求用较高的泵送压力,使混凝土泵机件的磨损增加,甚至会产生阻塞,造成施工困难;如坍落度过大,拌合物在管道中滞留时间长,则泌水就多,容易产生离析而形成阻塞。不同泵送高度入泵时混凝土坍落度选用值如表4-16。

表4-16　不同泵送高度入泵时混凝土坍落度选用值

泵送高度(m)	30以下	30～60	60～100	100以上
坍落度(mm)	100～140	140～160	160～180	180～200

4.影响和易性的因素

(1)水泥浆的用量

水泥浆越多,增大骨料间的润滑作用,流动性越大。用量应以满足流动性和强度要求为宜,不宜过量。

若水泥浆过多,不仅增加水泥用量,还会出现流浆现象,使拌合物的黏聚性变差,对混凝土的强度和耐久性会产生不利影响。

(2) 水泥浆的稠度

在水泥用量不变的情况下,水灰比愈小,混凝土拌合物的流动性就愈小。当水灰比过小时,水泥浆干稠,混凝土拌合物的流动性过低,会使施工困难,不能保证混凝土的密实性。增大水灰比会使流动性加大,但如果水灰比过大,又会造成混凝土拌合物的黏聚性和保水性不良,而产生流浆、离析现象,并严重影响混凝土的强度。所以,水灰比不能过大或过小,一般应根据混凝土强度和耐久性要求,合理地选用。

无论是水泥浆的多少还是水泥浆的稀稠,实际上对混凝土拌合物流动性起决定作用的是单位体积用水量的多少。当使用确定的骨料,如果单位体积用水量一定,单位体积水泥用量增减不超过 $50 \sim 100 \, kg$,混凝土拌合物的坍落度大体可保持不变。

(3) 砂率

砂率是指混凝土中砂的质量占砂石总质量的百分率。

改变砂率,骨料的空隙和总表面积显著改变,从而影响混凝土拌合物的和易性。水泥浆量不变时,增大砂率、骨料的空隙和总表面积增大,使水泥浆显得贫乏,从而减小流动性;若减小砂率,使水泥浆显得富余,但不能保证粗骨料间有足够的砂浆层,也会降低拌合物的流动性,并严重影响其黏聚性和保水性。因此,应采用一个合理的砂率值,即合理砂率,也叫最佳砂率。

合理砂率是指能使混凝土拌合物获得所要求的流动性、良好的黏聚性与保水性,而水泥用量最少时的砂率值。

(4) 组成材料性质的影响

水泥对和易性的影响主要表现在水泥的需水性上。常用水泥中以普通硅酸盐水泥所配制的混凝土拌合物的流动性和保水性较好。矿渣水泥所配制的混凝土拌合物的流动性较大,但黏聚性差,易泌水。火山灰水泥需水量大,在相同加水量条件下,流动性显著降低,但黏聚性和保水性较好。

骨料的性质对混凝土拌合物的和易性影响较大。级配良好的骨料,空隙率小,在水泥浆量相同的情况下,包裹骨料表面的水泥浆较厚,和易性好。碎石比卵石表面粗糙,所配制的混凝土拌合物流动性较卵石配制的差。细砂的比表面积大,用细砂配制的混凝土比用中、粗砂配制的混凝土拌合物流动性小。

(5) 外加剂

外加剂(如减水剂、引气剂等)对拌合物的和易性有很大的影响,在拌制混凝土时,加入少量的外加剂能使混凝土拌合物在不增加水泥用量的条件下,获得良好的和易性,不仅流动性显著增加,而且还有效地改善混凝土拌合物的黏聚性和保水性。

(6) 时间和温度

搅拌后的混凝土拌合物,随着时间的延长而逐渐变得干稠,和易性变差。

混凝土拌合物的和易性也受温度的影响。因为环境温度升高,水分蒸发及水化反应加快,相应使流动性降低。

5. 改善和易性的措施

在实际施工中,可采用如下措施调整混凝土拌合物的和易性:

(1) 通过试验,采用合理砂率,并尽可能采用较低的砂率;

(2) 改善砂、石(特别是石子)的级配;

(3) 在可能条件下,尽量采用较粗的砂、石;

(4) 当混凝土拌合物坍落度太小时,保持水灰比不变,增加适量的水泥浆;当坍落度太大时,保持砂率不变,增加适量的砂石;

(5) 有条件时尽量掺用外加剂(减水剂、引气剂等)。

4.4.2 硬化混凝土的强度

混凝土的强度主要包括抗压强度、抗拉强度、抗弯强度和抗剪强度等。其中,混凝土的抗压强度最大,抗拉强度最小,因此在结构工程中混凝土主要用于承受压力。

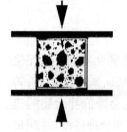

图 4-7 立方体抗压强度

1. 立方体抗压强度 f_{cu} 与强度等级

根据国家标准《混凝土物理力学性能试验方法标准》(GB/T 50081—2019)制作 150 mm×150 mm×150 mm 的标准立方体试件,在标准条件下(温度 20℃±2℃,相对湿度 95%以上)养护到 28 d 龄期,所测得的抗压强度值为混凝土立方体抗压强度(如图 4-7)。

当采用非标准的其他尺寸试件时,所测得的抗压强度应乘以表 4-17 所列的换算系数。

表 4-17 混凝土试件不同尺寸的强度换算系数

骨料最大粒径(mm)	试件尺寸(mm)	换算系数
30	100×100×100	0.95
40	150×150×150	1
60	200×200×200	1.05

混凝土强度等级按立方体抗压强度标准值确定,采用符号 C 与立方体抗压强度标准值(单位为 MPa)表示,如 C25、C30 等。

按照《混凝土结构设计规范(2015 年版)》(GB 50010—2010)规定,普通混凝土划分为 14 个等级,即:C15、C20、C25、C30、C35、C40、C45、C50、C55、C60、C65、C70、C75、C80。

2. 轴心抗压强度 f_{cp}

为了使测得的混凝土强度接近于混凝土构件的实际情况,在钢筋混凝土结构计算中,计算轴心受压构件(例如柱子、桁架的腹杆等)时,都采用混凝土的轴心抗压强度作为设计依据。

根据国家标准《混凝土物理力学性能试验方法标准》的规定,轴心抗压强度采用 150 mm×150 mm×300 mm 的棱柱体作为标准试件,如有必要,也可采用非标准尺寸的棱柱体试件,但其高宽比(h/a)应在 2～3 的范围。轴心抗压强度值 f_{cp} 比同截面的立方体抗

压强度值 f_{cu} 小，轴心抗压强度 $f_{cp} \approx (0.70 \sim 0.80) f_{cu}$。

3. 抗拉强度 f_{ts}

混凝土的抗拉强度只有抗压强度的 $1/10 \sim 1/20$。我国目前采用由劈裂抗拉强度试验法间接得出混凝土的抗拉强度，称为劈裂抗拉强度 f_{ts}。标准规定，劈裂抗拉强度采用边长为 150 mm 的立方体试件，在试件的两个相对的表面上加上垫条。当施加均匀分布的压力，就能在外力作用的竖向平面内，产生均匀分布的拉应力（如图 4-8）。

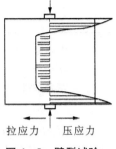

拉应力　压应力

图 4-8　劈裂试验

劈裂抗拉强度计算公式为：

$$f_{ts} = \frac{2P}{\pi A} = 0.637 \frac{P}{A} \tag{4.3}$$

式中：f_{ts}——混凝土劈裂抗拉强度（MPa）；

　　　P——破坏荷载（N）；

　　　A——试件劈裂面积（mm^2）。

4. 影响混凝土强度的主要因素

（1）水泥强度等级与水灰比

水泥强度等级和水灰比是决定混凝土强度最主要的因素，也是决定性因素。

在水灰比不变时，水泥强度等级愈高，则硬化水泥石的强度愈大，对骨料的胶结力就愈强，配制成的混凝土强度也就愈高。

在水泥强度等级相同的情况下，水灰比愈小，水泥石的强度愈高，与骨料黏结力愈大，混凝土强度也愈高。但是，如果水灰比过小，拌合物过于干稠，在一定的施工振捣条件下，混凝土不能被振捣密实，出现较多的蜂窝、孔洞，反将导致混凝土强度严重下降（如图 4-9）。

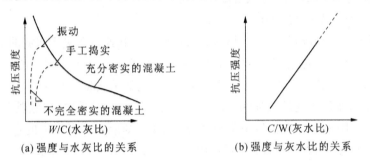

(a) 强度与水灰比的关系　　　(b) 强度与灰水比的关系

图 4-9　混凝土强度与水灰比及灰水比的关系

根据工程实践的经验，可建立如下的混凝土强度与灰水比、水泥强度等因素之间的线性经验公式：

$$f_{cu} = \alpha_a f_{ce} \left(\frac{C}{W} - \alpha_b \right) \tag{4.4}$$

式中：f_{cu}——混凝土 28 d 龄期的抗压强度（MPa）；

　　　C——1 m^3 混凝土中水泥用量（kg）；

　　　W——1 m^3 混凝土中水的用量（kg）；

　　　f_{ce}——水泥的实际强度（MPa），在无法取得水泥实际强度数据时，可用式 $f_{ce} = \gamma_c \cdot$

$f_{ce,k}$代入,其中γ_c为水泥强度值的富余系数,取值见表 4 - 18。

表 4 - 18　水泥强度等级富余系数

水泥强度等级	32.5	42.5	52.5
富余系数	1.12	1.16	1.10

α_a、α_b为回归系数,与骨料品种等因素有关,其数值通过试验求得,若无试验统计资料,则可按《普通混凝土配合比设计规程》(JGJ 55—2011)提供的α_a、α_b系数取用:

碎石 $\alpha_a=0.53$；$\alpha_b=0.20$ ；卵石 $\alpha_a=0.49$；$\alpha_b=0.13$

以上的经验公式,一般只适用于流动性混凝土及低流动性混凝土,对于干硬性混凝则不适用。

(2) 骨料的影响

当骨料级配良好、砂率适当时,由于组成了坚强密实的骨架,有利于混凝土强度的提高。如果混凝土骨料中有害杂质较多,品质低,级配不好时,会降低混凝土的强度。

由于碎石表面粗糙有棱角,提高了骨料与水泥砂浆之间的机械啮合力和黏结力,所以在原材料坍落度相同的条件下,用碎石拌制的混凝土比用卵石的强度要高。

骨料的强度影响混凝土的强度,一般骨料强度越高,所配制的混凝土强度越高,这在低水灰比和配制高强度混凝土时,特别明显。骨料粒形以三维长度相等或相近的球形或立方体形为好,若含有较多扁平或细长的颗粒,会增加混凝土的孔隙率,扩大混凝土中骨料的表面积,增加混凝土的薄弱环节,导致混凝土强度下降。

(3) 养护温度及湿度的影响

混凝土强度是一个渐进发展的过程,其发展的程度和速度取决于水泥的水化状况,而温度和湿度是影响水泥水化速度和程度的重要因素。因此,混凝土成型后,必须在一定时间内保持适当的温度和足够的湿度,以使水泥充分水化,这就是混凝土的养护。

养护温度高,水泥水化速度加快,混凝土强度的发展也快;反之,在低温下混凝土强度发展迟缓,如图 4-10 所示。当温度下降至冰点以下时,则由于混凝土中的水分大部分结冰,不但水泥停止水化,强度停止发展,而且由于混凝土孔隙中的水结冰,产生体积膨胀(约9%),而对孔壁产生相当大的压应力(可达 100 MPa),从而使硬化中的混凝土结构遭到破坏,导致混凝土已获得的强度受到损失。同时,混凝土早期强度低,更容易冻坏。

因为水是水泥水化反应的必要条件,只有周围环境湿度适当,水泥水化反应才能不断地顺利进行,使混凝土强度得到充分发展。如果湿度不够,水泥水化反应不能正常进行,甚至停止水化,会严重降低混凝土强度。图 4-11 为潮湿养护对混凝土强度的影响。水泥水化不充分,还会促使混凝土结构疏松,形成干缩裂缝,增大渗水性,从而影响混凝土的耐久性。为此,施工规范规定,在混凝土浇筑完毕后,应在 12 h 内进行覆盖,以防止水分蒸发。在夏季施工的混凝土,要特别注意浇水保湿。使用硅酸盐水泥、普通硅酸盐水泥和矿渣水泥时,浇水保湿应不少于 7 d;使用火山灰水泥和粉煤灰水泥或在施工中掺用缓凝型外加剂或混凝土有抗渗要求时,保湿养护应不少于 14 d。

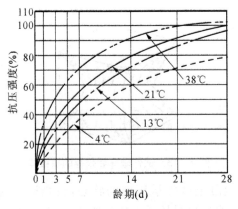
图 4 - 10　养护温度对混凝土强度的影响

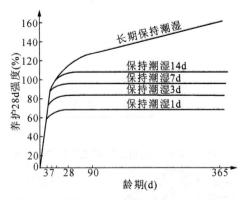
图 4 - 11　混凝土强度与保湿养护时间的关系

（4）龄期

龄期是指混凝土在正常养护条件下所经历的时间。在正常养护的条件下，混凝土的强度将随龄期的增长而不断发展，最初 7～14 d 内强度发展较快，以后逐渐缓慢，28 d 达到设计强度。28 d 后强度仍在发展，其增长过程可延续数十年之久。混凝土强度与龄期的关系从图 4 - 12 也可看出。

普通水泥制成的混凝土，在标准养护条件下，混凝土强度的发展，大致与其龄期的常用对数成正比关系（龄期不少于 3 d）：

$$\frac{f_n}{f_{28}} = \frac{\lg n}{\lg 28} \tag{4.5}$$

式中：f_n——n d 龄期混凝土的抗压强度（MPa）；

f_{28}——28d 龄期混凝土的抗压强度（MPa）；

n——养护龄期（d），$n \geqslant 3$。

根据上式，可以由所测混凝土的早期强度，估算其 28 d 龄期的强度。或可由混凝土的 28 d 强度，推算 28 d 前混凝土达到某一强度需要养护的天数，如确定混凝土拆模、构件起吊、放松预应力钢筋、制品养护、出厂等日期。但由于影响强度的因素很多，故按此式计算的结果只能作为参考。

（5）试验条件对混凝土强度测定值的影响

试验条件是指试件的尺寸、形状、表面状态及加荷速度等。试验条件不同，会影响混凝土强度的试验值。

①试件尺寸。相同的混凝土试件的尺寸越小，测得的强度越高。试件尺寸影响强度的主要原因是试件尺寸大时，内部孔隙、缺陷等出现的概率也大，导致有效受力面积减小及应力集中，从而引起强度的降低。

②试件的形状。当试件受压面积（$a \times a$）相同，而高度（h）不同时，高宽比（h/a）越大，抗压强度越小。这是由于试件受压时，试件受压面与试件承压板之间的摩擦力，对试件相对于承压板的横向膨胀起着约束作用，该约束有利于强度的提高（如图 4 - 12）。愈接近试件的端面，这种约束作用就愈大。试件破坏后，其上下部分各呈现一个较完整的棱锥体，这就是这种约束作用的结果（如图 4 - 13）。通常，这种作用被称为环箍效应。

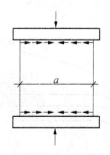

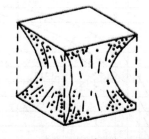

图 4 - 12 压力机压板对试件的约束作用图　　　**图 4 - 13 试件破坏后残存的棱锥体**

图 4 - 14 不受压板约束试件的破坏情况

③ 表面状态。混凝土试件承压面的状态，也是影响混凝土强度的重要因素。当试件受压面上有油脂类润滑剂时，试件受压时的环箍效应大大减小，试件将出现直裂破坏（如图4 - 14)，测出的强度值也较低。

④ 加荷速度。加荷速度越快，测得的混凝土强度值也越大。当加荷速度超过 1.0 MPa/s 时，这种趋势更加显著。因此，我国标准规定，混凝土抗压强度的加荷速度为 0.3～0.8 MPa/s，且应连续均匀地进行加荷。

5. 提高混凝土强度的措施

（1）采用高强度等级的水泥；

（2）采用水灰比较小、用水量较少的干硬性混凝土；

（3）采用级配良好的集料及合理的砂率值；

（4）采用机械搅拌、机械振捣，改进施工工艺；

（5）加强养护；

（6）在混凝土中掺入减水剂、早强剂等外加剂。

4.4.3 混凝土的耐久性

混凝土抵抗环境介质作用并长期保持其良好的使用性能和外观完整性，从而维持混凝土结构的安全、正常使用的能力，称为耐久性。

混凝土的耐久性，主要包括抗渗、抗冻、抗磨、抗侵蚀、抗碳化、抗碱—骨料反应及混凝土中的钢筋耐锈蚀等性能。

1. 混凝土的抗渗性

混凝土的抗渗性是指混凝土抵抗有压介质（水、油、溶液等）渗透作用的能力。它是决定混凝土耐久性最基本的因素。若混凝土的抗渗性差，不仅周围水等液体物质易渗入内部，而且当遇有负温或环境水中含有侵蚀性介质时，混凝土就易遭受冰冻或侵蚀作用而破坏，对钢筋混凝土还将引起其内部钢筋锈蚀，并导致表面混凝土保护层开裂与剥落。因此，对地下建筑、水坝、水池、港工、海工等工程，必须要求混凝土具有一定的抗渗性。

混凝土的抗渗性用抗渗等级表示。抗渗等级是以 28 d 龄期的标准试件，在标准试验方法下所能承受的最大静水压来表示，共有 P6、P8、P10、P12 等 4 个等级，表示混凝土能抵抗0.6 MPa、0.8 MPa、1.0 MPa、1.2 MPa 的静水压力而不渗透。

混凝土渗水的主要原因，是由于内部的孔隙形成连通的渗水通道。这些孔道除产生于施工振捣不密实外,主要来源于水泥浆中多余水分的蒸发而留下的气孔,水泥浆泌水所形成的毛细孔,以及粗骨料下部界面水富集所形成的孔穴。这些渗水通道的多少,主要与水灰比大小有关,因此水灰比是影响抗渗性的一个主要因素。试验表明,随着水灰比增大,抗渗性逐渐变差。当水灰比大于 0.6 时,抗渗性急剧下降。

提高混凝土抗渗性的主要措施,是提高混凝土的密实度和改善混凝土中的孔隙结构,减少连通孔隙。这些可通过降低水灰比、选择好的骨料级配、充分振捣和养护、掺入引气剂等方法来实现。

2. 混凝土的抗冻性

混凝土的抗冻性是指混凝土在饱水状态下,能经受多次冻融循环而不破坏,同时也不严重降低所具有性能的能力。在寒冷地区,特别是接触水又受冻的环境下的混凝土,要求具有较高的抗冻性。

混凝土的抗冻性用抗冻等级来表示。抗冻等级是以 28d 龄期的混凝土标准试件,在饱水后承受反复冻融循环,以抗压强度损失不超过 25%,且质量损失不超过 5% 时所能承受的最多的循环次数来表示。混凝土的抗冻等级有 F50、F100、F150、F200、F250 和 F300 共 6个等级,分别表示混凝土能承受冻融循环的最少次数不少于 50、100、150、200、250 和300 次。

混凝土受冻融破坏的原因,是由于混凝土内部孔隙中的水在 0℃ 以下结冰后体积膨胀形成的静水压力,当这种压力产生的内应力超过混凝土的抗拉强度,混凝土就会产生裂缝,多次冻融循环使裂缝不断扩展直至破坏。混凝土的密实度、孔隙率和孔隙构造、孔隙的吸水饱和程度是影响抗冻性的主要因素。密实的混凝土和具有封闭孔隙的混凝土(如引气混凝土)抗冻性较高。掺入引气剂、减水剂和防冻剂,可有效提高混凝土的抗冻性。

3. 混凝土的抗侵蚀性

当混凝土所处环境中含有侵蚀性介质时,混凝土便会遭受侵蚀。通常侵蚀种类有软水侵蚀、硫酸盐侵蚀、镁盐侵蚀、碳酸侵蚀、一般酸侵蚀与强碱侵蚀等。随着混凝土在地下工程、海岸与海洋工程等恶劣环境中的大量应用,对混凝土的抗侵蚀性提出了更高的要求。

混凝土的抗侵蚀性与所用水泥品种、混凝土的密实度和孔隙特征等有关。密实和孔隙封闭的混凝土,环境水不易侵入,抗侵蚀性较强。提高混凝土抗侵蚀性的主要措施,是合理选择水泥品种,降低水灰比,提高混凝土密实度和改善孔结构。混凝土所用水泥品种可依据工程环境选用。

4. 混凝土的碳化

混凝土的碳化,是指混凝土内水泥石中的氢氧化钙与空气中的二氧化碳,在湿度适宜时发生化学反应,生成碳酸钙和水,也称中性化。混凝土的碳化,是二氧化碳由表及里逐渐向混凝土内部扩散的过程。碳化引起水泥石化学组成及组织结构的变化,对混凝土的碱度、强度和收缩产生影响。

碳化对混凝土性能既有有利的影响,也有不利的影响。其不利影响,首先是碱度降低,减弱了对钢筋的保护作用。这是因为混凝土中水泥水化生成大量的氢氧化钙,使钢筋处在碱性环境中而在表面生成一层钝化膜,保护钢筋不易腐蚀。但当碳化深度穿透混凝土保护层而达到钢筋表面时,钢筋钝化膜被破坏而发生锈蚀,此时产生体积膨胀,致使混凝土保护层产生开裂;开裂后的混凝土更有利于二氧化碳、水、氧等有害介质的进入,加剧了碳化的进行和钢筋的锈蚀,最后导致混凝土产生顺着钢筋开裂而破坏。另外,碳化作用会增加混凝土的收缩,引起混凝土表面产生拉应力而出现微细裂缝,从而降低混凝土的抗拉、抗折强度及抗渗能力。

碳化作用对混凝土也有一些有利影响,即碳化作用产生的碳酸钙填充了水泥石的孔隙,以及碳化时放出的水分有助于未水化水泥的水化,从而可提高混凝土碳化层的密实度,对提高抗压强度有利。如混凝土预制桩往往利用碳化作用来提高桩的表面硬度。

5. 混凝土的碱—骨料反应

碱—骨料反应是指水泥中的碱(Na_2O、K_2O)与骨料中的活性二氧化硅发生化学反应,在骨料表面生成复杂的碱—硅酸凝胶,碱—硅酸凝胶进一步吸水,体积膨胀(体积可增加 3 倍以上),从而导致混凝土产生膨胀开裂而破坏的现象。

混凝土发生碱—骨料反应必须具备以下三个条件。

(1)水泥中碱含量高。水泥中碱含量按 $Na_2O+0.658K_2O$ 计算大于 0.6%。

(2)砂、石骨料中含有活性二氧化硅成分。

(3)有水存在。在无水情况下,混凝土不可能发生碱—骨料反应。

在实际工程中,为抑制碱—骨料反应的危害,可采取以下方法:控制水泥总含碱量不超过 0.6%;选用非活性骨料;降低混凝土的单位水泥用量,以降低单位混凝土的含碱量;在混凝土中掺入火山灰质混合材料,以减少膨胀值;防止水分侵入,设法使混凝土处于干燥状态。

6. 提高混凝土耐久性的措施

混凝土所处的环境和使用条件不同,对其耐久性的要求也不相同,但影响耐久性的因素却有许多相同之处。混凝土的密实程度是影响耐久性的主要因素,其次是原材料的性质、施工质量等。提高混凝土耐久性的主要措施如下。

(1)合理选择水泥品种,根据混凝土工程的特点和所处的环境条件选用水泥。

(2)选用质量良好、技术条件合格的砂石骨料。

(3)控制水灰比及保证足够的水泥用量,是保证混凝土密实度并提高混凝土耐久性的关键。《混凝土结构设计规范(2015 年版)》规定了混凝土的最大水灰比限值,《普通混凝土配合比设计规程》(JGJ 55—2011)规定了混凝土的最小水泥用量的限值。

(4)掺入减水剂或引气剂,改善混凝土的孔结构,对提高混凝土的抗渗性和抗冻性有良好作用。

(5)改善施工操作,保证施工质量。

▶ 4.5 混凝土的质量控制与强度评定 ◀

加强混凝土质量控制,是为了保证生产的混凝土其技术性能能满足设计要求。质量控制应贯彻于设计、生产、施工及成品检验的全过程。

4.5.1 混凝土强度的质量控制

由于混凝土质量的波动将直接反映到其最终的强度上,而混凝土的抗压强度与其他性能有较好的相关性,因此在混凝土生产质量管理中,常以混凝土的抗压强度作为评定和控制其质量的主要指标。

1. 混凝土强度的波动规律

(1) 强度平均值 ($\overline{f}_{cu}$)

它代表混凝土强度总体的平均水平,其值按下式计算:

$$\overline{f}_{cu} = \frac{1}{n} \sum_{i=1}^{n} f_{cu,i} \qquad (4.6)$$

式中: n——试件组数;

$f_{cu,i}$——第 i 组试验值。

平均强度反映混凝土总体强度的平均值,但并不反映混凝土强度的波动情况。

(2) 标准差 (σ)

标准差又称均方差,反映混凝土强度的离散程度,即波动程度,可按下式计算:

$$\sigma = \sqrt{\frac{\sum_{i=1}^{n} f_{cu,i}^2 - n \overline{f}_{cu}^2}{n-1}} \qquad (4.7)$$

式中: n——试件组数 ($\geqslant 25$);

$f_{cu,i}$——第 i 组试件的抗压强度 (MPa);

$\overline{f}_{cu}$——n 组试件抗压强度的算术平均值 (MPa);

σ——一组抗压强度的标准差 (MPa)。

(3) 变异系数 (C_v)

变异系数又称离差系数,也是说明混凝土质量均匀性的指标。C_v 值越小,说明该混凝土强度质量越稳定。C_v 可按下式计算:

$$C_v = \frac{\sigma}{\overline{f}_{cu}} \qquad (4.8)$$

2. 混凝土强度保证率 (P)

强度保证率是指混凝土强度总体分布中,不小于设计要求的强度等级标准值 $f_{cu,k}$ 的概率 $P(\%)$,以正态分布曲线下的阴影部分来表示(如图 4 - 15)。

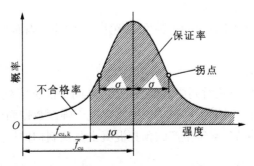

图 4 - 15 混凝土强度正态分布曲线及保证率

强度正态分布曲线下的面积为概率的总和,等于 100%。强度保证率可按如下方法计算。

首先，计算出概率度 t，即：

$$t = \frac{\overline{f}_{cu} - f_{cu,k}}{\sigma} \tag{4.9}$$

根据标准正态分布曲线方程，可得到概率度 t 与强度保证率 $P(\%)$ 的关系，见表 4-19。

表 4-19 不同 t 值的保证率 P

t	0.00	0.50	0.84	1.00	1.20	1.28	1.40	1.60
$P(\%)$	50.0	69.2	80.0	84.1	88.5	90.0	91.9	94.5
t	1.645	1.70	1.81	1.88	2.00	2.05	2.33	3.00
$P(\%)$	95.0	95.5	96.5	97.0	97.7	99.0	99.4	99.87

工程中 P 值可根据统计周期内，混凝土试件强度不低于要求强度等级标准值的组数与试件总数之比求得，即：

$$P = \frac{N_0}{N} \times 100\% \tag{4.10}$$

式中：N_0——统计周期内，同批混凝土试件强度大于或等于规定强度等级值的组数；

N——统计周期内同批混凝土试件总组数，$N \geqslant 25$。

普通混凝土配制强度按下式计算，其强度保证率为 95%。

$$f_{cu,o} \geqslant f_{cu,k} + 1.645\sigma \tag{4.11}$$

式中：$f_{cu,o}$——混凝土配制强度（MPa）；

$f_{cu,k}$——混凝土立方体抗压强度标准值（MPa）；

σ——混凝土强度标准差（MPa）。

4.5.2 混凝土强度的评定

根据《混凝土强度检验评定标准》（GB/T 50107—2020）规定，混凝土强度评定可分为统计方法及非统计方法两种。

1. 统计方法评定

由于混凝土生产条件不同，混凝土强度的稳定性也不同，因而统计方法评定又分为以下两种情况。

（1）标准差已知方案

当混凝土的生产条件较长时间内能保持一致，且同一品种混凝土的强度变异性能保持稳定，标准差 σ 可根据前一时期生产积累的同类混凝土强度数据而确定时，则每批的强度标准差 σ 可按常数考虑。例如，常年生产的预拌混凝土及预制构件厂常年生产的定型产品，其标准差可按常数考虑。

（2）标准差未知方案

当混凝土的生产条件在较长时间内不能保持一致，混凝土强度变异性不能保持稳定，或前一个检验期内的同一品种混凝土，无足够多的强度数据可用于确定统计计算标准差时，检验评定只能直接根据每一验收批抽样的强度数据来确定。

2. 非统计方法评定

对某些小批量零星混凝土的生产，因其试件数量有限，不具备按统计方法评定混凝土强度的条件，可采用非统计方法。

3. 混凝土强度的合格性判定

混凝土强度应分批进行检验评定，当检验结果能满足以上评定规定时，则该混凝土判为合格。否则，为不合格。不合格批混凝土制成的结构或构件，应进行鉴定。对不合格的结构或构件，必须及时处理。

4.6　普通混凝土的配合比设计

混凝土配合比是指混凝土中各组成材料数量之间的比例关系。普通混凝土的配合比，应根据原材料性能及对混凝土的技术要求进行计算，并经试验室试配、调整后确定。混凝土配合比常用的表示方法有两种：一种是以 $1 m^3$ 混凝土中各项材料的质量表示，如水泥(m_c) 300 kg、水(m_w)180 kg、砂(m_s)720 kg、石子(m_g)1 200 kg；另一种表示方法是以各项材料相互间的质量比来表示(以水泥质量为 1)，将上述质量换算成质量比为：

水泥∶砂∶石子∶水＝1∶2.4∶4∶0.6

4.6.1　混凝土配合比设计的基本要求

配合比设计的任务，就是根据原材料的技术性能及施工条件，确定出能满足工程所要求的技术经济指标的各项组成材料的用量。其基本要求如下。

(1) 达到混凝土结构设计的强度等级。

(2) 满足混凝土施工所要求的和易性。

(3) 满足工程所处环境和使用条件对混凝土耐久性的要求。

(4) 符合经济原则，节约水泥，降低成本。

4.6.2　混凝土配合比设计的资料准备

在设计混凝土配合比之前，必须通过调查研究，预先掌握下列基本资料。

(1) 了解工程设计要求的混凝土强度等级、质量稳定性的强度标准差，以便确定混凝土配制强度。

(2) 了解工程所处环境对混凝土耐久性的要求，以便确定所配制混凝土的最大水灰比和最小水泥用量。

(3) 了解结构构件断面尺寸及钢筋配置情况，以便确定混凝土骨料的最大粒径。

(4) 了解混凝土施工方法及管理水平，以便选择混凝土拌合物坍落度及骨料最大粒径。

(5) 掌握原材料的性能指标，包括水泥的品种、强度等级、密度，砂、石骨料的种类、表观密度、级配、最大粒径，拌合用水的水质情况，外加剂的品种、性能、适宜掺量等。

4.6.3 混凝土配合比设计的步骤

混凝土配合比设计步骤：首先按照已选择的原材料性能及对混凝土的技术要求进行初步计算，得出"初步计算配合比"。再经过试验室试拌调整，得出"基准配合比"。然后，经过强度检验，定出满足设计和施工要求并比较经济的"设计配合比（试验室配合比）"。最后根据现场砂、石的实际含水率，对试验室配合比进行调整，求出"施工配合比"。

1. 初步计算配合比的确定

（1）配制强度 $f_{cu,o}$ 的确定

当混凝土的设计强度等级小于 C60 时，配制强度应按下式确定：

$$f_{cu,o} = f_{cu,k} + 1.645\sigma \tag{4.12}$$

式中：$f_{cu,o}$——混凝土配制强度（MPa）；

$f_{cu,k}$——混凝土立方体抗压强度标准值（MPa）；

σ——混凝土强度标准差（MPa）。其确定方法如下。

① 当施工单位具有近期的同一品种混凝土强度资料时，其混凝土强度标准差按下式计算：

$$\sigma = \sqrt{\frac{\sum_{i=1}^{n} f_{cu,i}^2 - n\,\overline{f}_{cu}^2}{n-1}} \tag{4.13}$$

式中：$f_{cu,i}$——第 i 组试件的强度值（MPa）；

$\overline{f}_{cu}$——几组试件强度的平均值（MPa）；

n——混凝土试件的组数，$n \geqslant 30$。

对于强度等级不大于 C30 的混凝土，当混凝土强度标准差计算值不小于 3.0 MPa 时，应按式（4.13）计算结果取值；当混凝土强度标准差计算值小于 3.0 MPa 时，应取 3.0 MPa。

对于强度等级大于 C30 且小于 C60 的混凝土，当混凝土强度标准差计算值不小于 4.0 MPa 时，应按式（4.13）计算结果取值；当混凝土强度标准差计算值小于 4.0 MPa 时，应取 4.0 MPa。

② 当施工单位无历史统计资料时，σ 可按表 4-20 取用。

表 4-20 混凝土 σ 取值

混凝土强度等级	≤C20	C25~C45	C50~C55
σ(MPa)	4.0	5.0	6.0

（2）初步确定水灰比 W/C

混凝土强度等级小于 C60 级时，混凝土水灰比宜按下式计算：

$$W/C = \frac{\alpha_a \cdot f_{ce}}{f_{cu,o} + \alpha_a \cdot \alpha_b \cdot f_{ce}} \tag{4.14}$$

式中：α_a、α_b——回归系数；

f_{ce}——水泥 28 d 抗压强度实测值(MPa)。

当无水泥 28d 抗压强度实测值时,式(4.14)中的 f_{ce} 值可按下式确定:

$$f_{ce} = \gamma_c \cdot f_{ce,k} \tag{4.15}$$

式中:γ_c——水泥强度等级值的富余系数,可按表 4-21 确定;

$f_{ce,k}$——水泥强度等级值(MPa)。

表 4-21　水泥强度等级富余系数

水泥强度等级	32.5	42.5	52.5
富余系数 γ_c	1.12	1.16	1.10

回归系数宜按下列规定确定:

① 回归系数 α_a 和 α_b 应根据工程所使用的水泥、骨料,通过试验由建立的水灰比与混凝土强度关系式确定。

② 当不具备上述试验统计资料时,其回归系数可按表 4-22 采用。

表 4-22　回归系数 α_a 和 α_b 选用表(JGJ 55—2011)

系数　　　石子品种	碎　石	卵　石
α_a	0.53	0.49
α_b	0.20	0.13

为了保证混凝土的耐久性,水灰比还不得大于《混凝土结构设计规范(2015 年版)》表 4-23 中规定的最大水灰比值,如计算所得的水灰比大于规定的最大水灰比值时,应取规定的最大水灰比值。

表 4-23　混凝土的最大水灰比与最小水泥用量

环境类别		条　件	最大水灰比	最小水泥用量(kg/m³)		
				素混凝土	钢筋混凝土	预应力混凝土
一		室内干燥环境; 无侵蚀性静水浸没环境	0.60	250	280	300
二	A	室内潮湿环境; 非严寒和非寒冷地区的露天环境; 非严寒和非寒冷地区与无侵蚀性的水或土壤直接接触的环境; 严寒和寒冷地区的冰冻线以下与无侵蚀性的水或土壤直接接触的环境	0.55	280	300	300
	B	干湿交替环境; 水位频繁变动环境; 严寒和寒冷地区的露天环境; 严寒和寒冷地区冰冻线以上与无侵蚀性的水或土壤直接接触的环境	0.5	320		

环境类别		条 件	最大水灰比	最小水泥用量（kg/m³）		
				素混凝土	钢筋混凝土	预应力混凝土
三	A	严寒和寒冷地区冬季水位变动区环境； 受除冰盐影响环境； 海风环境	0.45		330	
	B	盐浸土环境； 受除冰盐作用环境； 海岸环境	0.4		330	

（3）选取 1 m³ 混凝土的用水量 m_{w0}。

① 每立方米干硬性和塑性混凝土用水量的确定，应符合下列规定。

水灰比在 0.40～0.80 范围时，根据粗骨料的品种、粒径及施工要求的混凝土拌合物稠度，其用水量可按表 4-24、表 4-25 选取。水灰比小于 0.40 的混凝土的用水量，应通过试验确定。

表 4-24 干硬性混凝土的用水量（kg/m³）

拌合物稠度		卵石最大粒径（mm）			碎石最大粒径（mm）		
项目	指标	10	20	40	16	20	40
维勃稠度（s）	16～20	175	160	145	180	170	155
	11～15	180	165	150	185	175	160
	5～10	185	170	155	190	180	165

表 4-25 塑性混凝土的用水量（kg/m³）

拌合物稠度		卵石最大粒径（mm）				碎石最大粒径（mm）			
项目	指标	10	20	31.5	40	16	20	31.5	40
坍落度（mm）	10～30	190	170	160	150	200	185	175	165
	35～50	200	180	170	160	210	195	185	175
	55～70	210	190	180	170	220	205	195	185
	75～90	215	195	185	175	230	215	205	195

注：① 本表用水量系采用中砂时的平均取值。采用细砂时，每立方米混凝土用水量可增加 5～10 kg；采用粗砂时，则可减少 5～10 kg。

② 用各种外加剂或掺合料时，用水量应相应调整。

② 掺外加剂时，每立方米流动性或大流动性混凝土的用水量按下式计算：

$$m_{wa} = m_{wo}(1 - \beta) \qquad (4.16)$$

式中：m_{wa}——掺外加剂时，每 1 m³ 混凝土的用水量（kg/m³）；

m_{wo}——未掺外加剂时，每 1 m³ 混凝土的用水量（kg/m³）；

β——外加剂的减水率（%），应经试验确定。

（4）计算 1 m³ 混凝土的水泥用量 m_{co}。

根据已初步确定的水灰比 W/C 和选用的单位用水量 m_{wo}，可计算出水泥用量 m_{co}：

$$m_{co} = \frac{m_{wo}}{W/C} \qquad (4.17)$$

为保证混凝土的耐久性，由上式计算得出的水泥用量还应满足《普通混凝土配合比设计规程》（JGJ 55 - 2011）（表 4 - 21）规定的最小水泥用量的要求。如计算得出的水泥用量少于规定的最小水泥用量，则应取规定的最小水泥用量值。

（5）选取合理的砂率值 β_s。

应当根据混凝土拌合物的和易性，通过试验求出合理砂率。如无历史资料，坍落度为 10~60 mm 的混凝土砂率，可根据骨料种类、规格和水灰比按表 4 - 26 选用。

表 4 - 26　混凝土的砂率（%）（JGJ 55 - 2011）

水灰比（W/C）	卵石最大粒径（mm）			碎石最大粒径（mm）		
	10	20	40	16	20	40
0.40	26~32	25~31	24~30	30~35	29~34	27~32
0.50	30~35	29~34	28~33	33~38	32~37	30~35
0.60	33~38	32~37	31~36	36~41	35~40	33~38
0.70	36~41	35~40	34~39	39~44	38~43	36~41

注：① 本表数值系中砂的选用砂率，对细砂或粗砂，可相应地减小或增大砂率。
　　② 对坍落度大于 60 mm 的混凝土，可经试验确定，也可在上表的基础上，按坍落度每增大 20 mm，砂率增大 1% 的幅度予以调整；坍落度小于 10 mm 的混凝土，其砂率应经试验确定。
　　③ 只用一个单粒级粗骨料配制混凝土时，砂率应当增大。
　　④ 对薄壁构件砂率取偏大值。

（6）计算粗、细骨料的用量 m_{go} 及 m_{so}。

粗、细骨料的用量可用质量法或体积法求得。

① 质量法。如果原材料情况比较稳定，所配制的混凝土拌合物的表观密度将接近一个固定值，这样可以先假设一个 1 m³ 混凝土拌合物的质量值，并可列出以下两式：

$$\begin{cases} m_{co} + m_{so} + m_{go} + m_{wo} = m_{cp} \\ \dfrac{m_{so}}{m_{so} + m_{go}} = \beta_s \end{cases} \qquad (4.18)$$

式中：m_{co}——1 m³ 混凝土的水泥用量（kg/m³）；

m_{go}——1 m³ 混凝土的粗骨料用量（kg/m³）；

m_{so}——1 m³ 混凝土的细骨料用量(kg/m³);

β_s——砂率(%);

m_{cp}——1 m³ 混凝土拌合物的假定质量(kg/m³),其值可取 2 350～2 450 kg/m³。

解联立两式,即可求出 m_{go}、m_{so}。

② 体积法。假定混凝土拌合物的体积,等于各组成材料绝对体积和混凝土拌合物中所含空气体积之总和。因此,在计算 1 m³ 混凝土拌合物的各材料用量时,可列出以下两式:

$$\begin{cases} \dfrac{m_{co}}{\rho_c} + \dfrac{m_{so}}{\rho_s} + \dfrac{m_{go}}{\rho_g} + \dfrac{m_{wo}}{\rho_w} + 0.01a = 1 \\ \dfrac{m_{so}}{m_{so} + m_{go}} = \beta_s \end{cases} \tag{4.19}$$

式中:ρ_c——水泥密度,可取 2 900～3 100 kg/m³;

ρ_g——粗骨料的表观密度(kg/m³);

ρ_s——细骨料的表观密度(kg/m³);

ρ_w——水的密度,可取 1 000 kg/m³;

a——混凝土的含气量百分数,在不使用引气型外加剂时,可取 1。

解联立两式,即可求出 m_{go}、m_{so}。

通过以上六个步骤,便可将水、水泥、砂和石子的用量全部求出,得出初步计算配合比,供试配用。

以上混凝土配合比计算公式和表格,均以干燥状态骨料(系指含水率小于 0.5% 的细骨料和含水率小于 0.2% 的粗骨料)为基准。

2. 混凝土配合比的试配、调整与确定

(1) 基准配合比的确定

按初步计算配合比,称取实际工程中使用的材料,进行试拌。混凝土的搅拌方法,应与生产时使用的方法相同。试配的最小搅拌量见表 4-27。

表 4-27　试配的最小搅拌量

粗骨料最大公称粒径(mm)	拌合物数量(L)
≤31.5	20
40.0	25

混凝土搅拌均匀后,检查拌合物的和易性,不符合要求的,必须经过试拌调整,直到符合要求为止,然后,提出供检验强度用的基准配合比。

调整混凝土拌合物和易性的方法如下。

① 当坍落度低于设计要求时,可保持水灰比不变,适当增加水泥浆量或调整砂率。

② 若坍落度过大,则可在砂率不变的条件下增加砂石用量。

③ 如出现含砂不足、黏聚性和保水性不良时,可适当增大砂率;反之,应减小砂率。

当试拌调整工作完成后,应测出混凝土拌合物的实际表观密度 $\rho_{c,t}$,并重新计算每立方米混凝土各组成材料的用量,得出基准配合比:

$$m_{\text{c,j}} = \frac{m_{\text{c,b}}}{m_{\text{c,b}} + m_{\text{s,b}} + m_{\text{g,b}} + m_{\text{w,b}}} \times \rho_{\text{c,t}} \tag{4.20}$$

$$m_{\text{s,j}} = \frac{m_{\text{s,b}}}{m_{\text{c,b}} + m_{\text{s,b}} + m_{\text{g,b}} + m_{\text{w,b}}} \times \rho_{\text{c,t}} \tag{4.21}$$

$$m_{\text{g,j}} = \frac{m_{\text{g,b}}}{m_{\text{c,b}} + m_{\text{s,b}} + m_{\text{g,b}} + m_{\text{w,b}}} \times \rho_{\text{c,t}} \tag{4.22}$$

$$m_{\text{w,j}} = \frac{m_{\text{w,b}}}{m_{\text{c,b}} + m_{\text{s,b}} + m_{\text{g,b}} + m_{\text{w,b}}} \times \rho_{\text{c,t}} \tag{4.23}$$

（2）试验室配合比的确定

经过和易性调整后得到的基准配合比,其水灰比选择不一定恰当,即混凝土的强度有可能不符合要求,所以应检验混凝土的强度。进行混凝土强度检验时,应至少采用三个不同的配合比。其一为基准配合比,另外两个配合比的水灰比,应较基准配合比分别增加或减少0.05。而其用水量与基准配合比相同,砂率可分别增加或减小1%。每种配合比制作一组（三块）试件,并经标准养护到 28 d 时试压。

由试验得出的各水灰比及其对应的混凝土强度的关系,用作图法或计算法求出与混凝土配制强度相对应的水灰比,再计算出试验室配合比。

3. 施工配合比

设计配合比是以干燥材料为基准的,而工地存放的砂、石都含有一定的水分,且随着气候的变化而经常变化。所以,现场材料的实际称量应按工地砂、石的含水情况进行修正,修正后的配合比称施工配合比。

假定工地存放砂的含水率为 $a(\%)$,石子的含水率为 $b(\%)$,则将上述设计配合比换算为施工配合比,其材料称量为:

$$m'_{\text{c}} = m_{\text{c}} \tag{4.24}$$

$$m'_{\text{s}} = m_{\text{s}}(1 + 0.01\,a) \tag{4.25}$$

$$m'_{\text{g}} = m_{\text{g}}(1 + 0.01\,b) \tag{4.26}$$

$$m'_{\text{w}} = m_{\text{w}} - 0.01\,a\,m_{\text{s}} - 0.01\,b\,m_{\text{g}} \tag{4.27}$$

4.6.4 普通混凝土配合比设计举例

某办公楼工程,现浇钢筋混凝土柱,混凝土设计强度等级为 C40。施工要求坍落度为 35~50 mm,混凝土采用机械搅拌,机械振捣。施工单位无历史统计资料。采用的材料如下。

水泥:强度等级为 42.5 的普通硅酸盐水泥,实测强度为 43.5 MPa,密度为 3 000 kg/m³。

砂:中砂,$M_{\text{x}} = 2.5$,表观密度 $\rho_{\text{s}} = 2\,650$ kg/m³。

石子:碎石,最大粒径 $D_{\text{max}} = 20$ mm,表观密度 $\rho_{\text{g}} = 2\,700$ kg/m³。

水:自来水。

设计混凝土配合比（按干燥材料计算）,并求施工配合比。施工现场砂的含水率为3%,碎石含水率为 1%。

【解】 (1) 初步计算配合比

① 确定配制强度 $f_{cu,o}$

查表 4-18,取标准差 $\sigma=5$,则

$$f_{cu,o}=f_{cu,k}+1.645\sigma=40+1.645\times5=48.2\ \text{MPa}$$

② 确定水灰比 W/C

查表 4-22,碎石回归系数 $\alpha_a=0.53,\alpha_b=0.20$:

$$W/C=\frac{\alpha_a f_{ce}}{f_{cu,o}+\alpha_a\alpha_b f_{ce}}=\frac{0.53\times43.5}{48.2+0.53\times0.20\times43.5}=0.44$$

查表 4-23,结构物处于干燥环境,要求 $W/C\leqslant0.6$,所以水灰比可取 0.44。

③ 确定单位用水量 m_{wo}

查表 4-25,取 $m_{wo}=195\ \text{kg}$。

④ 计算水泥用量 m_{co}

$$m_{co}=\frac{m_{wo}}{W/C}=\frac{195}{0.44}=443\ \text{kg}$$

查表 4-21,处于干燥环境,水泥用量最少为 280 kg,所以可取 443 kg。

⑤ 确定合理砂率值 β_s

查表 4-24,$W/C=0.44$,碎石 $D_{max}=20\ \text{mm}$,可取 $\beta_s=32\%$。

⑥ 计算石子、砂用量 m_{go} 及 m_{so}

采用体积法计算,取 $\alpha=1$,则

$$\begin{cases}\dfrac{443}{3\ 000}+\dfrac{m_{so}}{2\ 650}+\dfrac{m_{go}}{2\ 700}+\dfrac{195}{1\ 000}+0.01\times1=1\\[3mm]\dfrac{m_{so}}{m_{so}+m_{go}}=0.32\end{cases}$$

解得:$m_{go}=1\ 178\ \text{kg}$　$m_{so}=553\ \text{kg}$

初步计算配合比为:

$$m_{co}:m_{so}:m_{go}:m_{wo}=443:553:1\ 178:195=1:1.25:2.66:0.44$$

(2) 配合比的试配、调整和确定

① 基准配合比的确定

按初步计算配合比,试拌混凝土 20 L,其材料用量如下。

水泥:$0.02\times443=8.86\ \text{kg}$

水:$0.02\times195=3.9\ \text{kg}$

砂:$0.02\times553=11.06\ \text{kg}$

石子:$0.02\times1\ 178=23.56\ \text{kg}$

经搅拌后做坍落度试验,其值为 20 mm。尚不符合要求,因而增加水泥浆(水灰比为 0.44)量,则水泥用量增至 9.3 kg,水用量增至 4.1 kg。调整后的材料用量如下。

水泥:9.3 kg;

水：4.1 kg；

砂：11.06 kg；

石子：23.56 kg；

总质量为 48.02 kg。

经搅拌后，测得坍落度为 30 mm，黏聚性、保水性均良好。混凝土拌合物的实测表观密度为 2 390 kg/m³。则 1 m³ 混凝土的材料用量为：

$$m_{c,j} = \frac{m_{c,b}}{m_{c,b} + m_{s,b} + m_{g,b} + m_{w,b}} \times \rho_{c,t} = \frac{9.3}{48.02} \times 2\,390 = 463 \text{ kg}$$

$$m_{s,j} = \frac{m_{s,b}}{m_{c,b} + m_{s,b} + m_{g,b} + m_{w,b}} \times \rho_{c,t} = \frac{11.06}{48.02} \times 2\,390 = 550 \text{ kg}$$

$$m_{g,j} = \frac{m_{g,b}}{m_{c,b} + m_{s,b} + m_{g,b} + m_{w,b}} \times \rho_{c,t} = \frac{23.56}{48.02} \times 2\,390 = 1\,173 \text{ kg}$$

$$m_{w,j} = \frac{m_{w,b}}{m_{c,b} + m_{s,b} + m_{g,b} + m_{w,b}} \times \rho_{c,t} = \frac{4.1}{48.02} \times 2\,390 = 204 \text{ kg}$$

基准配合比为：

$$m_{c,j} : m_{s,j} : m_{g,j} : m_{w,j} = 463 : 550 : 1\,173 : 204 = 1 : 1.19 : 2.53 : 0.44$$

② 强度检验

在基准配合比的基础上，拌制三种不同水灰比的混凝土。其中一组是水灰比为 0.44 的基准配合比，另两组的水灰比各增减 0.05，分别为 0.39 和 0.49。经试拌调整以满足和易性的要求。测得其表观密度，0.39 水灰比的混凝土为 2 400 kg/m³，0.49 水灰比的混凝土为 2 380 kg/m³。制作三组混凝土立方体试件，经 28d 标准养护，测得抗压强度如下：

W/C	抗压强度(MPa)
0.39	53.0
0.44	50.1
0.49	45.3

根据上述三组抗压强度试验结果，可知水灰比为 0.45 的基准配合比的混凝土强度能满足配制强度 $f_{cu,o} = 48.2$ 的要求，可定为混凝土的设计配合比。所以，设计配合比 1 m³ 混凝土各组成材料的用量分别为 $m_c = 453 \text{ kg}, m_s = 550 \text{ kg}, m_g = 1\,173 \text{ kg}, m_w = 204 \text{ kg}$。

（3）现场施工配合比

将设计配合比换算成现场施工配合比。用水量应扣除砂、石所含的水量，而砂、石用量则应增加砂、石含水的质量。所以，施工配合比为：

$$m'_c = 453 \text{ kg}$$

$$m'_s = 550(1 + 0.03) = 567 \text{ kg}$$

$$m'_g = 1\,173(1 + 0.01) = 1\,185 \text{ kg}$$

$$m'_w = 204 - 550 \times 0.03 - 1\,173 \times 0.01 = 176 \text{ kg}$$

▶ 4.7 其他品种混凝土 ◀

4.7.1 轻混凝土

轻混凝土是指干表观密度小于 2 000 kg/m³ 的混凝土,包括轻骨料混凝土、多孔混凝土和无砂大孔混凝土。

1. 轻骨料混凝土

《轻骨料混凝土应用技术标准》(JGJ/T 12—2019)规定,用轻粗骨料、轻砂(或普通砂)、水泥和水配制而成的混凝土,称为轻骨料混凝土。而按其细骨料不同,又分为全轻混凝土(粗、细骨料均为轻骨料)和砂轻混凝土(细骨料全部或部分为普通砂)。

轻骨料混凝土的表观密度比普通混凝土减少 1/4～1/3,隔热性能改善,可使结构尺寸减小,增加建筑物使用面积,降低基础工程费用和材料运输费用,其综合效益良好。因此,轻骨料混凝土主要适用于高层和多层建筑、软土地基、大跨度结构、抗震结构、要求节能的建筑和旧建筑的加层等。

2. 大孔混凝土

大孔混凝土,是以粗骨料、水泥和水配制而成的一种轻质混凝土,又称无砂混凝土。在这种混凝土中,水泥浆包裹粗骨料颗粒的表面,将粗骨料黏结在一起,但水泥浆并不填满粗骨料颗粒之间的空隙,因而形成大孔结构。为了提高大孔混凝土的强度,有时也加入少量细骨料(砂),这种混凝土又称少砂混凝土。

大孔混凝土可用于制作墙体用的小型空心砌块和各种板材,也可用于现浇墙体。普通大孔混凝土还可制成送水管、滤水板等,广泛用于市政工程。

3. 多孔混凝土

多孔混凝土是一种不用骨料,且内部均匀分布着大量微小气泡的轻质混凝土。多孔混凝土孔隙率可达 85%,表观密度在 300～1 200 kg/m³,导热系数为 0.081～0.29 W/(m·K),兼有承重及保温隔热功能,容易切割,易于施工,可制成砌块、墙板、屋面板及保温制品,广泛用于工业与民用建筑及保温工程中。根据气孔产生的方法不同,多孔混凝土可分为加气混凝土和泡沫混凝土。

(1) 加气混凝土

加气混凝土用含钙材料(水泥、石灰)、含硅材料(石英砂、粉煤灰、粒化高炉矿渣等)和发气剂为原料,经过磨细、配料、搅拌、浇注、成型、切割和压蒸养护 0.8～1.5 MPa 下养护 6～8 h 等工序生产而成。

加气混凝土制品主要有砌块(如图 4-16)和条板两种。砌块可作为三层或三层以下房屋的承重墙,也可作为工业厂房,多层、高层结构的非承重填充墙。配有钢筋的加气混凝土条板可作为承重和保温合一的屋面板。加气混凝土还可以与普通混凝土预制成复合板,用于外墙,兼有承重和保温作用。由于加气混凝土能利用工业废料,产品成本较低,能大幅度降低建筑物自重,保温效果好,因此具有较好的技术经济效果。

图 4 - 16　加气混凝土砌块

图 4 - 17　泡沫混凝土

（2）泡沫混凝土

泡沫混凝土是将水泥浆与泡沫剂拌合后成型，硬化而成的一种多孔混凝土（如图4 - 17）。

泡沫混凝土在机械搅拌作用下，能产生大量均匀而稳定的气泡。常用的泡沫剂有松香泡沫剂及水解性血泡沫剂。使用时先掺入适量水，然后用机械搅拌成泡沫，再与水泥浆搅拌均匀，然后进行蒸汽养护或自然养护，硬化后即为成品。

泡沫混凝土的技术性能和应用，与相同表观密度的加气混凝土大体相同。泡沫混凝土还可在现场直接浇筑，用作屋面保温层。

4.7.2　抗渗混凝土（防水混凝土）

抗渗混凝土是指抗渗等级等于或大于 P6 级的混凝土，主要用于水工工程、地下基础工程、屋面防水工程等。

抗渗混凝土一般是通过混凝土组成材料的质量改善，合理选择混凝土配合比和骨料级配，以及掺加适量外加剂，达到混凝土内部密实或是堵塞混凝土内部毛细管通路，使混凝土具有较高的抗渗性。目前，常用的抗渗混凝土有普通抗渗混凝土、外加剂抗渗混凝土和膨胀水泥抗渗混凝土。

4.7.3　高强混凝土

高强混凝土是指强度等级为 C60 及 C60 以上的混凝土。

高强混凝土的特点是强度高、耐久性好、变形小，能适应现代工程结构向大跨度、重载、高耸发展和承受恶劣环境条件的需要。使用高强混凝土可获得明显的工程效益和经济效益。高效减水剂及超细掺合料的使用，使在普通施工条件下制得高强混凝土成为可能。但高强混凝土的脆性比普通混凝土大，强度的拉压比降低。

4.7.4　泵送混凝土

混凝土拌合物坍落度不低于 100 mm，并用泵送施工的混凝土称为泵送混凝土（图4 - 18）。泵送混凝土可用于大多数混凝土的浇筑，尤其适用于城市为保护环境，或施工场地狭窄、施工机具受到限制的混凝土浇筑。

泵送混凝土除需满足强度和耐久性要求外，还应具有良好的可泵性，即混凝土拌合物应具有一定的流动性和良好的黏聚性，摩擦阻力小，不离析，不阻塞，以方便用泵输送。

图 4 - 18 泵送混凝土

图 4 - 19 预拌混凝土

4.7.5 预拌(商品)混凝土

预拌混凝土是指预先拌好的质量合格的混凝土拌合物,以商品的形式出售给施工单位,并运到施工现场进行浇筑的混凝土拌合物(如图 4 - 19)。

采用预拌混凝土,有利于实现建筑工业化,对提高混凝土质量、节约材料、实现现场文明施工和改善环境(因工地不需要原料堆放场地和搅拌设备)都具有显著的效果。

▶ 4.8 混凝土用砂石的取样 ◀

4.8.1 取样规定

每验收批取样方法应按下列规定执行。

(1) 在料堆上取样时,取样部位应均匀分布。取样前先将取样部位表层铲除,然后对于砂子由各部位抽取大致相等的 8 份,组成一组样品;对于石子由各部位抽取大致相等的 15 份(在料堆的顶部中部和底部各由均匀分布的 5 个不同部分取得)组成一组样品。

(2) 从皮带运输机上取样时,应从机尾的出料处用接料器定时抽取,砂为 4 份,石子为 8 份,分别组成一组样品。

(3) 从火车、汽车、货船上取样时,应从不同部位和深度抽取大致相等的砂 8 份,石子 16 份,分别组成一组样品。

(4) 若检验不合格时,应重新取样。对不合格项进行加倍复验,若仍有一个试样不能满足标准要求,应按不合格处理。

(5) 取样数量:对于砂子一般取样 30 kg,对于石子一般取样 100~120 kg。

(6) 对所取样品应妥善包装,避免细料散失及防止污染,并附样品卡片以标明样品的编号、名称、取样时间、产地、规格、样品量、要求检验的项目、取样方式等。

4.8.2 样品的缩分方法

1. 砂子的缩分方法

样品采用人工四分法缩分:将所取每组样品置于平板上,在潮湿状态下拌合均匀,并堆成厚度约为 200 mm 的圆饼然后沿互相垂直的两条直径把圆饼分成大致相等 4 份,取其对角的 2 份重新拌匀,再堆成圆饼重复上述过程,直至缩分后的材料量略多于进行试验所必需的量为止。

对较少的砂样品(如作单项试验时),可采用较干原砂样,但应该仔细拌匀后缩分。

砂的堆积密度和紧密密度及含水率检验所用的砂样可不经缩分,在拌匀后直接进行试验。

2. 石子的缩分

将每组样品置于平板上,在自然状态下拌和均匀,并堆成锥体,然后沿互相垂直的两条直径把锥体分成大致相等的 4 份,取其对角的 2 份重新拌匀,再堆成锥体,重复上述过程,直至缩分的材料量略多于试验所必需的量为止。石子的含水率、堆积密度、紧密密度检验所用的试样,不经缩分,拌匀后直接进行试验。

▶ 4.9 混凝土的取样和验收 ◀

4.9.1 取样

预拌(商品)混凝土,除应在预拌混凝土厂内按规定留置试块外,混凝土运到施工现场后,还应根据预拌混凝土规定取样。

(1)用于交货检验的混凝土试样应在交货地点采取每 100 立方米相同配合比的混凝土取样不少于 1 次;一个工作班拌制的相同配合比的混凝土不足 100 立方米时,取样也不得少于 1 次;当在一个分项工程中连续供应相同配合比的混凝土量大于 1 000 立方米时,其交货检验的试样为每 200 立方米混凝土取样不得少于 1 次。

(2)用于出厂检验的混凝土试样应在搅拌地点采取,按每 100 盘相同配合比的混凝土取样不得少于 1 次;每一工作班组相同的配合比的混凝土不足 100 盘时,取样亦不得少于 1 次。

(3)对于预拌混凝土拌合物的质量,每车应目测检查;混凝土坍落度检验的试样,每 100 立方米相同配合比的混凝土取样检验不得少于 1 次;当一个工作班相同配合比的混凝土不足 100 立方米时,也不得少于 1 次。

4.9.2 验收

(1)在生产施工过程中,应在搅拌地点和浇筑地点分别对混凝土拌合物进行抽样检验。

(2)混凝土拌合物的检验频率应符合下列规定。

① 混凝土坍落度取样检验频率应符合现行国家标准《混凝土强度检验评定标准》(GB/T 50107—2010)的有关规定。

② 同一工程、同一配合比、采用同一批次水泥和外加剂的混凝土的凝结时间应至少检验 1 次。

③ 同一工程、同一配合比的混凝土的氯离子含量应至少检验 1 次;同一工程、同一配合比和采用同一批次海砂的混凝土的氯离子含量应至少检验 1 次。

【知识拓展】 固碳混凝土

2022 年《中国建筑能耗研究报告》数据显示,2020 年全国建筑与建造碳排放总量为 50.8 亿吨,占全国碳排放总量的 50.9%。其中,建材生产、建筑施工与建筑运营各占建筑总碳排的 28.2%、1.0%、21.7%。毫无疑问,建筑行业是实现碳减排和碳中和目标的关键。

固碳混凝土是通过将上游碳排放企业捕获的二氧化碳液化后直接参与预拌混凝土的拌和,使得二氧化碳与混凝土中的水泥及矿物掺合料发生化学反应,形成以碳酸钙为主要成分的多种新矿物,从而实现碳固化、封存。同时可提高混凝土强度,减少水泥用量,进一步降低碳排放,实现二氧化碳高值化利用。

目前已开发的固碳混凝土生产技术,可以实现 95% 以上的二氧化碳被高效利用并封存于混凝土建材中,减少 30% 以上原材料中的水泥用量。相较传统工艺在生产环节可减少 80% 左右的碳排放,部分清洁捕获的工厂中甚至可达到混凝土产品的负碳出厂,同时由于工艺技术的创新,产品的养护时间相较传统工艺缩减了一半,大幅降低了产品的人工成本、能耗需求。

固态混凝土生产项目将以减污降碳为目标、数字化改革为引领、信息化技术为依托,推进低碳建材、绿色建材产品相关研究,实现产业链信息共享,在提高企业经济效益的同时,有力消纳碳排放量,助力"十四五"期间地方"降碳",有效推动制造业迭代升级,也是是履行党的二十大报告中提出的:"推动战略性新兴产业融合集群发展,构建新一代信息技术、人工智能、生物技术、新能源、新材料、高端装备、绿色环保等一批新的增长引擎"的有效方式。

习　题

一、简答题

1. 粗砂、中砂和细砂如何划分? 配制混凝土时选用哪种砂最优? 为什么?

2. 影响混凝土拌和物和易性的主要因素是什么? 如何影响?

3. 影响混凝土强度的主要因素是什么? 如何影响?

4. 影响混凝土耐久性的决定性因素是什么? 提高混凝土耐久性的主要措施是哪些?

5. 生产混凝土时,下列各种措施中,哪些可以节约水泥,为什么?

(1) 采用蒸汽养护。

(2) 采用合理砂率。

(3) 采用流动性较大的混凝土拌合物。

(4) 加入氯化钙。

(5) 使用粗砂。

(6) 加入减水剂。

(7) 提高施工质量水平,减少混凝土强度波动程度。

6. 某工程队于 7 月份在湖南某工地施工,经现场试验确定了一个掺木质素磺酸钠的混凝土配方,经使用 1 个月情况均正常。该工程后因资金问题暂停 5 个月,随后继续使用原混凝土配方开工。发现混凝土的凝结时间明显延长,影响了工程进度。请分析原因,并提出解决办法。

7. 某混凝土搅拌站原使用砂的细度模数为 2.5,后改用细度模数为 2.1 的砂。改砂后原混凝土配方不变,发现混凝土坍落度明显变小。请分析原因。

二、计算题

1. 有一组边长为 100 mm 的混凝土立方体试件,标准养护 28 d 送试验室检测。抗压破坏荷载分别为 310、300、280 kN,试计算该组混凝土的标准抗压强度值是多少?

2. 某工地采用 42.5 级的普通水泥拌制卵石混凝土,所用水灰比为 0.55,试问此混凝土能否达到 C25 级混凝土的要求?

3. 已知混凝土经试拌调整后,各项材料用量为:水泥 3.10 kg、水 1.86 kg、砂 6.24 kg、碎石 12.8 kg,并测得拌合物的表观密度为 2 500 kg/m³,试计算:

(1) 每方混凝土各项材料的用量为多少?

(2) 如工地现场砂子含水率为 2.5%,石子含水率为 0.5%,求施工配合比。

4. 设需制作一根钢筋混凝土梁,要求混凝土设计强度为 C30;混凝土由机械搅拌,机械振捣,坍落度为 35～50 mm;该单位无历史统计资料;水为自来水;该工程为干燥环境。计算混凝土配合比。

原材料为:42.5 级普通水泥,密度为 3 000 kg/m³;中砂,表观密度为 2 650 kg/m³;碎石粒径 5～40 mm,表观密度为 2 700 kg/m³。

第 5 章 建筑砂浆

【学习目标】

通过本章的学习,要认识建筑砂浆的种类及用途,要具备砂浆的配合比选用、砂浆取样及砂浆技术性能检测的能力。

▶ 5.1 砌筑砂浆 ◀

砌筑砂浆是能将砖、石、砌块等黏结成为砌体的砂浆。它在砌体中作为一种传递荷载的接缝材料,因而必须具有一定的和易性和强度,同时必须具有能保证砌体材料与砂浆之间牢固黏结的黏结力。

由水泥、细骨料和水,以及根据需要加入的石灰、活性掺合料或外加剂在现场配制成的砂浆,称为现场配制砂浆,分为水泥砂浆和水泥混合砂浆。由水泥、细骨料、矿物掺合料、外加剂和水,按一定比例,在搅拌站经计量、拌制后,运至使用地点,并在规定时间内使用的拌合物,称为湿拌砂浆。由水泥、干燥骨料或粉料、添加剂以及根据性能确定的其他组分,按一定的比例,在专业生产厂经计量、混合而成的混合物,在使用地点按规定比例加水或配套组分拌合使用的砂浆,称为干混砂浆。湿拌砂浆和干混砂浆统称为预拌砂浆。

5.1.1 砌筑砂浆的技术性质

1. 砂浆的和易性

新拌砂浆应具有良好的和易性。和易性良好的砂浆容易在粗糙的砖石底面上铺设成均匀的薄层,而且能够和底面紧密黏结。使用和易性良好的砂浆,既便于操作,提高劳动生产率,又能保证工程质量。砂浆和易性包括流动性和保水性。

(1) 流动性

砂浆的流动性也叫稠度,是指在自重或外力作用下流动的性能,用沉入度(mm)表示,用砂浆稠度仪测定(如图 5-1)。沉入度越大,砂浆流动性也越大,但流动性过大,硬化后强度将会降低;若流动性过小,则不便于施工操作。根据《砌筑砂浆配合比设计规程》(JGJ/T 98—2010)的规定,砌筑砂浆的稠度应按 5-1 表选用。

表 5 - 1 砌筑砂浆的施工稠度

砌体种类	砂浆稠度（mm）
烧结普通砖砌体、粉煤灰砖砌体	70～90
混凝土砖砌体、普通混凝土小型空心砌块砌体、灰砂砖砌体	50～70
烧结多孔砖砌体、烧结空心砖砌体、轻骨料混凝土小型空心砌块砌体、蒸压灰砂砖砌体	60～80
石砌体	30～50

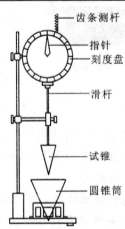

齿条测杆
指针
刻度盘
滑杆
试锥
圆锥筒

图 5 - 1 砂浆稠度测定仪

（2）保水性

新拌砂浆能够保持水分的能力称为保水性，保水性也指砂浆中各项组成材料不易分离的性质。新拌砂浆在存放、运输和使用的过程中，必须保持其中的水分不致很快流失，才能形成均匀密实的砂浆缝，保证砌体的质量。砌筑砂浆的保水率见表 5 - 2。

表 5 - 2 砌筑砂浆的保水率（％）

砂浆种类	保水率
水泥砂浆	≥80
水泥混合砂浆	≥84
预拌砌筑砂浆	≥88

2. 砂浆的强度

砂浆在砌体中主要起传递压力的作用，因此砂浆应具有一定抗压强度。我国现行标准《建筑砂浆基本性能试验方法标准》（JGJ/T 70—2009）规定：砂浆的强度等级是以边长为 70.7 mm 的立方体试块，一组 3 块，在标准养护条件（温度为 20 ℃±2 ℃，相对湿度为 90％以上）下，用标准试验方法测得 28 d 龄期的抗压强度来确定的。水泥砂浆及预拌砂浆的强度等级可分为 M5、M7.5、M10、M15、M20、M25、M30；水泥混合砂浆的强度等级可分为 M5、M7.5、M10、M15。

标准规范

建筑砂浆基本性能
试验方法标准

砂浆立方体抗压强度应按下列公式计算，精确至 0.1 MPa。

$$f_{m,cu} = \frac{N_u}{A} \tag{5.1}$$

式中：$f_{m,cu}$——砂浆立方体抗压强度（MPa）；

N_u——立方体破坏压力（N）；

A——试件承压面积（mm²）。

图 5-2　砂浆试模

影响砂浆抗压强度的因素很多。原材料的性能和用量，砌筑层（砖、石、砌块）吸水性，养护条件（温度和湿度）都会影响砂浆的强度。

（1）用于黏结吸水性较小、密实的底面材料（如石材）的砂浆，其强度取决于水泥强度和水灰比，与混凝土类似，计算公式如下：

$$f_m = 0.29 f_{ce}(C/W - 0.40) \tag{5.2}$$

式中：f_m——砂浆 28 d 抗压强度（MPa）；

f_{ce}——水泥的实测强度（MPa）；

C/W——灰水比。

（2）用于黏结吸水性较大的底面材料（如砖、砌块）的砂浆，砂浆中一部分水分会被底面吸收。由于砂浆必须具有良好的和易性，因此，不论拌合时用多少水，经底层吸水后，留在砂浆中的水分大致相同，可视为常量。在这种情况下，砂浆的强度取决于水泥强度和水泥用量，可不必考虑水灰比。可用下面经验公式：

$$f_m = \frac{\alpha f_{ce} Q_c}{1\,000} + \beta \tag{5.3}$$

式中：Q_c——每立方米砂浆中水泥用量（kg）；

α、β——砂浆的特征系数，$\alpha = 3.03$，$\beta = -15.09$。

砌筑砂浆的稠度、保水率、试配抗压强度应同时满足要求。

3. 砂浆的黏结性

砖石砌体是靠砂浆把许多块砖石材料黏结成为坚固整体的，因此要求砂浆对于砖石必须有一定的黏结力。砌筑砂浆的黏结力随其强度的增大而提高。砂浆强度等级越高，黏结力越大。此外，砂浆的黏结力与砖石的表面状态、洁净程度、湿润情况及施工养护条件等有关。所以砌筑前砖要浇水湿润，其含水率控制在 10%～15% 左右，表面不沾泥土，以提高砂浆与砖之间的黏结力，保证砌筑质量。

4. 砂浆的抗冻性

有抗冻性要求的砌体工程，砌筑砂浆应进行冻融试验。砌筑砂浆的抗冻性应符合表 5-3 的规定，且当设计对抗冻性有明确要求时，更应符合设计规定。

表 5-3 砌筑砂浆的抗冻性

使用条件	抗冻指标	质量损失率(%)	强度损失率(%)
夏热冬暖地区	F15		
夏热冬冷地区	F25	≤5	≤25
寒冷地区	F35		
严寒地区	F50		

5.1.2 现场配制砌筑砂浆的试配要求

砂浆配合比设计按《砌筑砂浆配合比设计规程》(JGJ/T 98—2010)进行计算和确定。

1.现场配制水泥混合砂浆配合比设计

配合比设计应按下列步骤进行计算。

(1)计算砂浆的试配强度 $f_{m,o}$

砂浆的试配强度应按下式计算。

$$f_{m,o} = kf_2 \tag{5.4}$$

式中:$f_{m,o}$——砂浆的试配强度(MPa),精确至 0.1 MPa;

f_2——砂浆强度等级值(MPa),精确至 0.1 MPa;

k——系数,按表 5-4 取值

表 5-4 砂浆强度标准差 σ 及 k 值

施工水平 \ 砂浆强度等级	强度标准差 σ(MPa)							k
	M5.0	M7.5	M10	M15	M20	M25	M30	
优良	1.00	1.50	2.00	3.00	4.00	5	6	1.15
一般	1.25	1.88	2.50	3.75	5.00	6.25	7.5	1.2
较差	1.50	2.25	3.00	4.50	6.00	7.5	9	1.25

砂浆强度标准差 σ 的确定应符合下列规定:

① 当有统计资料时,应按下式计算。

$$\sigma = \sqrt{\frac{\sum\limits_{i=1}^{n} f_{m,i}^2 - n\mu_{fm}^2}{n-1}} \tag{5.5}$$

式中:$f_{m,i}$——统计周期内同一品种砂浆第 i 组试件的强度(MPa);

μ_{fm}——统计周期内同一品种砂浆 n 组试件强度的平均值(MPa);

n——统计周期内同一品种砂浆试件的总组数,$n > 25$。

② 当不具备有近期统计资料时,其砂浆现场强度标准差 σ 可按表 5-4 取用。

(2)计算每立方米砂浆中的水泥用量 Q_c(kg)

每立方米砂浆中的水泥用量,应按下式计算。水泥砂浆中水泥用量不应小于 200 kg/m³。

如不足，应按 200 kg/m³ 选用。

$$Q_c = \frac{1\,000(f_{m,0} - \beta)}{\alpha f_{ce}} \quad (5.6)$$

式中：$f_{m,0}$——砂浆试配强度(MPa)，精确至 0.1 MPa；

$\quad\quad Q_c$——每立方米砂浆的水泥用量，精确至 1 kg；

$\quad\quad f_{ce}$——水泥 28 d 时的实测强度值(MPa)精确至 0.1 MPa；

$\quad\quad \alpha$、β——砂浆特征系数，$\alpha = 3.03$，$\beta = -15.09$。

（3）计算每立方米砂浆中石灰膏用量 Q_D(kg)

$$Q_D = Q_A - Q_c \quad (5.7)$$

式中：Q_c——每立方米砂浆的水泥用量，精确至 1 kg；

$\quad\quad Q_A$——每立方米砂浆中水泥和石灰膏的总量，精确至 1 kg，宜在 300～350 kg 之间，可为 350 kg；

$\quad\quad Q_D$——每立方米砂浆的石灰膏用量，精确至 1 kg；黏土膏使用时的稠度宜为 120±5 mm；石灰膏不同稠度时，其换算系数可按表 5-5 进行换算。

表 5-5 石灰膏不同稠度时的换算系数

石灰膏稠度/mm	120	110	100	90	80	70	60	50	40	30
换算系数	1.00	0.99	0.97	0.95	0.93	0.92	0.90	0.88	0.87	0.86

砌筑砂浆中水泥和石灰膏、电石膏等材料的用量可按表 5-6 选用。

表 5-6 砌筑砂浆的材料用量(kg/m³)

砂浆种类	材料用量
水泥砂浆	≥200
水泥混合砂浆	≥350
预拌砌筑砂浆	≥200

注：① 水泥砂浆中的材料用量是指水泥用量。

　　② 水泥混合砂浆中的材料用量是指水泥和石灰膏、电石膏的材料总量。

　　③ 预拌砂浆中的材料用量是指胶凝材料用量，包括水泥和替代水泥的粉煤灰等活性矿物掺合料。

（4）每立方米砂浆中的砂子用量，应以干燥状态(含水率小于 0.5%)的堆积密度值作为计算值，单位以 kg/m³ 计。

（5）每立方米砂浆中的用水量，可根据砂浆稠度等要求选用 210～310 kg。

① 混合砂浆中的用水量，不包括石灰膏中的水。

② 当采用细砂或粗砂时，用水量分别取上限或下限。

③ 稠度小于 70 mm 时，用水量可小于下限。

④ 施工现场气候炎热或干燥季节，可酌量增加用水量。

210 kg～310 kg 用水量是砂浆稠度为 70 mm～90 mm、中砂时的用水量参考范围。该用水量不包括石灰膏(电石膏)中的水；当采用细砂或粗砂时，用水量分别取上限或下限；稠度小于 70 mm 时，用水量可小于下限；施工现场气候炎热或干燥季节，可酌情增加用水量。

2. 现场配制水泥砂浆的配合比选用

(1) 水泥砂浆材料用量可按表 5-7 选用。

表 5-7　每立方米水泥砂浆材料用量

强度等级	每立方米砂浆水泥用量(kg)	每立方米砂浆砂子用量(kg)	每立方米砂浆用水用量(kg)
M5	200～230		
M7.5	230～260		
M10	260～290		
M15	290～330	1 m³ 砂子的堆积密度值	270～330
M20	340～400		
M25	360～410		
M30	430～480		

注:① M15 及 M15 以下强度等级水泥砂浆,水泥强度等级为 32.5 级;M15 以上强度等级水泥砂浆,水泥强度等级为 42.5 级;

② 当采用细砂或粗砂时,用水量分别取上限或下限;

③ 稠度小于 70 mm 时,用水量可小于下限;

④ 施工现场气候炎热或干燥季节,可酌量增加用水量;

⑤ 试配强度应按 $f_{m,o} = f_2 + 0.645\sigma$ 计算。

(2) 水泥粉煤灰砂浆材料用量

水泥粉煤灰砂浆材料用量可按表 5-8 选用。砂浆中掺入粉煤灰后,其早期强度会有所降低,因此水泥与粉煤灰胶凝材料总量比表 5-7 中水泥用量略高。考虑到水泥中特别是 32.5 级水泥中会掺入较大量的混合材,为保证砂浆耐久性,规定粉煤灰掺量不宜超过胶凝材料总量的 25%。当掺入矿渣粉等其他活性混合材时,可参照表 5-8 选用。

表 5-8　每立方米水泥粉煤灰砂浆材料用量(kg/m³)

强度等级	水泥和粉煤灰总量	粉煤灰	砂	用水量
M5	210～240			
M7.5	240～270	粉煤灰掺量可占胶凝材料总量的 15%～25%	砂的堆积密度值	270～330
M10	270～300			
M15	300～330			

注:① 表中水泥强度等级为 32.5 级;

② 当采用细砂或粗砂时,用水量分别取上限或下限;

③ 稠度小于 70 mm 时,用水量可小于下限;

④ 施工现场气候炎热或干燥季节,可酌量增加用水量;

⑤ 试配强度应按 $f_{m,o} = f_2 + 0.645\sigma$ 计算。

5.1.3　预拌砌筑砂浆的试配要求

预拌砌筑砂浆应满足下列规定:在确定湿拌砂浆稠度时应考虑砂浆在运输和储存过程中的稠度损失;湿拌砂浆应根据凝结时间要求确定外加剂掺量;干混砂浆应明确拌制时的加水量范围;预拌砂浆的搅拌、运输、储存等应符合现行标准《预拌砂浆》(GB/T 25181—

2019)的规定;预拌砂浆性能应符合现行标准《预拌砂浆》的规定。

在运输过程中湿拌砂浆稠度会有所降低,为保证施工性能,生产时应对其损失做充分考虑。为保证不同的湿拌砂浆凝结时间的需要,应根据要求确定外加剂掺量。不同材料的需水量不同,因此,生产厂家应根据配制结果,明确干混砂浆的加水量范围,以保证其施工性能。对预拌砂浆的搅拌、运输、储存提出要求。

相关标准对干混砌筑砂浆、湿拌砌筑砂浆性能进行了规定,预拌砂浆性能应按表5-9确定。

表 5-9 预拌砂浆性能

项目	干混砌筑砂浆	项目	湿拌砌筑砂浆
强度等级	M5、M7.5、M10、M15、M20、M25、M30	强度等级	M5、M7.5、M10、M15、M20、M25、M30
损失率/%	≤30	保塑时间	4、6、8、12、24
凝结时间(h)	3~12	保水率(%)	≥88

预拌砂浆的试配应满足下列规定:预拌砂浆生产前应进行试配,试配时稠度取 70~80 mm;预拌砂浆中可掺入保水增稠材料、外加剂等,掺量应经试配后确定。

3. 配合比试配、调整与确定

(1)试配时应采用工程中实际使用的材料,砂浆试配时应采用机械搅拌。搅拌时间应自开始加水算起,并符合下列规定:对水泥砂浆和水泥混合砂浆,搅拌时间不得少于120 s;对预拌砂浆和掺有粉煤灰、外加剂、保水增稠材料等的砂浆,搅拌时间不得少于180 s。

(2)按计算或查表所得配合比进行试配,测定其拌合物的稠度和保水率,若不能满足要求,则应调整用水量或掺加料,直到符合要求为止,然后确定试配时的砂浆的基准配合比。

(3)试配时至少应采用 3 个不同的配合比,其中 1 个为基准配合比,另外 2 个配合比的水泥用量按基准配合比分别增加及减少 10%,在保证稠度、保水率合格的条件下,可将用水量、石灰膏、保水增稠材料或粉煤灰等活性掺合料用量作相应调整。

(4)对 3 个不同的配合比,经调整后,应按国家现行标准《建筑砂浆基本性能试验方法标准》的规定成型试件,测定砂浆强度等级,选定符合强度要求且水泥用量较少的配合比为砂浆配合比。

(5)砂浆配合比确定后,当原材料有变更时,其配合比必须重新通过试验确定。

(6)砂浆试配配合比尚应按下列步骤进行校正:

① 应根据砂浆配合比材料用量,按下式计算砂浆的理论表观密度值:

$$\rho_t = Q_c + Q_D + Q_s + Q_w$$

式中:ρ_t——砂浆的理论表观密度值(kg/m³),应精确至 10 kg/m³。

② 应按下式计算砂浆配合比校正系数

$$\delta : \delta = \rho_c / \rho_t$$

式中:ρ_c——砂浆的实测表观密度值(kg/m³),应精确至 10 kg/m³。

③ 当砂浆的实测表观密度值与理论表观密度值之差的绝对值不超过理论值的 2% 时，可将符合试配强度及和易性要求的试配配合比确定为砂浆设计配合比；当超过 2% 时，应将试配配合比中每项材料用量均乘以校正系数 δ 后，确定为砂浆设计配合比。

（7）预拌砂浆生产前应进行试配、调整与确定，并应符合现行标准《预拌砂浆》的规定。

4. 砂浆配合比设计举例

要求设计用于砌筑砖墙的砂浆 M10 等级、稠度 80～100 mm 的水泥石灰砂浆配合比。原材料的主要参数为水泥：32.5 级普通硅酸盐水泥；砂子：中砂，堆积密度为 1 450 kg/m³，含水率为 2%；石灰膏：稠度为 100 mm；施工水平：一般。

【解】　（1）计算砂浆的配制强度，查表 5-4，$k=1.2$

$$f_{m,0}=kf_2=1.2\times10=12\ \text{MPa}$$

（2）计算水泥用量

$$Q_C=\frac{1\ 000(f_{m,0}-\beta)}{\alpha f_{Ce}}=\frac{1\ 000\times(12+15.09)}{3.03\times1.0\times32.5}=275\ \text{kg/m}^3$$

（3）计算石灰膏用量。取 $Q_A=350\ \text{kg/m}^3$

所以　　　　　　　　$Q_D=Q_A-Q_C=350-275=75\ \text{kg/m}^3$

石灰膏稠度为 100 mm，查表 4-3 换算系数为 0.97，则

石灰膏用量为　　　　　　　　$75\times0.97=73\ \text{kg/m}^3$

（4）计算砂用量

根据砂的堆积密度和含水率，可得 $Q_s=1\ 450\times(1+2\%)=1\ 479\ \text{kg/m}^3$

（5）计算配合比

选择用水量为 300 kg/m³。砂浆试配时各材料的用量比例为

水泥：石灰膏：砂：水 $=275:73:1\ 479:300=1:0.27:5.28:1.09$。

（6）配合比试配、调整与确定。

▶ 5.2　抹面砂浆 ◀

抹面砂浆是指大面积涂抹于建筑物墙、顶棚、柱等表面的砂浆，包括水泥抹灰砂浆、水泥粉煤灰抹灰砂浆、水泥石灰抹灰砂浆、掺塑化剂水泥抹灰砂浆、聚合物水泥抹灰砂浆及石膏抹灰砂浆等，也称抹灰砂浆。

抹面砂浆的组成材料要求与砌筑砂浆基本相同。根据抹面砂浆的使用特点，其主要技术性质的要求是具有良好的和易性和较高的黏结力，使砂浆容易抹成均匀平整的薄层，以便于施工，而且砂浆层能与底面黏结牢固。为了防止砂浆层的开裂，有时需加入纤维增强材料，如麻刀、纸筋、稻草、玻璃纤维等；为了实现某些特殊功能也需要选用特殊骨料或掺加料。

5.2.1 普通抹面砂浆

普通抹面砂浆对建筑物和墙体起保护作用。它可以抵抗风、雨、雪等自然环境对建筑物的侵蚀,提高建筑物的耐久性。此外,经过砂浆抹面的墙面或其他构件的表面又可以达到平整、光洁和美观的效果。普通抹面砂浆施工时通常分2~3层施工,即底层、中层和面层。底层抹灰主要是使抹灰层和基层能牢固地黏结,因此,要求底层的砂浆应具有良好的和易性及较高的黏结力;中层抹灰主要的作用是找平;面层抹灰则是起装饰的作用,即达到表面美观的效果。对砖墙及混凝土墙、梁、柱、顶板等底层、面层多用混合砂浆;在容易碰撞或潮湿的地方,如踢脚板、墙裙、窗口、地坪等处则采用水泥砂浆。在硅酸盐砌块墙面上做抹面砂浆或粘贴饰面材料时,最好在砂浆层内夹一层事先固定好的钢丝网,以免日后剥落现象。抹灰砂浆的品种选用见表5-10如下:

表5-10 抹面砂浆的品种选用

使用部位或基体种类	抹灰砂浆品种
内墙	水泥抹灰砂浆、水泥石灰抹灰砂浆、水泥粉煤灰抹灰砂浆、掺塑化剂水泥抹灰砂浆、聚合物水泥抹灰砂浆、石膏抹灰砂浆
外墙、门窗洞口外侧壁	水泥抹灰砂浆、水泥粉煤灰抹灰砂浆
温(湿)度较高的车间和房屋、地下室、屋檐、勒脚等	水泥抹灰砂浆、水泥粉煤灰抹灰砂浆
混凝土板和墙	水泥抹灰砂浆、水泥石灰抹灰砂浆、聚合物水泥抹灰砂浆、石膏抹灰砂浆
混凝土顶棚、条板	聚合物水泥抹灰砂浆、石膏抹灰砂浆
加气混凝土砌块(板)	水泥石灰抹灰砂浆、水泥粉煤灰抹灰砂浆、掺塑化剂水泥抹灰砂浆、聚合物水泥抹灰砂浆、石膏抹灰砂浆

5.2.2 装饰砂浆

涂抹在建筑物内外墙表面,具有美观和装饰效果的抹面砂浆通称为装饰砂浆。装饰砂浆的底层和中层抹灰与普通抹面砂浆基本相同。面层要选用具有一定颜色的胶凝材料和骨料以及采用某种特殊的施工工艺,使表面呈现出各种不同的色彩、线条与花纹等装饰效果。装饰砂浆所采用的胶凝材料有普通水泥、矿渣水泥、火山灰质水泥和白水泥、彩色水泥,或是在常用水泥中掺加些耐碱矿物颜料配成彩色水泥以及石灰、石膏等。骨料常采用大理石、花岗石等带颜色的细石碴或玻璃、陶瓷碎粒等。

5.2.3 防水砂浆

防水砂浆是指水泥砂浆中掺入防水剂,用于制作刚性防水层的砂浆。其适用于不受振动且具有一定刚度的防水工程。防水砂浆一般水泥:砂=1:(1.5~3),水灰比在0.50~0.55,宜采用强度等级不低于32.5级的普通水泥、42.5级的矿渣水泥或膨胀水泥,骨料宜采用中砂或粗砂,质量应符合混凝土用砂标准,使用洁净水。常用的防水剂的品种主要有水玻璃类、金属皂类和氯化物金属盐类等。

▶ 5.3　预拌砂浆 ◀

预拌砂浆系指由专业生产厂家生产的,用于一般工业与民用建筑工程的砂浆,包括干拌砂浆和湿拌砂浆。干拌砂浆又称砂浆干拌(混)料,是指由专业生产厂家生产、经干燥筛分处理的细集料与无机胶结料、矿物掺合料和外加剂按一定比例混合而成的一种颗粒状或粉状混合物。在施工现场按使用说明加水搅拌即成为砂浆拌合物。产品的包装形式可分为散装或袋装。干拌砂浆包括水泥砂浆和石膏砂浆。湿拌砂浆是指由水泥、砂、保水增稠材料、水、粉煤灰或其他矿物掺合料和外加剂等组分按一定比例,经计量、拌制后,用搅拌输送车运至使用地妥善存储,并在规定时间内使用完毕的砂浆拌合物,包括砌筑、抹灰和地面砂浆等。

5.3.1　预拌砂浆分类

1. 干混砂浆分类与代号

干混砂浆的品种和代号见表 5-11。

表 5-11　干混砂浆的品种和代号

品种	干混砌筑砂浆	干混抹灰砂浆	干混地面砂浆	干混普通防水砂浆	干混陶瓷砖粘结砂浆	干混界面砂浆
代号	DM	DP	DS	DW	DTA	DIT
品种	干混聚合物水泥防水砂浆	干混自流平砂浆	干混耐磨地坪砂浆	干混填缝砂浆	干混饰面砂浆	干混修补砂浆
代号	DWS	DSL	DFH	DTG	DDR	DRM

2. 干混特种砂浆分类与代号

干混特种砂浆的品种和代号见表 5-12。

表 5-12　干混特种砂浆分类与代号

品种	代号	分类依据项目	分类	参照标准
保温板粘结砂浆	DEA	粘结对象	对应保温材料	DB11/T 584—2022
保温板抹面砂浆	DBI	施抹对象	对应保温材料	DB11/T 584—2022
无机轻集料保温砂浆	DTI	型号	Ⅰ、Ⅱ	JGJ/T 253—2019
胶粉聚苯颗粒保温浆料	DBE	—	—	DB11/T 463—2022
界面处理砂浆	DIT	处理对象	对应基层材料	GB/T 25181—2019
墙体饰面砂浆	DRP	施工部位	室外—E,室内—I	JC/T 1024—2019
陶瓷砖粘结砂浆	DTA	—	—	JC/T 547—2017
陶瓷砖填缝砂浆	DTG	—	—	JC/T 1004—2017

品种	代号	分类依证据项目	分类	参照标准
聚合物水泥防水砂浆	DWS	组分	单组分—S；双组分—D	JC/T 984—2011
地面用水泥基自流平砂浆	DSL	抗压强度等级	C16、C20、C25、C30、C35、C40	JC/T 985—2017
		抗折强度等级	F4、F6、F7、F10	
耐磨地坪砂浆	DFH	—	—	GB/T 25181—2019
无收缩灌浆砂浆	DGR	流动度	Ⅰ、Ⅱ、Ⅲ、Ⅳ	GB/T 50448—2015
加气混凝土砌筑砂浆	DAA	—	—	JC/T 890—2017
加气混凝土抹面砂浆	DCA	—	—	JC/T 890—2017
粘结石膏	DGA	凝结时间	快凝型—R；普通型—G	JC/T 1025—2007
抹灰石膏	DGP	使用部位	面层—F、底层—B、保温层—T	GB/T 28627—2023

3. 湿拌砂浆分类与代号见表 5-13

表 5-13　湿拌砂浆分类与代号

品种与代号　分类	湿拌砌筑砂浆 WM	湿拌抹灰砂浆 WP	湿拌地面砂浆 WS	湿拌防水砂浆 WW
强度等级	M5、M7.5、M10、M15、M20、M25、M30	M7.5、M10、M15、M20	M15、M20、M25	M10、M15、M20
抗渗等级	—	—	—	P6、P8、P10
稠度	50、70、90	70、90、110	50	50、70、90
凝结时间	≥8、≥12、≥24	≥8、≥12、≥24	≥4、≥8	≥8、≥12、≥24

5.3.2　干混砂浆标记示例

（1）普通干拌砂浆标记。符号用砂浆类别、强度等级和水泥品种符号结合表示，如：DM 10—P·O。含义为 DM：干拌砌筑砂浆，10：强度等级 10 MPa，P·O：普通硅酸盐水泥。

（2）特种干拌砂浆标记。符号就用砂浆类别的英语名称缩写表示。如同一品种砂浆有不同性能等级的区别，标记符号后可跟代表主要性能等级的有关数据进行区别。

▶ **5.4　砂浆的取样** ◀

5.4.1　取样依据

(1)《建筑砂浆基本性能试验方法标准》(JGJ/T 70—2009)。

(2)《砌体结构工程施工质量验收规范》(GB 50203—2011)。

(3)《建筑地面工程施工质量验收规范》(GB 50209—2010)。

5.4.2　取样方法

1. 砌体工程砂浆

根据《砌体工程施工质量验收规范》(GB 50203—2011),砌体工程砂浆试块取样按下列规定。

(1) 在砂浆搅拌机出料口随机取样制作砂浆试块,同盘砂浆只应制作一组(一组为 3 个 70.7 mm×70.7 mm×70.7 mm 立方体试件)标准养护试件。

(2) 每一层或者不超过 250 m³ 砌体的同一类型、同一强度等级的砌筑砂浆,每台搅拌机应至少抽检 1 次。

《建筑砂浆基本性能试验方法》规定:砂浆试验用料可以从同一盘搅拌或同一车运送的砂浆中取出。所取试样的数量应多于试验用量的 4 倍。施工中取样,应在使用地点的砂浆槽、砂浆运送车或搅拌机出料口,至少从 3 个不同部位采取。砂浆拌合物取样后,应尽快进行试验。现场取来的试样,在试验前应经人工再翻拌,以保证其质量均匀。从取样完毕到开始进行各项性能试验不宜超过 15 min。

砌体砂浆试块强度验收时其强度合格标准应符合下列规定:

① 同一验收批砂浆试块强度平均值应大于或等于设计强度等级值的 1.10 倍;

② 同一验收批砂浆试块抗压强度的最小一组平均值应大于或等于设计强度的等级值的 75%。

砌体砂浆的验收批,同一类型、强度等级的砂浆试块不应少于 3 组;同一验收批只有 1 组或 2 组试块时,每组试块抗压强度平均值应大于或等于设计强度等级值的 1.10 倍;对于建筑结构的安全等级为一级或设计使用年限为 50 年及以上的房屋,同一验收批砂浆试块的数量不得少于 3 组。砂浆强度应以标准养护,28d 龄期的试块抗压强度为准。制作砂浆试块的砂浆稠度应与配合比设计一致。

2. 建筑地面工程水泥砂浆

根据《建筑地面工程施工质量验收规范》,建筑地面工程水泥砂浆试块取样按下列规定。

(1) 检验水泥砂浆强度试块的组数,每一层(或检验批)建筑地面工程不应小于 1 组。当每一层(或检验批)建筑地面工程面积大于 1 000 m²,每增加 1 000 m² 应增做 1 组试块;小于 1 000 m² 按 1 000 m² 计算,取样 1 组。检验同一施工批次、同一配合比的散水、明沟、踏步、台阶、坡道的水泥混凝土、水泥砂浆的试块,应按每 150 延长米不少于 1 组。

(2) 当改变配合比时,应相应地制作试块组数。

5.4.3　预拌砂浆

1. 预拌砂浆的取样

根据《预拌砂浆应用技术规程》(JGJ/T 223—2010),预拌砂浆试块取样按以下规定。

(1) 交货检验的砂浆试样应在砂浆运送到交货地点后按《建筑砂浆基本性能试验方法》的规定在 20 min 内完成,稠度测试和强度试块的制作应在 30 min 内完成。

(2) 试样应随机从运输车中采取,且在卸料过程中卸料量约 1/4 至 3/4 之间采取。

(3) 试样量应满足砂浆质量检验项目所需用量的 1.5 倍,且不宜少于 0.01 m³。

(4) 砂浆强度检验的试样,砌筑砂浆取样频率按砌体工程砂浆第 2 条执行,地面砂浆按建筑地面工程水泥砂浆第 1 条执行。

2. 预拌砂浆的检验

根据《预拌砂浆应用技术规程》,预拌砂浆进场按下述要求进行检验:

(1) 应进行预拌砂浆外观检验,内容包括湿拌砂浆外观是否均匀,有无离析、泌水现象;袋装干混砂浆包装是否完整,有无受潮现象;散装干混砂浆外观是否均匀,有无受削、结块现象;

(2) 湿拌砂浆应进行稠度检验,检验结果应符合设计或合同要求,且允许偏差不超过下表规定:

表 5 - 14　湿拌砂浆稠度允许偏差

规定稠度(mm)	允许偏差(mm)
50、70、90	±10
110	+5 −10

5.4.4　试件制作要求

(1) 在做好的砂浆试块面上,必须写好制作日期、强度等级、部位、砂浆种类。

(2) 做好的砂浆试块应在标准养护条件下进行"标养"。当工地现场无"标准条件"时,可采用自然养护,或及早地将试块带模送往试验室进行"标养"(试块不得受震动),以确保试块抗压检测值的准确。

(3) 制作和送检试块时,均须有持证的见证员参加并见证。试块送到试验室时,应认真填写好委托单。写明使用部位、砂浆种类、强度等级、工程名称、制作日期、配合比、稠度、养护条件等。报告开出后不得要求更改有关内容。

【知识拓展】　　　　　　固废利用——环保砂浆

环保砂浆是一种利用工业矿渣尾渣加入高分子聚合材料在工厂将所有原材料按配比生产的商品级环保建筑材料,在施工现场只需按比例加水拌合成即可使用,是一种新型高效绿色的建材产品。

随着建筑技术的发展,对施工效率和建筑质量要求的不断提高,现场搅拌砂浆的缺点也逐步显露出来。环保砂浆经济、环保、持久、节约,砂浆新模式在技术性能、社会效益等方面的优势得到越来越多施工工人的青睐。

高性能环保砂浆有如下特点：

1. 品质稳定：环保砂浆的生产有专业的实验室试配，严格的性能检验，精准的计量设备。

2. 质量优异：搅拌均匀度高，杜绝了生产及运输过程的离析问题，可最大限度地避免开裂、空鼓、脱落、渗漏，地面起粉起砂，工程返修率高等质量问题，且可大量减少后期的维修问题。

3. 文明施工：在施工中使用环保砂浆，施工场地占用小，噪音小，粉尘排放量小，减少了对周边环境的污染，有利于文明施工。

4. 提高工效：环保砂浆可实现全天候全时段供应，可以大大缩短工程建设周期，同时提高工程质量。

5. 操作便捷：由于环保砂浆质量稳定，使用比较方便，同比传统砂浆提高效率。有利于提高工效，加快施工进度。

我们要推进美丽中国建设，坚持山水林田湖草沙一体化保护和系统治理，统筹产业结构调整、污染治理、生态保护、应对气候变化，协同推进降碳、减污、扩绿、增长，推进生态优先、节约集约、绿色低碳发展。

习　题

一、名词解释

砌筑砂浆，砂浆的保水性，混合砂浆，砂浆强度等级，抹面砂浆。

二、判断题

1. 砂浆的和易性包括流动性、黏聚性和保水性。　　　　　　　　　　　　　（　　）

2. 砂浆的强度以边长 7.07 cm 的立方体标准试块养护 28 d 的抗压强度表示。（　　）

3. 砂浆的稠度越大，分层度越小，则表明砂浆的和易性越好。　　　　　　　（　　）

4. 砂浆配合比设计时，其所用砂是以干燥状态下为基准的。　　　　　　　　（　　）

5. 重要建筑物和地下结构，可选用石灰砂浆，砂浆强度必须满足一定的要求。（　　）

三、填空题

1. 建筑砂浆按其用途可分为_____和_____两类。

2. 砂浆流动性指标是_____，砂浆保水性指标是_____。

3. 建筑砂浆和混凝土在组成上的差别仅在于_____。

4. 保水性好的砂率，其分层度应为_____，分层度为 0 的砂浆，容易发生_____。

5. 干混砂浆的品种主要有_____和_____两类。

四、选择题

1. 对于砖、多孔混凝土或其他多孔材料用砂浆，其强度主要取决于（　　）。

A. 水灰比　　　　　　B. 单位用水量　　　　　C. 水泥强度　　　　　D. 水泥用量

2. 有防水、防潮要求的抹灰砂浆，宜选用（　　）。

A. 石灰砂浆　　　　　　　　　　　　　　B. 水泥砂浆

C. 水泥石灰砂浆　　　　　　　　　　　　D. 水泥黏土砂浆

3. 砂浆强度试件的标准尺寸为(　　)mm³。

A. 40×40×40　　　　　　　　　　　　B. 150×150×150

C. 70.7×70.7×70.7　　　　　　　　　D. 100×100×100

4. 砌筑砂浆不需要测定(　　)。

A. 抗压强度　　　　B. 稠度　　　　C. 坍落度　　　　D. 保水率

五、简答题

1. 新拌砂浆的和易性包括哪两个方面含义？如何测定？

2. 对于吸水性不同的基层砌筑砂浆，其强度的影响因素有何不同？

3. 普通抹面砂浆主要性能要求是什么？不同部位应采用何种抹面砂浆？

六、计算题

采用强度等级为 32.5 级的普通硅酸盐水泥，含水率为 3% 的中砂，配制稠度为 70～90 mm 的 M 5.0 水泥石灰砂浆。已知：中砂的堆积密度为 1 450 kg/m³，石灰膏：稠度 100 mm，施工水平：一般。计算砌筑砂浆的初步配合比。

第6章 墙体材料

【学习目标】

通过学习掌握各种墙体材料的质量等级、技术要求、适用范围、测定方法,培养能够根据实际工程环境合理正确的选择合适墙体材料的能力。

▶ 6.1 砌墙砖 ◀

凡是由黏土、工业废料或其他地方资源为主要原料,以不同工艺制成的,在建筑中用于砌筑承重和非承重墙体的砖,统称砌墙砖。

砌墙砖可分为普通砖和空心砖两大类。普通砖是没有孔洞或孔洞率(砖面上孔洞总面积占砖面积的百分率)小于15%的砖;而孔洞率等于或大于15%的砖称为空心砖,其中孔洞尺寸小而数量多者又称为多孔砖。

根据生产工艺又有烧结砖和非烧结砖之分。烧结砖是经焙烧制成的砖,按材料不同又可分为烧结黏土砖(N)、烧结页岩砖(Y)、烧结煤矸石砖(M)、烧结粉煤灰砖(F)、建筑渣土砖(Z)、淤泥砖(U)、污泥砖(W)、固体废弃物砖(G)等;非烧结砖按生产方式不同又有碳化砖、常压蒸汽养护(或高压蒸汽养护)硬化而成的蒸养(压)砖(如粉煤灰砖、炉渣砖、灰砂砖等)。

6.1.1 烧结砖

1. 烧结普通砖

根据国家标准《烧结普通砖》(GB 5101—2017)的规定,烧结普通砖按其主要原料分为黏土砖(N)、页岩砖(Y)、煤矸石砖(M)和粉煤灰砖(F)、建筑渣土砖(Z)、淤泥砖(U)、污泥砖(W)、固体废弃物砖(G)。

标准规范

烧结普通砖

按焙烧方法不同,烧结黏土砖又可分内燃砖和普通砖。内燃砖是将可燃性工业废渣(煤渣、含碳量高的粉煤灰、煤矸石等)以一定比例掺入黏土中(作为内燃原料)制坯。当砖坯在窑内被烧到一定温度后,坯体内的燃料燃烧而烧结成砖。内燃法制砖,除了可节省外投燃料和部分黏土用量外,由于焙烧时热源均匀、内燃原料燃烧后留下许多封闭小孔隙,因此,砖的表观密度减小,强度提高(约20%),隔音保温性能均有所增强。

由于砖在焙烧时窑内温度分布(火候)难以绝对均匀,因此,除了正火砖(合格品)外,还常出现欠火砖、酥砖和螺旋纹砖。

欠火砖是未达到烧结温度或保持烧结温度时间不够的砖,其特征是声音哑、土心、抗风化性能和耐久性差。

酥砖是干砖坯受湿(潮)气或者雨淋后返潮坯、雨淋坯,或者湿坯受冻后的冻坯,这些砖坯焙烧后为酥砖;或砖坯入窑焙烧时预热过急,导致烧成的砖称为酥砖,酥砖从外观能辨别出来,这类砖的特征是声音哑、强度低、抗风化性能和耐久性差。

螺旋纹砖是以螺旋挤出机成型砖坯时,坯体内部形成螺旋状分层的砖,其特征是强度低、声音哑、抗风化性能差、受冻后会层层脱皮和耐久性差。

欠火砖、酥砖和螺旋纹砖均属不合格产品。

(1)烧结普通砖的技术性能指标

根据国标《烧结普通砖》,烧结普通砖的技术要求包括:尺寸偏差,外观质量,强度,抗风化性能,泛霜,石灰爆裂及欠火砖,酥砖和螺纹砖等,并划分为合格品和不合格品两类。

① 尺寸偏差

烧结普通砖的规格为 240 mm×115 mm×53 mm(公称尺寸)的直角六面体。在烧结普通砖砌体中,加上灰缝 10 mm,每 4 块砖长、8 块砖宽或 16 块砖厚均为 1 m,1 m³ 砌体需用砖 512 块。通常,将 240 mm×115 mm 面称为大面,240 mm×53 mm 面称为条面,115 mm×53 mm面称为顶面,如图 6-1 所示。

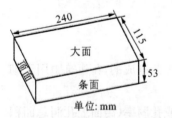

图 6-1 砖的尺寸及平面名称

根据国标《烧结普通砖》的规定,烧结普通砖的尺寸偏差以 20 块试样的公称尺寸检验,符合表6-1规定的为合格,否则不合格。

表 6-1 尺寸允许偏差 单位:mm

公称尺寸	指 标	
	样本平均偏差	样本极差≤
240	±2.0	6.0
115	±1.5	5.0
53	±1.5	4.0

② 外观质量

烧结普通砖的外观质量应符合表 6-2 的规定。产品中不允许有欠火砖、酥砖和螺纹砖(过火砖),否则为不合格品。

表 6-2 烧结砖外观质量 单位:mm

项 目		指 标
两条面高度差	≤	2
弯曲	≤	2
杂质凸出高度	≤	2
缺棱掉角的三个破坏尺寸	不得同时大于	5
裂纹长度	≤	
a. 大面上宽度方向及其延伸至条面的长度		30

续　表

项　目	指　标
b. 大面上长度方向及其延伸至顶面的长度或条顶面上水平裂纹的长度完整面	50 不得少于一条面和一顶面

注：为砌筑挂浆面施加的凹凸纹、槽、压花等不算作缺陷。

* 凡有下列缺陷之一者，不得称为完整面：
　——缺损在条面或顶面上造成的破坏面尺寸同时大于 10 mm×10 mm。
　——条面或顶面上裂纹宽度大于 1 mm，其长度超过 30 mm。
　——压陷、粘底、焦花在条面或顶面上的凹陷或凸出超过 2 mm，区域尺寸同时大于 10 mm×10 mm。

③ 强度

烧结普通砖根据 10 块试样抗压强度的试验结果，分为：MU30、MU25、MU20、MU15 和 MU10 五个强度等级，见表 6-3 所示，不符合为不合格品。

表 6-3　轻度等级　　　　　　　　　　　　单位：MPa

强度等级	抗压强度平均值 f ≥	强度标准值 f_k ≥
MU30	30.0	22.0
MU25	25.0	18.0
MU20	20.0	14.0
MU15	15.0	10.0
MU10	10.0	6.5

④ 抗风化性能

抗风化性能是指在干湿变化、温度变化、冻融变化等物理因素作用下，材料不破坏并长期保持原有性质的能力。它是材料耐久性的重要内容之一。显然，地域不同，风化作用程度就不同。我国按风化指数分为严重风化区（风化指数≥12 700）和非严重风化区（风化指数＜12 700），见表 6-4 所示。

表 6-4　风化分区

严重风化区		非严重风化区	
1. 黑龙江省	11. 河北省	1. 山东省	11. 福建省
2. 吉林省	12. 北京市	2. 河南省	12. 广东省
3. 辽宁省	13. 天津市	3. 安徽省	13. 广西壮族自治区
4. 内蒙古自治区	14. 西藏自治区	4. 江苏省	14. 海南省
5. 新疆维吾尔自治区		5. 湖北省	15. 云南省
6. 宁夏回族自治区		6. 江西省	16. 重庆市
7. 甘肃省		7. 浙江省	17. 上海市
8. 青海省		8. 四川省	18. 台湾省
9. 陕西省		9. 贵州省	
10. 山西省		10. 湖南省	

注：暂缺香港特别行政区、澳门特别行政区相关研究结果。

严重风化区中的1、2、3、4、5地区的砖应进行冻融试验,其他地区砖的抗风化性能符合表6-5规定时可不做冻融试验,否则,应该进行冻融试验。淤泥砖、污泥砖、固体废弃物砖应进行冻融试验。

风化指数是指日气温从正温降至负温或从负温升至正温的每年平均天数与每年从霜冻之日起至消失霜冻之日止这一期间降雨总量(以 mm 计)平均值的乘积。

由于抗风化性能是一项综合性指标,主要受砖的吸水率与地域位置的影响,因而用于东北、内蒙古、新疆这些严重风化区的烧结普通砖,必须进行冻融试验。冻融试验后,每块砖样不允许出现裂纹、分层、掉皮、缺棱、掉角等冻坏现象。而用于非严重风化区和其他严重风化区的烧结普通砖,其5 h沸煮吸水率和饱和系数若能达到表6-5的要求,可认为其抗风化性能合格,不再进行冻融试验。否则,必须作冻融试验,以确定其抗冻融性能。

表6-5 抗风化性能

砖种类	严重风化区				非严重风化区			
	5 h沸煮吸水率/% ≤		饱和系数 ≤		5 h沸煮吸水率/% ≤		饱和系数 ≤	
	平均值	单块最大值	平均值	单块最大值	平均值	单块最大值	平均值	单块最大值
黏土砖、建筑渣土砖	18	20	0.85	0.87	19	20	0.88	0.90
粉煤灰砖	21	23			23	25		
页岩砖	16	18	0.74	0.77	18	20	0.78	0.80
煤矸石砖								

⑤ 泛霜

泛霜是指原料中可溶性盐类(如硫酸钠等),随着砖内水分蒸发而在砖表面产生的盐析现象。泛霜一般为白色粉末,常在砖表面形成絮团状斑点。标准中规定合格砖不能出现严重泛霜。

⑥ 石灰爆裂

如果原料中夹杂石灰石,则烧砖时将被烧成生石灰留在砖中。有时掺入的内燃料(煤渣)也会带入生石灰,这些生石灰在砖体内吸水消化时产生体积膨胀,导致砖发生胀裂破坏,这种现象称为石灰爆裂。

石灰爆裂对砖砌体影响较大,轻者影响美观,重者将使砖砌体强度降低直至破坏。砖的石灰爆裂应符合下列规定:

a. 破坏尺寸大于2 mm且小于或等于15 mm的爆裂区域,每组砖和砌块不得多于15处。其中大于10 mm的不得多于7处。

b. 不允许出现破坏尺寸大于15 mm的爆裂区域。

c. 试验后抗压强度损失不得大于5 MPa。

(2)烧结普通砖的包装和贮运

烧结普通砖出厂时应有产品质量合格证,质量合格证主要内容有:生产厂名、产品标记、批量及编号、证书编号、本批产品实测技术性能和生产日期等,并由检验员和承检单位签章。在运输和装卸时要轻拿轻放,避免碰撞摔打。在贮存时要按品种和强度等级分别整齐堆放,不得混杂。

（3）烧结普通砖的合格性检验

烧结普通砖在出产时要进行检验，从而判定是否合格。一般出厂检验的项目有：尺寸偏差、外观质量、强度等级、欠火砖、酥砖和螺旋纹砖。

检验的方法是按批抽样检验，一般3.5万块～15万块为一批，不足3.5万块按一批计。其中外观质量检验的试样采用随机抽样法，在每一检验批的产品堆垛中抽取；尺寸偏差和其他项目的样品用随机抽样法从外观质量检验后的样品中抽取。每个检验项目抽样的数量按表6-6进行。

表6-6 检验抽样数量

序号	检验项目	抽样数量
1	外观质量	$50(n_1 = n_2 = 50)$
2	欠火砖、酥砖、螺旋纹砖	50
3	尺寸偏差	20
4	强度等级	10
5	泛霜	5
6	石灰爆裂	5
7	吸水率和饮和系数	5
8	冻融	5
9	放射性	2

尺寸偏差应符合表6-1要求，否则不合格；强度等级符合表6-3的要求，否则不合格；外观质量外观质量采用二次抽样方案，第一次抽样按照表6-2要求，其中不合格数量不大于7个，外观质量合格；不合格数大于等于11个，外观质量不合格；若不合格数量在7～11之间时，进行二次抽样，第一次抽样的不合格数量和第二次抽样不合格数量之和不大于18时，外观质量合格，之和大于等于19时，外观质量不合格。

（4）烧结普通砖的优缺点及应用

烧结普通砖具有一定的强度，较好的耐久性及隔热、隔声、价格低廉等优点，加之原料广泛、工艺简单，所以是应用最久、应用范围最为广泛的墙体材料。

黏土砖的缺点是制砖取土，大量毁坏农田。砖自重大，烧砖能耗高，成品尺寸小，施工效率低，抗震性能差等。所以，我国正大力推广墙体材料改革，以空心砖、工业废渣砖及砌块、轻质板材来代替实心黏土砖。

2. 烧结多孔砖和多孔砌块

根据国家标准《烧结多孔砖和多孔砌块》（GB 13544—2011）规定，按主要原料分为黏土砖和黏土砌块（N）、页岩砖和页岩砌块（Y）、煤矸石砖和煤矸石砌块（M）、粉煤灰砖和粉煤灰砌块（F）、淤泥砌块（U）、固体废弃物砖和固体废弃物砌块（G）。

标准规范

烧结多孔砖和多孔砌块

用多孔砖和空心砖代替实心砖可使建筑物自重减轻并能改善砖的绝热和隔声性能。所以，推广使用多孔砖移孔砌块是加快我国墙体材料改革，促进墙体材料工业技术进步的措施之一。

烧结多孔砖和多孔砌块的外形一般为直角六面体，在与砂浆的结合面上应设有增加结合力的粉刷槽和砌筑砂浆槽。多孔砖和多孔砌块各部分的名称如图6-2所示。

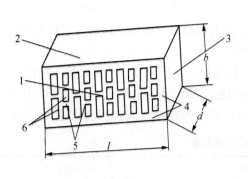

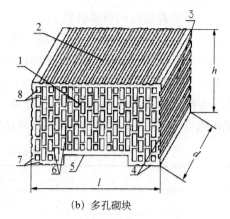

（a）多孔砖

1—大面，2—条面，3—顶面，4—外壁，
5—肋，6—孔洞，l—长度，b—宽度，
d—高度

（b）多孔砌块

1—大面（坐浆面），2—条面，3—顶面，
4—粉刷沟槽，5—砂浆槽，6—肋，7—外
壁，8—孔洞，l—长度，b—宽度，d—高度

图6-2　烧结多孔砖和多孔砌块各部位名称

　　粉刷槽：混水墙用砖和砌块，应在条面和顶面上设有均匀分布的粉刷槽或者类似结构，深度不小于2 mm。

　　砌筑砂浆槽：砌块至少应在一个条面或者顶面上设立砌筑砂浆槽。两个条面或者顶面都有砌筑砂浆槽时，砌筑砂浆槽深应大于15 mm且小于25 mm；只有一个条面或者顶面有砌筑砂浆槽时，砌筑砂浆槽深应大于30 mm且小于40 mm；砌筑砂浆槽宽应超过砂浆槽所在砌块面宽度的50%。其孔型和孔洞率应符合表6-7要求。

表6-7　孔型及空洞率

孔型	孔洞尺寸(mm)		最小外壁厚(mm)	最小肋厚(mm)	孔洞率(%)		孔洞排列
	孔宽度尺寸 b	孔长度尺寸 L			砖	砌块	
矩型条孔或矩型孔	≤13	≤40	≥12	≥5	≥28	≥33	（1）所有孔宽应相等，孔采用单向或双向交错排列；（2）孔洞排列上下、左右应对称，分布均匀，手抓孔的长度方向尺寸必须平行于砖的条面。

　　注：① 矩型孔的孔长 L、孔宽 b 满足式 $L \geq 3b$ 时，为矩型条孔。
　　　　② 孔四个角应做成过渡四角，不得做成直尖角。
　　　　③ 如设有砌筑砂浆槽，则砌筑砂浆槽不计算在孔洞率内。
　　　　④ 规格大的砖和砌块应设置手抓孔，手抓孔尺寸为(30~40)mm×(75~85)mm。

　　(1) 烧结多孔砖和多孔砌块的规格及标记

　　烧结多孔砖和多孔砌块的规格尺寸可由供需双方协商确定，常用的规格尺寸有：

　　① 砖的规格尺寸(mm)：290、240、190、180、140、115、90。

　　② 砌块的规格尺寸(mm)：490、440、390、340、290、240、190、180、140、115、90。

烧结多孔砖和多孔砌块的标记按名称、品种、规格、强度等级、密度等级和标准编号顺序编写。如：规格尺寸290 mm×140 mm×90 mm、强度等级MU25、密度等级1200级的黏土烧结多孔砖，标记为：烧结多孔砖 N290×140×90 MU25 1200 GB 13544—2011。

(2) 烧结多孔砖和多孔砌块的主要技术指标

① 强度和密度

根据抗压强度，烧结多孔砖分为MU30、MU25、MU20、MU15、MU10五个强度等级，见表6-8；也可根据密度划分等级，砖的密度等级分为1000、1100、1200、1300四个等级；砌块的密度等级分为900、1000、1100、1200四个等级，见表6-9。

表6-8　烧结多孔砖和砌块的强度等级　　　　　　　　　　　单位：MPa

强度等级	抗压强度平均值$\overline{f}$	强度标准值f_k
MU30	30.0	22.0
MU25	25.0	18.0
MU20	20.0	14.0
MU15	15.0	10.0
MU10	10.0	6.5

表6-9　烧结多孔砖的尺寸偏差　　　　　　　　　　　单位：mm

密度等级		3块砖或砌块干燥表观密度平均值
砖	砌块	
—	900	≤900
1 000	1 000	900～1 000
1 100	1 100	1 000～1 100
1 200	1 200	1 100～1 200
1 300	—	1 200～1 300

② 尺寸偏差

烧结多孔砖和多孔砌块的尺寸偏差应符合表6-10的要求。

表6-10　尺寸允许偏差　　　　　　　　　　　单位：mm

尺寸	样本平均偏差	样本极差≤
＞400	±3.0	10.0
300～400	±2.5	9.0
200～300	±2.5	8.0
100～200	±2.0	7.0
＜100	±1.5	6.0

③ 外观质量

烧结多孔砖和多孔砌块的外观质量应符合表6-11的要求。

表 6-11　烧结多孔砖和砌块的外观质量　　　　　　单位：mm

项　目		指标
(1) 完整面	不得少于	一条面和一顶面
(2) 缺棱掉角的三个破坏尺寸	不得同时大于	30
(3) 裂纹长度		
① 大面(有孔面)上深入孔壁 15 mm 以上宽度方向及其延伸到条面的长度	不大于	80
② 大面(有孔面)上深入孔壁 15 mm 以上长度方向及其延伸到顶面的长度	不大于	100
③ 条顶面上的水平裂纹	不大于	100
(4) 杂质在砖或砌块面上造成的凸出高度	不大于	5

注：凡有下列缺陷之一者，不能称为完整面。
① 缺损在条面或顶面上造成的破坏面尺寸同时大于 20 mm×30 mm。
② 条面或顶面上裂纹宽度大于 1 mm，其长度超过 70 mm。
③ 压陷、焦花、粘底在条面或顶面上的凹陷或凸出超过 2 mm，区域最大投影尺寸同时大于 20 mm×30 mm。

④ 泛霜

每块砖和砌块不允许产生严重泛霜。

⑤ 石灰爆裂

烧结多孔砖和砌块石灰爆裂要求：

a. 破坏尺寸大于 2 mm 且小于或等于 15 mm 的爆裂区域，每组砖和砌块不得多于 15 处。其中大于 10 mm 的不得多于 7 处。

b. 不允许出现破坏尺寸大于 15 mm 的爆裂区域。

⑥ 抗风化性能

抗风化性能，严重风化区中的 1、2、3、4、5 地区的砖、砌块和其他地区以淤泥、固体废弃物为主要原料生产的砖和砌块必须进行冻融试验；其他地区以黏土、粉煤灰、页岩、煤矸石为主要原料生产的砖和砌块的抗风化性能符合表 6-12 规定时可不做冻融试验，否则必须进行冻融试验。15 次冻融循环后，每块砖和砌块不允许出现裂纹、分层、掉皮、缺棱掉角等冻坏现象。

表 6-12　砖和砌块的抗风化性能

砖种类	项　目							
	严重风化区				非严重风化区			
	5 h 沸煮吸水率/% ≤		饱和系数 ≤		5 h 沸煮吸水率/% ≤		饱和系数 ≤	
	平均值	单块最大值	平均值	单块最大值	平均值	单块最大值	平均值	单块最大值
黏土砖和砌砖	21	23	0.85	0.87	23	25	0.88	0.90
粉煤灰砖和砌块	23	25			30	32		
页岩砖和砌块	16	18	0.74	0.77	18	20	0.78	0.80
煤矸石砖和砌块	19	21			21	23		

注：粉煤灰掺入量(质量比)小于 30% 时按黏土砖和砌块规定判定。

（3）检验及合格性判定

烧结多孔砖和多孔砌块的检验分为出厂检验和型式检验。出厂检验的项目包含尺寸偏差、外观质量、孔型及孔洞率、密度等级和强度等级。型式检验项目为标准技术要求的全部项目。

检验时按检验批抽样检验，检验批的划分和抽样方法同烧结普通砖，抽样的数量按表6-13进行。

表6-13 各检验项目抽样数量

序号	检验项目	抽样数量/块
1	外观质量	$50(n_1 = n_2 = 50)$
2	尺寸允许偏差	20
3	密度等级	3
4	强度等级	10
5	孔型孔结构及孔洞率	3
6	泛霜	5
7	石灰爆裂	5
8	吸水率和饱和系数	5
9	冻融	5
10	放射性核素限量	3

烧结多孔砖和多孔砌块根据尺寸偏差、外观质量、密度等级、强度等级、孔型及孔洞率、泛霜、石灰爆裂、抗风化性能及放射性分为合格品和不合格品。

在上述技术指标中，尺寸偏差、密度等级、强度等级、孔型及孔洞率、泛霜和石灰爆裂、抗风化性能有一项不符合规定的判定为不合格。外观质量的判定采用二次抽样的方案，判定标准与烧结普通砖一致，且外观质量抽样中若出现了欠火砖和酥砖判定为不合格。

烧结多孔砖和砌块的运输、存放要求同烧结普通砖。

3. 烧结空心砖和空心砌块

烧结空心砖和空心砌块按主要原材料分为黏土空心砖和空心砌块（N）、页岩空心砖和空心砌块（Y）、煤矸石空心砖和空心砌块（M）、粉煤灰空心砖和空心砌块（F）、淤泥空心砖和空心砌块（U）、建筑渣土空心砖和空心砌块（Z）、其他固体废弃物空心砖和空心砌块（G）。

（1）烧结空心砖和空心砌块的规格及标记

空心砖和空心砌块的外形为直角六面体，见图6-3，混水墙用到空心砖和空心砌块应在大面和条面上设有均匀分布的粉刷槽或类似结构，深度不小于2 mm。

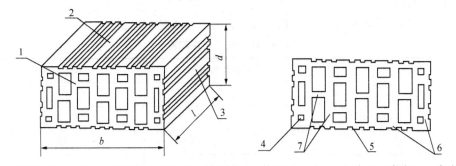

1—顶面；2—大面；3—条面；4—壁孔；5—粉刷槽；6—外壁；7—助；l—长度；b—宽度；h—高度

图6-3 烧结空心砖和空心砌块示意图

根据国家标准《烧结空心砖和空心砌块》(GB/T 13545—2014)的规定,空心砖和砌块的规格尺寸(长度,宽度及高度)应符合下列要求:

① 长度规格尺寸(mm):390、290、240、190、180(175)、140;

② 宽度规格尺寸(mm):190、180(175)、140、115;

③ 高度规格尺寸(mm):180(175)、140、115、90。

其他规格尺寸可由供需双方协商确定。

空心砖和空心砌块的产品标记按产品名称、类别、规格、密度等级、强度等级和标准编号顺序编写。如:规格尺寸 290 mm×190 mm×90 mm、密度等级 800、强度等级 MU7.5 的页岩空心砖,其标记为:烧结空心砖 Y(290×190×90) 800 MU7.5 GB 13545—2014。

(2)烧结空心砖和空心砌块的主要技术性质

① 强度等级和密度等级

按其抗压强度分为 MU10.0、MU7.5、MU5.0、MU3.5 四个强度等级,见表 6-14 按砖及砌块的表观密度,分为 800、900、1000 及 1100(kg/m³)四个表观密度等级,见表 6-15。

表 6-14　强度等级

强度等级	抗压强度/MPa		
	抗压强度平均值 $\overline{f} \geqslant$	变异系数 $\delta \leqslant 0.21$	变异系数 $\delta > 0.21$
		强度标准值 $f_k \geqslant$	单块最小抗压强度值 $f_{min} \geqslant$
MU10.0	10.0	7.0	8.0
MU7.5	7.5	5.0	5.8
MU5.0	5.0	3.5	4.0
MU3.5	3.5	2.5	2.8

表 6-15　密度等级　　　　　　　　　单位：kg/m³

密度等级	5 块密度平均值
800	≤800
900	801~900
1 000	901~1 000
1 100	1 001~1 100

② 尺寸偏差

烧结空心砖和空心砌块的尺寸偏差应符合表 6-16 的规定。

表 6-16　尺寸允许偏差　　　　　　　　单位:mm

尺寸	样本平均偏差	样本极差≤
>300	±3.0	7.0
>200~300	±2.5	6.0
100~200	±2.0	5.0
<100	±1.7	4.0

③ 外观质量

烧结空心砖和空心砌块的外观质量应符合表 6-17 规定。

表 6-17 外观质量　　　　　　　　　　　　　　　　　　单位:mm

项　　　目		指　标
1. 弯曲	不大于	4
2. 缺棱掉角的三个破坏尺寸	不得同时大于	30
3. 垂直高度	不大于	4
4. 未贯穿裂纹长度		
① 大面上宽度方向及其延伸至条面的长度	不大于	100
② 大面上长度方向或条面上水平面方向的长度	不大于	120
5. 贯穿裂纹长度		
① 大面上宽度方向及其延伸到条面的长度	不大于	40
② 壁,肋沿长度方向、宽度方向及其水平方向的长度	不大于	40
6. 肋、壁内残缺长度	不大于	40
7. 完整面	不少于	一条面或一大面

注:凡有下列缺陷之一者,不得称为完整面:
　　① 缺损在大面、条面上造成的破坏面尺寸同时大于 20 mm×30 mm。
　　② 大面、条面上裂纹宽度大于 1 mm,其长度超过 70 mm。
　　③ 压陷、粘底、焦花在大面、条面上的凹陷或凸出超过 2 mm,区域尺寸同时大于 20 mm×20 mm。

④ 孔洞排列及结构

烧结空心砖和空心砌块的孔洞排列及结构应符合表 6-18 的规定。

表 6-18 孔洞排列及结构

孔洞排列	孔洞排数/排		孔洞率/%	孔型
	宽度方向	高度方向		
有序或交错排列	$\geq 4(b \geq 200$ mm$)$ $\geq 3(b < 200$ mm$)$	≥ 2	≥ 40	矩形孔

⑤ 泛霜

烧结空心砖和空心砌块不允许出现严重的泛霜。

⑥ 石灰爆裂

石灰爆裂应符合下列规定:

a. 最大破坏尺寸大于 2 mm 且小于等于 15 mm 的爆裂区域不得多于 10 处,且大于 10 mm 的不得多于 5 处。

b. 不允许出现最大破坏尺寸大于 15 mm 的爆裂区域。

⑦ 抗风化性能

烧结空心砖和空心砌块的抗风化性能符合表 6-19 规定。

表 6-19 抗风化性能

产品类别	项目							
	严重风化区				非严重风化区			
	5 h 沸煮吸水率/% ≤		饱和系数 ≤		5 h 沸煮吸水率/% ≤		饱和系数 ≤	
	平均值	单块最大值	平均值	单块最大值	平均值	单块最大值	平均值	单块最大值
黏土砖和砌砖	21	23	0.85	0.87	23	25	0.88	0.90
粉煤灰砖和砌块	23	25			30	32		
页岩砖和砌块	16	18	0.74	0.77	18	20	0.78	0.80
煤矸石砖和砌块	19	21			21	23		

注:① 粉煤灰掺入量(质量分数)小于 30% 时按黏土空心砖和空心砌块规定判定。
② 淤泥、建筑渣土及其他固体废弃物掺入量(质量分数)小于 30% 时按相应产品类别规定判定。

(3)检验和判定

烧结空心砖和空心砌块按照尺寸允许偏差、外观质量、强度等级、密度等级、孔洞排列及结构、泛霜、石灰爆裂、抗风化性能和放射性核素限量划分为合格、不合格两大类。上述技术指标有一项不符合要求的即为不合格。

6.1.2 非烧结砖

不经焙烧而制成的砖均为非烧结砖,如碳化砖、免烧免蒸砖、蒸养(压)砖等。目前,应用较广的是蒸养(压)砖。这类砖是以含钙材料(石灰、电石渣等)和含硅材料(砂、粉煤灰、煤矸石灰渣、炉渣等)与水拌合,经压制成型,在自然条件下或人工水热合成条件(蒸养或蒸压)下,反应生成以水化硅酸钙、水化铝酸钙为主要胶结料的硅酸盐建筑制品。主要品种有灰砂砖、粉煤灰砖、炉渣砖等。

1. 蒸压灰砂砖

蒸压灰砂砖(LSB)是以石灰、砂子为原料(也可加入着色剂或掺合剂),经配料、拌合、压制成型和蒸压养护(175 ℃~191 ℃,0.8~1.2 MPa 的饱和蒸汽)而制成的。用料中石灰约占 10%~20%。

灰砂砖的尺寸规格与烧结普通砖相同,为 240 mm×115 mm×53 mm。其表观密度为 1 800~1 900 kg/m³,导热系数约为 0.61 W/(m·K)。根据产品的尺寸偏差和外观分为优等品(A)、一等品(B)、合格品(C)三个等级。

灰砂砖按国标《蒸压灰砖实心砖和实心砌块》(GB/T 11945—2019)的规定,根据砖浸水24 h 后的抗压强度和抗折强度分为 MU95、MU20、MU15、MU10 四个强度等级。各等级的抗折强度和抗压强度值及抗冻性指标应符合表 6-20 的规定。

表 6 - 20　蒸压灰砂砖强度指标和抗冻性指标

强度等级	抗压强度（MPa）		抗折强度（MPa）		抗冻性	
	平均值 不小于	单块值 不小于	平均值 不小于	单块值 不小于	冻后抗压强度 （MPa） 平均值不小于	单块砖的干 质量损失（%） 不大于
MU25	25.0	20.0	5.0	4.0	20.0	2.0
MU20	20.0	16.0	4.0	3.2	16.0	2.0
MU15	15.0	12.0	3.3	2.6	12.0	2.0
MU10	10.0	8.0	2.5	2.0	8.0	2.0

灰砂砖有彩色（Co）和本色（N）两类。灰砂砖产品采用产品名称（LSB）、颜色、强度等级、标准编号的顺序标记，如 MU20。优等品的彩色灰砂砖，其产品标记为 LSB Co 20A GB 11945。MU15、MU20、MU25 的砖可用于基础及其他建筑，MU10 的砖仅可用于防潮层以上的建筑。灰砂砖不得用于长期受热（200 ℃以上）、受急冷急热和有酸性介质侵蚀的建筑部位，也不宜用于有流水冲刷的部位。

2. 蒸压粉煤灰砖

蒸压粉煤灰砖，以粉煤灰、生石灰为主要原料，可掺加适量石膏等外加剂和其他骨料，经坯料制备、压制成型、高压蒸汽养护而制成的砖，产品代号 AFB，公称尺寸为 240 mm×115 mm×53 mm。

根据标准《蒸压粉煤灰砖》（JC/T 239—2014）规定的抗压强度和抗折强度，分为 MU30、MU25、MU20、MU15、MU10 共五个强度等级。各等级的强度值及抗冻性应符合表 6 - 21 的规定。且其线性干燥收缩值应不大于 0.5 mm/m，其碳化系数不小于 0.85，吸水率应不大于 20%。其外观质量和尺寸偏差应符合表 6 - 22 的规定。

蒸压粉煤灰砖按照其主要技术指标尺寸偏差和外观质量、强度等级、抗冻性、线性干燥收缩值、碳化系数、吸水率等分为合格品和不合格品，上述指标中有一项不满足要求，判定为不合格。

粉煤灰砖不得用于长期受热（200 ℃以上）、受急冷急热和有酸性介质侵蚀的建筑部位。为避免或减少收缩裂缝的产生，用粉煤灰砖砌筑的建筑物，应适当增设圈梁及伸缩缝。

表 6 - 21　粉煤灰砖强度指标和抗冻性指标

强度等级	抗压强度（MPa）		抗折强度（MPa）		抗冻性指标	
	平均值	单块值	平均值	单块值	抗压强度 损失率	质量损失率
MU10	≥10.0	≥8.0	≥2.5	≥2.0	≤25%	≤5%
MU15	≥15.0	≥12.0	≥3.7	≥3.0		
MU20	≥20.0	≥16.0	≥4.0	≥3.2		
MU25	≥25.0	≥20.0	≥4.5	≥3.6		
MU130	≥30.0	≥24.0	≥4.8	≥3.8		

表 6-22　蒸压粉煤灰砖的外观质量和尺寸偏差　　　　　　　　　　单位:mm

项目名称			技术指标
外观质量	缺棱掉角	个数	≤2
		三个方向投影尺寸的最大值/mm	≤15
	裂纹	裂纹延伸的投影尺寸累计/mm	≤20
	层裂		不允许
尺寸偏差	长度/mm		+2 −1
	宽度/mm		±2
	高度/mm		+2 −1

3. 炉渣砖

炉渣砖是以煤燃烧后的炉渣(煤渣)为主要原料,加入适量的石灰或电石渣、石膏等材料混合、搅拌、成型、蒸汽养护等而制成的砖。其尺寸规格与普通砖相同,呈黑灰色,表观密度为 1 500～2 000 kg/m³,吸水率 6%～19%。按其抗压强度和抗折强度分为 MU20、MU15、MU10 三个强度等级。各级的强度指标应满足表 6-23 的要求。该类砖可用于一般工程的内墙和非承重外墙,但不得用于受高温、受急冷急热交替作用或有酸性介质侵蚀的部位。

表 6-23　炉渣砖的强度指标

强度等级	抗压强度(MPa)		抗折强度(MPa)	
	样组砖的平均值不小于	单块最小值不小于	样组砖的平均值不小于	单块最小值不小于
MU20	20	15	9.1	2
MU15	15	11	2.3	1.3
MU10	10	7.5	1.8	1.1

注:① 每样组 5 块砖,以 5 块砖为一样组评定时,不得有两块以上的砖低于所属强度等级的平均强度值;
② 如怀疑取样代表性不足,允许复检一次,但重新抽样的数量应加倍,以 10 块砖评定时。不得有 5 块以上的砖低于所属强度等级的平均强度值。

▶ 6.2　砌块 ◀

砌块是用于砌筑的形体大于砌墙砖的人造块材,一般为直角六面体。按产品主规格的尺寸,可分为大型砌块(高度大于 980 mm)、中型砌块(高度为 380～980 mm)和小型砌块(高度为 115～380 mm)。砌块高度一般不大于长度或宽度的 6 倍,长度不超过高度的 3 倍。根据需要也可生产各种异形砌块。

砌块的分类方法很多,若按用途可分为承重砌块和非承重砌块;按有无孔洞可分为实心砌块(无孔洞或空心率小于 25%)和空心砌块(空心率≥25%);按材质又可分为硅酸盐砌块、轻骨料混凝土砌块、加气混凝土砌块、混凝土砌块等。本节主要简介几种常用砌块。

6.2.1　蒸压加气混凝土砌块

蒸压加气混凝土砌块是以粉煤灰、石灰、水泥、石膏、矿渣等为主要原料,加入适量发气剂、调节剂、气泡稳定剂,经配料搅拌、浇注、静停、切割和高压蒸养等工艺过程而制成的一种多孔混凝土制品。

1. 砌块的尺寸规格

砌块的规格见表6-24。

表6-24　砌块的规格尺寸　　　　　　　　　　　　　单位:mm

长度	宽度		高度
600	75　100　125　150　175　200…(递增)		200　250　300
	60　120　180　240…(60 递增)		240　300
	其他尺寸可由供需双方协商确定		

2. 砌块抗压强度和体积密度等级

(1)砌块的强度等级

按砌块的立方体抗压强度,划分为:A1.0、A2.0、A2.5、A3.5、A5.0、A7.5、A10.0 七个级别。各等级的立方体抗压强度值不得小于表6-25的规定。

表6-25　砌块的抗压强度(GB/T 11968—2020)

强度级别	立方体抗压强度(MPa)	
	平均值不小于	单块最小值不小于
A1.0	1.0	0.8
A2.0	2.0	1.6
A2.5	2.5	2.0
A3.5	3.5	2.8
A5.0	5.0	4.0
A7.5	7.5	6.0
A10.0	10.0	8.0

(2)砌块的体积密度等级

按砌块的干体积密度,划分为 B03、B04、B05、B06、B07、B08 六个级别。各级别的密度值应符合表6-26的规定。

表6-26　砌块的干体积密度

体积密度级别		B03	B04	B05	B06	B07	B08
体积密度 (kg/m³)	优等品(A)≤	300	400	500	600	700	800
	合格品(C)≤	325	425	525	625	725	825

（3）砌块等级

砌块按尺寸偏差与外观质量、体积密度和抗压强度分为优等品（A）、合格品（B）两个等级。各级的体积密度和相应的强度应符合表 6-27 的规定。

表 6-27　砌块的等级

体积密度级别		B03	B04	B05	B06	B07	B08
强度级别	优等品（A）	A1.0	A2.0	A3.5	A5.0	A7.5	A10.0
	合格品（B）			A2.5	A3.5	A5.0	A7.5

3. 蒸压加气混凝土砌块的抗冻性

蒸压加气混凝土的抗冻性、收缩性和导热性应符合表 6-28 的规定。

表 6-28　干燥收缩、抗冻性和导热系数

体积密度级别			B03	B04	B05	B06	B07	B08
干燥收缩值	标准法,mm/m≤		0.50					
	快速法,mm/m≤		0.80					
抗冻性	质量损失(%),≤		5.0					
	冻后强度(MPa),≥	优等品（A）	0.8	1.6	2.8	4.0	6.0	8.0
		合格品（B）			2.0	2.8	4.0	6.0
导热系数(干态)[W/(m·K)],≤			0.10	0.12	0.14	0.16	0.18	0.20

注：规定采用标准法、快速法测定砌块干燥收缩值,若测定结果发生矛盾不能判定时,则以标准法测定的结果为准。

4. 蒸压加气混凝土砌块的应用

加气混凝土砌块质量轻,表观密度约为黏土砖的 1/3,具有保温、隔热、隔音性能好、抗震性强（自重小）、导热系数低于 0.10～0.28 W/(m·K)、耐火性好、易于加工、施工方便等特点,是应用较多的轻质墙体材料之一,适用于低层建筑的承重墙、多层建筑的间隔墙和高层框架结构的填充墙,也可用于一般工业建筑的围护墙。作为保温隔热材料也可用于复合墙板和屋面结构中。在无可靠的防护措施时,该类砌块不得用在处于水中或高湿度和有侵蚀介质的环境中,也不得用于建筑物的基础和温度长期高于 80 ℃ 的建筑部位。

6.2.2　普通混凝土小型空心砌块

以水泥、矿物掺合料、砂、石、水为主要原料,经搅拌、振动成型、养护等工艺制成的小型砌块,分为空心砌块和实心砌块两种。按照使用有主块型砌块、辅助砌块和免浆砌块。按使用时的受力情况为承重砌块和非承重砌块。

砌块各部位名称见图 6-4。砌块的规格尺寸见表 6-29。

表6-29 砌块的规格尺寸 单位:mm

长度	宽度	高度
390	90、120、140、190、240、290	90、140、190

注:其他规格尺寸可由供需双方协商确定。采用薄灰缝砌筑的块型,相关尺寸可作相应调整。

砌块的强度等级应符合表6-30的规定。

表6-30 砌块的强度等级

强度等级	砌块抗压强度(MPa)	
	平均值不小于	单块最小值不小于
MU5.0	5.0	4.0
MU7.5	7.5	6.0
MU10.0	10.0	8.0
MU15.0	15.0	12.0
MU20.0	20.0	16.0
MU25.0	25.0	20.0

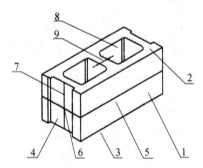

1—条面;2—坐浆面(肋厚较小的面);3—铺浆面(肋厚较大的面);

4—顶面;5—长度;6—宽度;7—高度;8—壁;9—肋

图6-4 砌块各部位的名称

混凝土小型空心砌块的主要技术性质包括:尺寸偏差、外观质量、空心率、外壁和肋厚、强度等级、吸水率、线性干燥收缩值、抗冻性、碳化系数、软化系数和放射性核素限量。其中尺寸偏差、外观质量、抗冻性应符合表6-31、表6-32和表6-33的要求。砌块的空心率应不小于25%;承重空心砌块的最小外壁厚不小于30 mm,最小肋厚不小于25 mm;非承重空心砌块的外壁厚和肋厚不小于20 mm。承重砌块的吸水率不大于10%,非承重砌块的吸水率不大于14%。线性干燥收缩值,承重砌块不大于0.45 mm/m,非承重砌块不大于0.65 mm/m。碳化系数不小于0.85;软化系数不小于0.85;放射性核素限量符合规定。

表 6-31 尺寸允许偏差 单位：mm

项目名称	技术指标
长度	±2
宽度	±2
高度	±3，−2

注：免装砌块的尺寸允许偏差，应由企业根据块型特点自行给出。尺寸偏差不应影响垒砌和墙片性能。

表 6-32 外观质量

项目名称			技术指标
弯曲		不大于	2 mm
缺棱掉角	个数	不超过	1 个
	三个方向投影尺寸的最大值	不大于	20 mm
裂纹延伸的投影尺寸累计		不大于	30 mm

表 6-33 抗冻性

使用条件	抗冻指标	质量损失率	强度损失率
夏热冬暖地区	D15		
夏热冬冷地区	D25	平均值≤5％	平均值≤20％
寒冷地区	D35	单块最大值≤10％	单块最大值≤30％
严寒地区	D50		

注：使用条件应符合 GB 50176—2016 的规定。

产品检验分为出厂检验和型式检验，出厂检验的项目为尺寸偏差、外观质量、最小壁肋厚度、强度等级；型式检验要检验所有技术项目。检验时以同一原材料生产的同配比、同规格、同龄期、同强度等级、同生产工艺的 500 平方米且小于 3 万块为一个检验批。所检项目均符合规定判定为合格，否则不合格。

砌块应养护 28 天后方可出厂，出厂时应有出厂合格证。

这类小型砌块适用于地震设计烈度为 8 度和 8 度以下地区的一般民用与工业建筑物的墙体。砌块堆放运输及砌筑时应有防雨措施。砌块装卸时，严禁碰撞、扔摔，应轻码轻放，不许翻斗倾卸。砌块应按规格、等级分批分别堆放，不得混杂。

▶ 6.3 墙用板材 ◀

随着建筑结构体系的改革和大开间多功能框架结构的发展，各种轻质和复合墙用板材也蓬勃兴起。以板材为围护墙体的建筑体系，具有质轻、节能、施工方便快捷、使用面积大、布置灵活等特点，因此，具有良好的发展前景。

我国目前可用于墙体的板材品种很多，有承重用的预制混凝土大板，质量较轻的石膏板和加气硅酸盐板,各种植物纤维板及轻质多功能复合板材等。本节仅介绍几种有代表性的板材。

6.3.1 水泥类墙用板材

水泥类墙用板材具有较好的力学性能和耐久性,生产技术成熟,产品质量可靠,可用于承重墙、外墙和复合墙板的外层面。其主要缺点是表观密度大,抗拉强度低(大板在起吊过程中易受损)。生产中可制作预应力空心板材,以减轻自重和改善隔音隔热性能,也可制作以纤维等增强的薄型板材,还可在水泥类板材上制作成具有装饰效果的表面层(如花纹线条装饰、露骨料装饰、着色装饰等)。

1. 预应力混凝土空心墙板

预应力混凝土空心板构造如图6-5所示,使用时可按要求配以保温层、外饰面层和防水层等。该类板的长度为1 000~1 900 mm,宽度为600~1 200 mm,总厚度为200~480 mm,可用于承重或非承重外墙板、内墙板、楼板、屋面板和阳台板等。

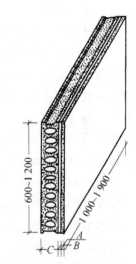

A—外饰面层;B—保温层;
C—预应力混凝土空心板

**图6-5 预应力混凝土空心墙
板示意图(单位:mm)**

2. 玻璃纤维增强水泥(GRC)空心轻质墙板

该空心板是以低碱水泥为胶结料,抗碱玻璃纤维或其网格布为增强材料,膨胀珍珠岩为骨料(也可用炉渣、粉煤灰等),并配以发泡剂和防水剂等,经配料、搅拌、浇注、振动成型、脱水、养护而成。长度为3 000 mm,宽度为600 mm,厚度为60 mm、90 mm、120 mm。

GRC空心轻质墙板的优点是质轻(60 mm厚的板35 kg/m²)、强度高(抗折荷载,60 mm厚的板大于1 400 N;120 mm厚的板大于2 500 N)、隔热[导热系数不大于0.2 W/(m·K)]、隔声[隔声指数大于(30~45)dB]、不燃(耐火极限1.3~3 h),加工方便等,可用于工业和民用建筑的内隔墙及复合墙体的外墙面。

3. 纤维增强水泥平板(TK板)

该板是以低碱水泥、耐碱玻璃纤维为主要原料,加水混合成浆,经圆网机抄取制坯、压制、蒸养而成的薄型平板。其长度为1 200~3 000 mm,宽度为800~900 mm,厚度为4 mm、5 mm、6 mm和8 mm。

TK板的表观密度约为1 750 kg/m³,抗折强度可达15 MPa。其质量轻、强度高、防潮、防火、不易变形,可加工性(锯、钻、钉及表面装饰等)好,适用于各类建筑物的复合外墙和内隔墙,特别是高层建筑有防火、防潮要求的隔墙。

4. 水泥木丝板

该板是以木材下脚料经机械刨切成均匀木丝,加入水泥、水玻璃等经成型、冷压、养护、干燥而成的薄型建筑平板。它具有自重轻、强度高、防火、防水、防蛀、保温、隔音等性能,可进行锯、钻、钉、装饰等加工,主要用于建筑物的内外墙板、天花板、壁橱板等。

5. 水泥刨花板

该板以水泥和木材加工的下脚料——刨花为主要原料,加入适量水和化学助剂,经搅拌、成型、加压、养护而成。表观密度为 1 000~1 400 kg/m³。其性能和用途同水泥木丝板。

6. 其他水泥类板材

除上述水泥类墙板外,还有钢丝网水泥板(GB/T 16309—1996)、水泥木屑板(JC/T 411—2007)、纤维增强硅酸钙板(JC/T 564.1—2018、JC/T 564.2—2018)、玻璃纤维增强水泥轻质多孔隔墙条板(GB/T 19631—2005)、维纶纤维增强水泥平板(JC/T 671—2008)等。它们均可用于墙体或复合墙板的组合板材。

6.3.2 石膏类墙用板材

石膏类板材在轻质墙体材料中占有很大比例,主要有纸面石膏板、无面纸的石膏纤维板、石膏空心板和石膏刨花板等。

1. 纸面石膏板

该板材是以石膏芯材及与其牢固结合在一起的护面纸组成,分普通型、耐水型和耐火型三种。以建筑石膏及适量纤维类增强材料和外加剂为芯材,与具有一定强度的护面纸组成的石膏板为普通纸面石膏板;若在芯材配料中加入防水、防潮外加剂,并用耐水护面纸,即可制成耐水纸面石膏板;若在配料中加入无机耐火纤维和阻燃剂等,即可制成耐火纸面石膏板。

纸面石膏板常用规格如下。

长度:1 800 mm、2 100 mm、2 400 mm、2 700 mm、3 000 mm、3 300 mm 和 3 600 mm。

宽度:900 mm 和 1 200 mm。

厚度:普通纸面石膏板为 9 mm、12 mm、15 mm 和 18 mm。

耐水纸面石膏板为 9 mm、12 mm 和 15 mm。

耐火纸面石膏板为 9 mm、12 mm、15 mm、18 mm、21 mm 和 25 mm。

纸面石膏板的质量要求和性能指标应满足标准《纸面石膏板》(GB 9775—2008)的要求,耐水纸面石膏板的耐水性指标应符合表 6-34 中规定,耐火纸面石膏板遇火稳定时间应不小于表 6-35 中规定。

表 6-34 耐水纸面石膏板的耐水性能

项 目		指 标					
		优等品		一等品		合格品	
		平均值	最大值	平均值	最大值	平均值	最大值
吸水率(浸水 2 h,%),不大于		5.0	6.0	8.0	9.0	10.0	11.0
表面吸水量(g),不大于		1.6		2.0		2.4	
受潮挠度(mm) 不大于	板厚 9 mm	48		52		56	
	板厚 12 mm	32		36		40	
	板厚 15 mm	16		20		24	

注:板材浸水 2 h 后,护面纸与石膏芯不得剥离。

表 6-35 耐火纸面石膏板遇火稳定时间(min)

优等品	一等品	合格品
30	25	20

纸面石膏板的表观密度为 $800 \sim 950 \ kg/m^3$,导热系数低[约 $0.20 \ W/(m \cdot K)$],隔声指数为 $35 \sim 50 \ dB$,抗折荷载为 $400 \sim 800 \ N$,表面平整、尺寸稳定。纸面石膏板具有自重轻、保温隔热、隔声、防火、抗震,可调节室内湿度,加工性好,施工简便等优点,但用纸量较大,成本较高。

普通纸面石膏板可作为室内隔墙板、复合外墙板的内壁板、天花板等。耐水型板可用于相对湿度较大($\geqslant 75\%$)的环境,如厕所等。耐火纸面石膏板主要用于对防火要求较高的房屋建筑中。

2. 石膏纤维板

该板材是以纤维增强石膏为基材的无面纸石膏板,用无机纤维或有机纤维与建筑石膏、缓凝剂等经打浆、铺装、脱水、成型、烘干而制成,可节省护面纸,具有质轻、高强、耐火、隔声、韧性高的性能,可加工性好。其尺寸规格和用途与纸面石膏板相同。

3. 石膏空心板

该板外形与生产方式类似于水泥混凝土空心板。它是以熟石膏为胶凝材料,适量加入各种轻质骨料(如膨胀珍珠岩、膨胀蛭石等)和改性材料(如矿渣、粉煤灰、石灰、外加剂等)经搅拌、振动成型、抽芯模、干燥而成。其长度为 $2500 \sim 3000 \ mm$,宽度为 $500 \sim 600 \ mm$,厚度为 $60 \sim 90 \ mm$。该板生产时不用纸,不用胶,安装墙体时不用龙骨,设备简单,较易投产。

石膏空心板的表观密度为 $600 \sim 900 \ kg/m^3$,抗折强度为 $2 \sim 3 \ MPa$,导热系数约为 $0.22 \ W/(m \cdot K)$,隔声指数大于 $30 \ dB$,耐火极限为 $1 \sim 2.25 \ h$。石膏空心板具有质轻、比强度高、隔热、隔声、防火、可加工性好等优点,且安装方便,适用于各类建筑的非承重内隔墙;但若用于相对湿度大于 75% 的环境中,则板材表面应做防水等相应处理。

4. 石膏刨花板

该板材是以熟石膏为胶凝材料,木质刨花为增强材料,添加所需的辅助材料,经配合、搅拌、铺装、压制而成。石膏刨花板具有上述石膏板材的优点,适用于非承重内隔墙和做装饰板材的基材板。

6.3.3 复合墙板

复合墙板是以非单一材料制成的板材,常因材料本身的局限性而使其应用受到限制。如质量较轻、隔热、隔声效果较好的石膏板、加气混凝土板、稻草板等,因其耐水性差或强度较低,通常只能用于非承重的内隔墙。而水泥混凝土类板材虽有足够的强度和耐久性,但其自重大,隔声保温性能较差。为克服上述缺点,常用不同材料组合成多功能的复合墙体以满足需要。

常用的复合墙板主要由承受(或传递)外力的结构层(多为普通混凝土或金属板)和保温层(矿棉、泡沫塑料、加气混凝土等)及面层(各类具有可装饰性的轻质薄板)组成,如图 6-6 所示。其优点是承重材料和轻质保温材料的功能都得到合理利用,实现物尽其用,开拓材料来源。

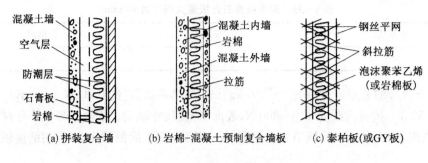

(a) 拼装复合墙　　　(b) 岩棉-混凝土预制复合墙板　　　(c) 泰柏板(或GY板)

图 6-6　几种复合墙体构造

1. 混凝土夹心板

混凝土夹心板以 20 mm～30 mm 厚的钢筋混凝土做内外表面层,中间填以矿渣毡或岩棉毡、泡沫混凝土等保温材料,夹层厚度视热工计算而定。内外两层面板以钢筋件联结,用于内外墙。

2. 泰柏板

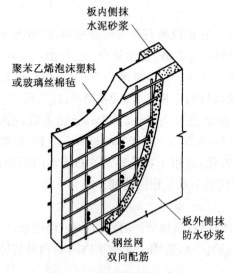

图 6-7　泰柏墙板的示意图

泰柏板是以直径不小于 2.06 mm±0.03 mm,屈服强度为 390～490 MPa 的钢丝焊接成的三维钢丝网骨架与高热阻自熄性聚苯乙烯泡沫塑料组成的芯材板,两面喷(抹)涂水泥砂浆而成,如图6-7所示。

泰柏板的标准尺寸为 1.22 m×2.44 m,约 3 m²,标准厚度为 100 mm,平均自重为90 kg/m²,热阻为 0.64(m²·K)/W(其热损失比一砖半的砖墙小 50％)。由于所用钢丝网骨架构造及夹心层材料、厚度的差别等,该类板材有多种名称,如 GY 板(夹芯为岩棉毡)、三维板、3D 板、钢丝网节能板等,但它们的性能和基本结构相似。

该类板轻质高强,隔热隔声,防火、防潮、防震,耐久性好,易加工、施工方便,适用于自承重外墙、内隔墙、屋面板、3 m 跨内的楼板等。

3. 轻型夹心板

该类板是用轻质高强的薄板为外层,中间以轻质的保温隔热材料为芯材组成的复合板。用于外墙面的外层薄板有不锈钢板、彩色镀锌钢板、铝合金板、纤维增强水泥薄板等。芯材有岩棉毡、玻璃棉毡、阻燃型发泡聚苯乙烯、发泡聚氨酯等。用于内侧的外层薄板可根据需要选用石膏类板、植物纤维类板、塑料类板材等。该类复合墙板的性能和适用范围与泰柏板基本相同。

综上所述,现将常用墙体材料的主要组成、特性和应用范围列入表 6-36 中,供选用时参考。

表 6 - 36　常用墙体材料的主要组成、特性和应用

品　种	主要组成材料	主要性质	主要应用
烧结普通砖(包括黏土砖、粉煤灰砖、页岩砖、煤矸石砖等)	黏土质材料经烧结而得	抗压强度 7.5~30 MPa； 表观密度 1 500~1 800 kg/m³； 吸水率约 20%； 抗冻性 15 次冻融循环	墙体、基础、柱体、砖拱等
烧结多孔砖 烧结空心砖		抗压强度 7.5~30 MPa； 表观密度 1 100~1 300 kg/m³； 抗冻性 15 次冻融循环	保温承重墙体
		抗压强度 2.0~5.0 MPa； 表观密度 800~1 100 kg/m³； 抗冻性 15 次冻融循环	非承重墙体、保温墙体
灰砂砖	磨细硅质砂、石灰、水等经蒸压养护而得	抗压强度 10~25 MPa； 表观密度 1 800~1 900 kg/m³； 导热系数为 0.61 W/(m·K)； 外观规整，呈灰白色，也可制成彩色砖，不耐流水长期作用，也不耐腐蚀	用途与烧结普通砖基本相同，但不宜用于受流水作用的部位及长期受热高于 200℃ 的环境
蒸压(养)粉煤灰砖	粉煤灰、石灰、集料(炉渣、矿渣等)、适量石膏等	抗压强度 7.5~20 MPa； 表观密度约为 1 500 kg/m³； 合格品的干燥收缩值不大于 0.85 mm/m	同灰砂砖
加气混凝土砌块	磨细含硅材料、石灰、铝粉、水等经发气、蒸压养护而得的多孔混凝土	表观密度为 500(kg/m³)级的抗压强度为 2.2~3.5 MPa； 导热系数为 0.12 W/(m·K)，抗冻性 15 次合格； 700 级的抗压强度为 5.0~7.5 MPa； 800 级的抗压强度为 7.5~10.0 MPa	500 级主要用于非承重墙、填充墙或保温结构； 700 级主要用于结构保温
加气混凝土板(外墙板、隔墙板)	同上，并配有钢筋		分别用于外墙和内隔墙
泡沫混凝土砌块	水泥、泡沫剂、水等经发泡、养护等而得的多孔混凝土	通常生产的为 400 级和 500 级； 500 级的抗压强度为 2.0~3.0 MPa，导热系数约为 0.12 W/(m·K)	用途同加气混凝土
普通混凝土小型空心砌块	由水泥、砂、石、水等经搅拌、成型而得，分有单排孔、双排孔和三排孔等	砌块强度为 3.5~20 MPa； 空心率 25%~50%； 表观密度 1 300~1 700 kg/m³，导热系数约为 0.26 W/(m·K)	主要用于低层和中层建筑的内墙和承重外墙
轻骨料混凝土小型空心砌块	由水泥、砂(轻砂或普砂)、轻粗骨料、水等经搅拌、成型而得，有单排孔和多排孔	砌块强度为 2.5~10 MPa； 表观密度 500~1 400 kg/m³	主要用于保温墙体(<3.5 MPa)或非承重墙体，承重保温墙体(≥3.5 MPa)

续　表

品　种	主要组成材料	主要性质	主要应用
轻骨料混凝土墙板	由水泥、砂、轻粗骨料、水等组成，并配有钢筋	墙板表观密度为 1 000～1 500 kg/m³；抗压强度为 10～20 MPa；导热系数为 0.35～0.5 W/(m·K)	强度小于 15 MPa 墙板可用于非承重内外墙体；强度大于 15 MPa 者，视强度需要可用于自承重或承重墙
轻型夹芯板	在带有钢丝网的聚苯乙烯板两面涂有水泥砂浆的板材，或复合彩色薄钢板、铝合金板、彩色镀锌钢板等	墙板质量 10～110 kg/m²；热阻为 0.6～1.1 (m²·K)/W；隔声指数＞40 dB	自承重外墙、隔墙、保温墙（如冷库等）、顶棚、屋面板等
混凝土夹芯板	20～30 mm 厚的钢筋混凝土做内外表面层，中间夹岩棉毡、玻纤毡、泡沫混凝土等保温材料复合而成	承重板：500～542 kg/m³、传热系数为 1.01 W/(m²·K)（板厚为 250 mm）；非承重板：260 kg/m³，传热系数为 0.593 W/(m²·K)（板厚为 180 mm）	承重外墙、非承重外墙等
纸面石膏板、纤维石膏板、空心石膏板、装饰石膏板	建筑石膏、纸板或玻璃纤维、水等	表观密度为 600～1 000 kg/m³；抗折荷载可达 400～850 N；导热系数 0.2～0.25 W/(m·K)；隔声指数为 30～50 dB；质量轻，隔热、隔声，易加工、施工简便，耐水性差	内隔墙、复合墙板的内壁板，不宜用于相对湿度大于 75% 及温度长期高于 60℃处
玻璃纤维增强水泥（GRC 板）	低碱水泥、耐碱玻璃纤维、轻骨料、水等	表观密度 1 880 kg/m³；抗折破坏强度＞20 MPa；抗冲击强度＞25 kJ/m²，导热系数≤0.2 W/(m·K)；隔声指数＞30～45 dB；耐火极限 1.3～3 h；加工方便	主要用于内隔墙，可用做外墙的护面板或与其他芯材复合使用

【知识拓展】　　　　　　　生土建筑墙体材料

　　生土建筑作为传统民居的一种，有着来于自然，而回归于自然的美誉。尽管生土建筑的形式多种多样，然而土坯建筑作为生土建筑的重要形式之一，它具有便于自建、就地取材、技术简单、建筑内部热环境适宜居住，保温隔热、节约资源，材料能循环使用，有利于冬季保温和夏季隔热制冷等诸多优点，是现代建筑所不具备的。传统的生土材料有较多的缺点，例如强度低、耐久性差等，无法满足乡村生活水平提高而提出的居住舒适性的要求。从 20 世纪 30 年代开始，国内外的研究学者就对生土建筑墙体材料改性技术密切关注，通过掺入石灰、石膏、水泥、树脂或植物纤维对将传统生土建筑墙体材料进行改性，在提高其力学性能和抗冻性的同时，具有较好的热工和吸放湿性能，这些高性能的生土建筑墙体材料，为土坯建筑实现现代化新型民居，统筹乡村基础设施和公共服务布局，建设宜居宜业和美乡村提供了依据。

习　题

一、填空题

1. 目前所用的墙体材料有_____、_____和_____三大类。

2. 烧结普通砖具有_____、_____、_____和_____等缺点。

3. 普通黏土砖的外形尺寸是_____,1 m³ 砌体需用砖_____块。

4. 过火砖即使外观合格,也不宜用于保温墙体中,这主要是因为它的_____不理想。

5. 烧结普通砖的耐久性包括_____、_____、_____等性能。

二、单项选择题

1. 烧结普通砖的产品等级是根据以下哪个确定的? (　　)

A. 外观质量(包括尺寸偏差)

B. 外观质量、强度等级

C. 外观质量、耐久性能(包括抗风化性、泛霜和石灰爆裂等)

D. 外观质量、强度等级及耐久性能

2. 砌筑有保温要求的非承重墙时,宜选用(　　)。

A. 烧结普通砖　　　B. 烧结多孔砖　　　C. 烧结空心砖　　　D. A+B

3. 灰砂砖和粉煤灰砖的性能与(　　)比较相近,基本上可以相互替代使用。

A. 烧结空心砖　　　　　　　　B. 水泥混凝土

C. 烧结普通砖　　　　　　　　D. 加气混凝土砌块

4. 强度等级为 MU10 级以上的灰砂砖可用于(　　)建筑部分位。

A. 一层以上　　　B. 防潮层以上　　　C. 基础　　　D. 任何部位

5. 隔热要求高的非承重墙体应优先选用(　　)。

A. 加气混凝土　　　B. 烧结多孔砖　　　C. 水泥混凝土板　　　D. 膨胀珍珠板

6. 红砖砌筑前,一定要进行浇水润湿,其目的是(　　)。

A. 把砖冲洗干净　　　　　　　　B. 保证砌砖时,砌筑砂浆的稠度

C. 增加砂浆对砖的胶结力　　　　D. 减少砌筑砂浆的用水量

7. 高层建筑安全通道的墙体(非承重墙)应选用的材料是(　　)。

A. 普通黏土烧结砖　　　　　　　B. 烧结空心砖

C. 加气混凝土砌块　　　　　　　D. 石膏空心条板

8. 烧结普通砖的强度等级用 MU×× 表示,共分多少个等级? (　　)

A. MU7.5　　　B. MU10.0　　　C. MU50.0　　　D. MU100.0

9. 综合利用工业生产过程中排出的废渣弃料作主要原料生产砌体材料,下列哪一类不能以此原料生产? (　　)

A. 煤矸石内燃砖、蒸压灰砂砖　　　　B. 花格砖、空心黏土砖

C. 粉煤灰砖、碳化灰砂砖　　　　　　D. 炉渣砖、煤渣砖

10. 鉴别过火砖和欠火砖的常用方法是根据(　　)。

A. 砖的强度　　　　　　　　　　B. 砖的颜色深浅及打击声音

C. 砖的外形尺寸

11. 黏土砖在砌筑墙体前一定要经过浇水润湿,其目的是为了( )。

A. 把砖冲洗干净 　　　　　　　　B. 保证砌筑砂浆的稠度

C. 增加砂浆对砖的胶结力

12. 烧结普通砖的质量等级评价依据不包括( )。

A. 尺寸偏差 　　　　B. 砖的外观质量 　　　　C. 泛霜 　　　　D. 自重

13. 关于烧结普通砖中的黏土砖,正确的理解是( )。

A. 保护耕地,限制或淘汰,发展新型墙材

B. 生产成本低,需着重发展

C. 生产工艺简单,需大力发展

14. 下面哪项不是加气混凝土砌块的特点( )。

A. 轻质 　　　　B. 保温隔热 　　　　C. 加工性能好 　　　　D. 韧性好

15. 在以下复合墙体中,( )是墙体保温方式的发展方向。

A. 内保温复合墙体 　　　　　　　　B. 夹芯保温复合墙体

C. 外保温复合墙体

三、简答题

1. 砖的抗冻性试验方法及衡量抗冻性的指标是什么?

2. 砖的泛霜原因是什么? 泛霜为何会使砖表面脱皮?

3. 砖的石灰爆裂原因是什么?

4. 普通混凝土小型空心砌块的定义及强度等级划分。

5. 加气混凝土砌块砌筑的墙抹砂浆层,采用于烧结普通砖的办法往墙上浇水后即抹,一般的砂浆往往易被加气混凝土吸去水分而容易干裂或空鼓,请分析原因。

6. 未烧透的欠火砖为何不宜用于地下?

7. 多孔砖与空心砖有何异同点?

第7章 建筑钢材

【学习目标】

了解钢的分类;掌握建筑钢材的主要技术性能,钢材冷加工、热处理的原理和应用;熟悉建筑工程常用钢材的品种与应用,能按照设计要求选用相应规格的钢材;理解建筑钢材的防火防腐原理及方法。

钢材是指以铁为主要元素,含碳量一般在 2% 以下,并含有其他元素的材料。建筑钢材是指建筑工程中所用的各种钢材,包括各种型钢(如角钢、工字钢、槽钢等)、钢板和钢筋混凝土中所用的各种钢筋和钢丝等。建筑钢材组织均匀、密实,强度很高,具有一定的弹性和塑性变形性能,能够承受冲击、振动等荷载;钢材的可加工性能好,不仅能铸成各种形状的铸件,而且还可以进行各种机械加工,也可以通过切割、焊接或铆接等多种方法的连接进行装配法施工,还可进行冷加工热处理。因此,建筑钢材是最重要的建筑材料之一。

房屋建筑工程每年要耗用大量的钢材,钢材品种非常多,性能差异很大。为了合理地使用钢材、充分发挥钢材的特性,以达到提高工程质量、加快工程进度和节约钢材的目的,必须掌握钢材的分类、技术性能、技术标准、加工方法、用途、质量控制、保管等知识。另外为了保证建筑结构的安全,必须严格控制建筑钢材的质量,所以还必须掌握各种建筑钢材质量检测的方法和技能。

7.1 钢材的分类

钢材的分类方法很多,常用的有下列几种。

7.1.1 按化学成分分类

按化学成分可以把钢材分为碳素钢和合金钢两大类。

1. 碳素钢

碳素钢的化学成分主要是铁,其次是碳,此外尚含有极少量的硅、锰和微量的硫、磷等元素。碳素钢根据含碳量高低可分为低碳钢(含碳量小于 0.25%)、中碳钢(含碳量介于 0.25%~0.60%)和高碳钢(含碳量大于 0.60%)。

2. 合金钢

合金钢是指在炼钢过程中,加入一种或多种能改善钢材性能的合金元素而制得的钢种。常用合金元素有硅、锰、钛、钒、铌、铬等。按合金元素总含量的不同可分为低合金钢(合金元素总含量小于 5%),中合金钢(合金元素总含量为 5%~10%),高合金钢(合金元素总含量大于 10%)。

7.1.2 按冶炼时脱氧程度分类

1. 沸腾钢

炼钢时加入锰铁进行脱氧,则脱氧不完全。这种钢水浇入锭模时,会有大量的 CO 气体从钢水中外逸,引起钢水呈沸腾状,故称沸腾钢,代号为"F"。沸腾钢组织不够致密,成分不太均匀,硫、磷等杂质偏析较严重,故质量较差;但因其成本低、产量高,故被广泛用于一般建筑工程。

2. 镇静钢

炼钢时采用锰铁、硅铁和铝锭等做脱氧剂,脱氧完全,同时能去硫。这种钢水铸锭时平静地充满锭模并冷却凝固,故称镇静钢,代号为"Z"。镇静钢虽成本较高,但其组织致密,成分均匀,性能稳定,故质量好,适用于预应力混凝土等重要的结构工程。

3. 特殊镇静钢

特殊镇静钢比镇静钢脱氧程度还要充分彻底的钢,故质量最好,适用于特别重要的结构工程,代号为"TZ"。

4. 半镇静钢

半镇静钢脱氧程度、质量及成本均介于沸腾钢和镇静钢之间,代号为"b"。

7.1.3 按质量等级分类

按钢中有害杂质磷和硫含量的多少,钢材分为三类:普通质量钢、优质钢、特殊质量钢。

7.1.4 按用途分类

1. 结构用钢

该钢用于建筑工程中的钢结构和钢筋混凝土结构。

2. 工具钢

该钢用于各种切削工具、量具、模具等工具的生产。

3. 特殊性能钢

该钢为具有各种特殊性质的钢,如不锈钢、磁钢、耐热钢。

▶ 7.2 钢材的主要性能 ◀

建筑钢材是建筑结构的主要材料之一,因此要求其不仅有一定的力学性能,而且还需要具有良好的工艺性能。其主要的力学性能有拉伸性能、冲击韧性、硬度。工艺性能包括冷弯性能和可焊性能。

7.2.1 拉伸性能

1. 低碳钢的拉伸性能

拉伸性能是建筑钢材最重要的性能,通过对钢材进行张拉试验所测得的屈服强度、抗拉强度和伸长率是钢材的三个重要技术指标。低碳钢的含碳量低,强度较低,塑性较好,其应力-应变图(σ—ε 图)如图 7-1 所示。从图中可以看出,低碳钢受拉经历弹性、屈服、强化和颈缩四个阶段。

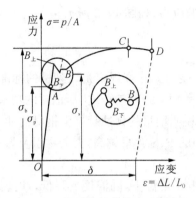

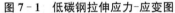

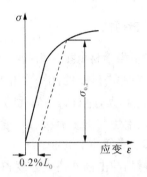

图 7-1　低碳钢拉伸应力-应变图　　图 7-2　高碳钢拉伸应力-应变图

（1）弹性阶段（OA）

钢材主要表现为弹性。当加荷到 OA 上任意一点 σ,此时产生的变形为 ε。当荷载卸掉后,变形将恢复到零。钢材的应力与应变成正比,在此阶段应力和应变的比值称为弹性模量,即 $E=\sigma/\varepsilon$。A 点的应力称为比例极限,用 σ_p 表示。

（2）屈服阶段（AB）

钢材在荷载作用下,开始丧失对变形的抵抗能力,并产生明显的塑性变形。在屈服阶段,锯齿形的最高点所对应的应力称为上屈服点;最低点所对应的应力称为下屈服点。下屈服点的应力为钢材的屈服强度,用 σ_s 表示。屈服强度是结构设计中钢材强度取值的依据。

（3）强化阶段（BC）

应变随应力的增加而增加。C 点的应力称为强度极限或抗拉强度,用 σ_b 表示。屈强比 σ_s/σ_b 在工程中很有意义,此值越小,表明结构的可靠性越高,防止结构破坏的潜力越大;但此值太小时,钢材强度的有效利用率低,造成钢材的浪费。合理的屈强比一般在 0.60~0.75 之间。

（4）颈缩阶段（CD）

钢材的变形速度明显加快,承载能力明显下降。此时在试件的某一部位,截面急剧缩小,出现颈缩现象,钢材将在此处断裂。量出拉断后标距部分的长度 L_1,标距的伸长值与原始标距 L_0 的百分率称为伸长率。公式如下:

$$\delta=\frac{L_1-L_0}{L_0}\times100\%\tag{7.1}$$

式中:L_1——试件断裂后标距的长度（mm）;

L_0——试件的原标距（$L_0=5d_0$ 或 $L_0=10d_0$）（mm）;

δ——伸长率（当 $L_0=5d_0$ 时,为 δ_5;当 $L_0=10d_0$ 时,为 δ_{10}）。

伸长率是衡量钢材塑性的重要指标,δ 越大,则钢材的塑性越好。伸长率大小与标距大小有关,对于同一种钢材,$\delta_5>\delta_{10}$。钢材具有一定的塑性变形能力,可以保证钢材应力重分布,从而不致产生突然脆性破坏。

2. 高碳钢(硬钢)的拉伸性能

高碳钢的拉伸过程,无明显的屈服阶段,通常以条件屈服点 $\sigma_{0.2}$ 代替其屈服点。条件屈服点是使硬钢产生 0.2% 塑性变形(残余变形)时的应力,如图 7-2 所示。

7.2.2　冲击韧性

冲击韧性是指钢材抵抗冲击荷载而不破坏的能力。标准规定是以刻槽的标准试件,如图 7-3 所示,在冲击试验的摆锤冲击下,以破坏后缺口处单位面积上所消耗的功来表示,符号 α_k,单位 J,α_k 越大,冲断试件消耗的能量越多,说明钢材的韧性越好。钢材的冲击韧性与钢的化学成分、冶炼与加工有关。一般来说,钢中的 P、S 含量越高,夹杂物以及焊接中形成的微裂纹等都会降低冲击韧性。

此外,钢材的冲击韧性还受温度和时间的影响。常温下,随温度的降低,冲击韧性降低的很小,此时破坏的钢件断口呈韧性断裂状。当温度降至某一温度范围时,α_k 突然发生明显下降,钢材开始呈脆性断裂,这种性质称为冷脆性;发生冷脆性时的温度称为脆性临界温度(如图 7-4 所示);低于这一温度时,降低趋势又缓和,但此时 α_k 值很小。在北方严寒地区选用钢材时,必须对钢材的冷脆性进行评定,此时选用的钢材的脆性临界温度应比环境最低温度低些。由于脆性临界温度的测定工作复杂,规范中通常是根据气温条件规定 $-20℃$ 或 $-40℃$ 的负温冲击值指标。

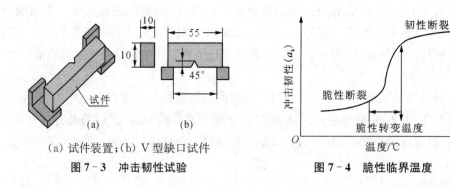

（a）试件装置；（b）V 型缺口试件

图 7-3　冲击韧性试验　　　　　　图 7-4　脆性临界温度

7.2.3　硬度

钢材的硬度是指其表面抵抗硬物压入产生塑性变形的能力,是衡量钢材软硬程度的一个指标。测定钢材硬度的方法很多,有布氏法、洛氏法和维氏法等。建筑钢材常用硬度指标为布氏硬度值,其代号为 HB。布氏法是在布氏硬度试验机上测定,将直径为 D 的淬火硬钢球在一定荷载作用下压入被测钢件光滑的表面,持续一定时间后卸去荷载,测量被压钢件表面上压痕直径 d,所加荷载 P 与压痕表面积 A 之比,即为布氏硬度。硬度值越大表示钢材越硬,抗拉强度越高。

7.2.4　冷弯性能

冷弯性能是钢材重要的工艺性能,是指钢材在常温下,以一定的弯心直径和弯曲角度对钢材进行弯曲,钢材能够承受弯曲变形的能力。钢材的冷弯,一般以弯曲角度 α、弯心直径

d 与钢材厚度（或直径）a 的比值 d/a 来表示弯曲的程度，如图 7-5 所示。弯曲角度越大，d/a 越小，表示钢材的冷弯性能越好。

在常温下，以规定弯心直径和弯曲角度（90°或 180°）对钢材进行弯曲，在弯曲处外表面即受拉区或侧面无裂纹、起层、鳞落或断裂等现象，则钢材冷弯合格。如有一种及以上的现象出现，则钢材的冷弯性能不合格。

伸长率较大的钢材，其冷弯性能也必然较好。但冷弯试验是对钢材塑性更严格的检验，有利于暴露钢材内部存在的缺陷，如气孔、杂质、裂纹、严重偏析等；同时在焊接时，局部脆性及焊接接头质量的缺陷也可通过冷弯试验而发现。因此钢材的冷弯性能也是评定焊接质量的重要指标。钢材的冷弯性能必须合格。

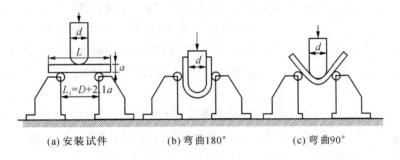

图 7-5　钢材冷弯试验示意图

7.2.5　可焊性能

可焊性能是指钢材适应一定焊接工艺的能力。可焊性好的钢材在一定的工艺条件下，焊缝及附近过热区不会产生裂缝及硬脆倾向，焊接后的力学性能如强度不会低于原材。

可焊性能主要受化学成分及含量的影响。含碳量高、含硫量高、合金元素含量高等因素，均会降低可焊性。焊接结构应选择含碳量较低的氧气转炉或平炉的镇静钢。当采用高碳钢及合金钢时，为了改善焊接后的硬脆性，焊接时一般要采用焊前预热及焊后热处理等措施。

7.3　钢材的热处理与冷加工

7.3.1　热处理

热处理是将钢材按一定温度加热、保温和冷却，以获得所需性能的一种工艺。热处理的方法有退火、正火、淬火和回火。钢材的热处理一般在钢铁厂进行，并以热处理状态交货；在施工现场又是须对焊接件进行热处理。

淬火可提高钢材的强度和硬度，但塑性和韧性明显下降，脆性增大。回火可消除淬火而产生的内应力，使钢材的硬度降低，塑性和韧性得到一定的恢复。按回火温度不同，分为低温回火、中温回火和高温回火。淬火和高温回火处理又称调质处理。经调质处理的钢材，具有高强度、高韧性及塑性降低少等优点,但对应力腐蚀和缺陷敏感性强,使用时应防止锈蚀和刻痕。在钢筋冷拔工艺过程中,常须进行退火处理,因为钢筋经过多次冷拔后,变得很脆,易被拉断,只有通过退火处理,提高其塑性和韧性后再进行冷拔。

7.3.2 冷加工强化及时效处理

1. 冷加工强化

冷加工强化是钢材在常温下,以超过其屈服点但不超过抗拉强度的应力对其进行的加工。建筑钢材常用的冷加工有冷拉、冷拔、冷轧、刻痕等。对钢材进行冷加工的目的,主要是利用时效提高强度,利用塑性节约钢材,同时也达到调直和除锈的目的。工地或预制厂钢筋混凝土施工中常利用这一原理,对钢筋或低碳钢盘条按一定规程进行冷拉或冷拔加工。

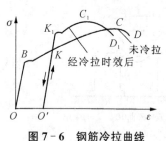

图 7-6 钢筋冷拉曲线

钢材在超过弹性范围后,产生明显的塑性变形,使强度和硬度提高,而塑性和韧性下降,即发生了冷加工强化。在一定范围内,冷加工导致的变形程度越大,屈服强度提高越多,塑性和韧性降低得越多。如图 7-6 所示,钢材未经冷拉的应力-应变曲线为 $OBKCD$,经冷拉至 K 点后卸荷,则曲线回到 O' 点,再受拉时其应力应变曲线为 $O'KCD$,此时的屈服强度比未冷拉前的屈服强度高出许多。

2. 时效

钢材随时间的延长,其强度、硬度提高,而塑性、冲击韧性降低的现象称为时效,分为自然时效和人工时效两种。自然时效是将其冷加工后,在常温下放置 15～20 d;人工时效是将冷加工后的钢材加热至 100℃～200℃ 保持 2 h 以上。经过时效处理后的钢材,其屈服强度、抗拉强度及硬度都将提高,而塑性和韧性降低。如图 7-6 所示应力-应变曲线 $O'K_1C_1D_1$,此时屈服强度点 K_1 和抗拉强度点 C_1 均较时效前提高了。一般强度较低的钢材采用自然时效,而强度较高的钢材则采用人工时效。

在建筑工程中,对于承受冲击荷载、振动荷载作用的重要结构(如吊车梁、桥梁),不得采用冷加工钢材。因焊接的热影响会降低焊接区域钢材的性能,因此冷加工钢材的焊接必须在冷加工前进行,不得在冷拉后进行。

▶ 7.4 建筑钢材的技术标准与选用 ◀

常用建筑钢材可分为钢结构用钢材和钢筋混凝土结构用钢材。

7.4.1 钢结构用钢材

标准规范

碳素结构钢

1. 碳素结构钢

碳素结构钢在各类钢种中其产量最大,用途最广,主要轧制成型材(圆、方、扁、工、槽、角等钢材)、异型型钢(轻轨、窗框钢、汽车车轮轮辋钢等)和钢板,用于厂房、桥梁、船舶、建筑及工程结构。这类钢材一般不需经过热处理即可直接使用。

现行国家标准《碳素结构钢》(GB/T 700—2006)具体规定了它的牌号表示

方法和符号、技术要求、试验方法、检验规则等。

(1) 碳素结构钢牌号的表示方法

由代表屈服强度的字母、屈服强度数值、质量等级符号、脱氧方法符号等四部分按顺序组成,例如:Q235AF。

(2) 符号

Q—钢材屈服强度"屈"字汉语拼音首位字母;

A、B、C、D—分别为质量等级;

F—沸腾钢"沸"字汉语拼音首位字母;

Z—镇静钢"镇"字汉语拼音首位字母;

TZ—特殊镇静钢"特镇"两字汉语拼音首位字母;

在牌号组成表示方法中"Z""TZ"符号可以省略。

例如:Q235AF 表示屈服强度为 235 N/mm^2 的 A 级沸腾钢,Q235C 表示屈服强度为 235 N/mm^2 的 C 级镇静钢。

(3) 碳素钢的技术要求

要求包括化学成分、冶炼方法、交货状态、力学性能及表面质量五个方面。钢的牌号和化学成分应符合表 7-1 的规定,钢材的拉伸和冲击试验结果应符合表 7-2 的规定,弯曲试验结果应符合表 7-3 的规定。

表 7-1 碳素结构钢的牌号和化学成分(GB/T 700—2006)

牌号	统一数字代号[a]	等级	厚度(或直径)(mm)	脱氧方法	化学成分(质量分数)(%),不大于				
					C	Si	Mn	S	P
Q195	U11952	—	—	F、Z	0.12	0.30	0.50	0.035	0.040
Q215	U12152	A	—	F、Z	0.15	0.35	1.20	0.045	0.050
	U12155	B							0.045
Q235	U12352	A		F、Z	0.22	0.35	1.40	0.045	0.050
	U12355	B			0.20[b]				0.045
	U12358	C		Z	0.17			0.040	0.040
	U12359	D		TZ				0.035	0.035
Q275	U12752	A	—	F、Z	0.24	0.35	1.50	0.045	0.050
	U12755	B	≤40	Z	0.21			0.045	0.045
	U12758	C	>40	Z	0.22				
	U12759	D	—	Z	0.20			0.040	0.040
				Z				0.035	0.035

注:[a]表中为镇静钢、特殊镇静钢牌号的统一数字,沸腾钢牌号的统一数字代号如下:
Q195F—U11950;Q215AF—U12150;Q215BF—U12153;
Q235AF—U12350;Q235BF—U12353;Q275AF—U12750。
[b]经需方同意,Q235B 的含碳量可不大于 0.22%。

表 7-2 碳素结构钢的力学性能(GB/T 700—2006)

牌号	等级	屈服强度[a] R_{eH} (N/mm²)不小于						抗拉强度[b] R_m/(N/mm²)	断后伸长率 A(%),不小于					冲击试验(V型缺口)	
		厚度(或直径)(mm)							厚度(或直径)(mm)					温度(℃)	冲击吸收功(纵向)/J 不小于
		≤16	>16~40	>40~60	>60~100	>100~150	>150		≤40	>40~60	>60~100	>100~150	>150~200		
Q195	—	195	185	—	—	—	—	315~430	33	—	—	—	—	—	—
Q215	A	215	205	195	185	175	165	335~450	31	30	29	27	26	—	—
	B													+20	27
Q235	A	235	225	215	215	195	185	370~500	26	25	24	22	21	—	27[c]
	B													+20	
	C													0	
	D													-20	
Q275	A	275	265	255	245	225	215	410~540	22	21	20	18	17	—	27
	B													+20	
	C													0	
	D													-20	

注：[a] Q195 的屈服强度值仅供参考，不作交货条件。
[b] 厚度大于 100 mm 的钢材，抗拉强度下限允许降低 20 N/mm²。宽带钢(包括剪切钢板)抗拉强度上限不作交货条件。
[c] 厚度小于 25 mm 的 Q235B 级钢材，如供方能保证冲击吸收功值合格，经需方同意，可不做检验。

表 7-3 碳素结构钢的冷弯试验指标(GB/T 700—2006)

牌号	试样方向	冷弯试验180° $B = 2a$[a]	
		钢材厚度(直径)[b]/mm	
		60	>60~100
		弯心直径 d	
Q195	纵	0	—
	横	0.5a	
Q215	纵	0.5a	1.5a
	横	a	2a
Q235	纵	a	2a
	横	1.5a	2.5a
Q275	纵	1.5a	2.5a
	横	2a	3a

注：[a] B 为试样宽度，a 为试样厚度(直径)。
[b] 钢材厚度(或直径)大于 100 mm 时，弯曲试验由双方协商确定。

（4）选用

碳素结构钢随牌号的增大，含碳量增加，强度和硬度相应提高，但塑性与韧性降低，冷弯性能变差，同时可焊性能也降低。建筑工程中应用最广泛的是 Q235 号钢，具有较高强度，良好的塑性及可焊性，综合性能好，且成本较低。在钢结构中主要使用 Q235 钢轧制各种型钢、钢板。其中 C、D 级可用于重要的焊接结构。

2. 低合金高强度结构钢

低合金高强度结构钢是在碳素结构钢的基础上，加入少量的一种或几种合金元素（总含量小于 5%）的一种结构钢。其目的是为了提高钢的屈服强度、抗拉强度、耐磨性、耐腐蚀性等。它是一种综合性能较为理想的建筑用钢，尤其在大跨度、承受振动荷载和冲击荷载的结构中更为适用。与碳素结构钢相比，可节约钢材 20%～30%，而成本并不很高。

（1）牌号表示方法

根据国家标准《低合金高强度结构钢》(GB/T 1591—2018)规定，钢的牌号由代表屈服强度"屈"字的汉语拼音首字母 Q、规定的最小上屈服强度数值、交货状态代号、质量等级符号（B、C、D、E、F）四个部分组成。

如 Q355ND，其中：

Q——钢的屈服强度的"屈"字汉语拼音的首字母。

355——规定的最小上屈服强度数值，单位为 MPa。

N——交货状态为正火或正火轧制。

D——质量等级为 D 级。

标准规范

低合金高强度结构钢

（2）技术要求及选用

低合金高强度结构钢的化学成分、力学性质符合表 7-4、表 7-5。在钢结构中常采用低合金高强度结构钢轧制型钢、钢板，用来建造大跨度桥梁、高层建筑及大柱网结构，在预应力钢筋混凝土结构中，常用于轧制型钢、钢板、钢管、钢筋等。

表 7-4　热轧钢的牌号及化学成分

牌号		化学成分（质量分数）%													
钢级	质量等级	C[a]		Si	Mn	P[b]	S[c]	Nb[d]	V[e]	Ti[e]	Cr	Ni	Cu	Mo	N[f]	B
		以下公称厚度或直径/mm														
		≤40[b]	>40	不大于												
		不大于														
Q355	B	0.24		0.55	1.60	0.035	0.035	—	—	—	0.30	0.30	0.40		0.012	
	C	0.20	0.22			0.030	0.030									
	D	0.20	0.22			0.025	0.025								—	
Q390	B	0.20		0.55	1.70	0.035	0.035	0.05	0.13	0.05	0.30	0.50	0.40	0.10	0.015	—
	C					0.030	0.030									
	D					0.025	0.025									

续　表

牌号		化学成分(质量分数)%														
Q420c	B	0.20		0.55	1.70	0.035	0.035	0.05	0.13	0.05	0.30	0.80	0.40	0.20	0.015	—
	C					0.030	0.030									
Q460a	C	0.20		0.55	1.80	0.030	0.030	0.05	0.13	0.05	0.30	0.80	0.40	0.20	0.015	0.004

a 公称厚度大于 100 mm 的型钢，碳含量可由供需双方协商确定。
b 公称厚度大于 30 mm 的钢材，碳含量不大于 0.22%。
c 对于型钢和棒材，其磷和硫含量上限值可提高 0.005%。
d Q390、Q420 最高可到 0.07%，Q460 最高可到 0.11%。
e 最高可到 0.20%。
f 如果钢中酸溶铝 Als 含量不小于 0.015%或全铝 Alt 含量不小于 0.020%，或添加了其他固氮合金元素，氮元素含量不作限制，固氮元素应在质量证明书中注明。
g 仅适用于型钢和棒材。

表 7−5　正火、正火轧制钢的牌号及化学成分

牌号		化学成分(质量分数)/%													
钢级	质量等级	C	Si	Mn	Pa	Sa	Nb	V	Tic	Cr	Ni	Cu	Mo	N	Alsd
		不大于			不大于					不大于					不小于
Q355N	B				0.035	0.035									
	C	0.20			0.030	0.030	0.005	0.01	0.006						
	D		0.50	0.90～1.65	0.030	0.025	～	～	～	0.30	0.50	0.40	0.10	0.015	0.015
	E	0.18			0.025	0.025	0.05	0.12	0.05						
	F	0.16			0.020	0.010									
Q390N	B				0.035	0.035									
	C	0.20	0.50	0.90～1.70	0.030	0.030	0.01～0.05	0.01～0.20	0.006～0.05	0.30	0.50	0.40	0.10	0.015	0.015
	D				0.030	0.025									
	E				0.025	0.020									
Q420N	B				0.035	0.035								0.015	
	C	0.20	0.60	1.00～1.70	0.030	0.030	0.01～0.05	0.01～0.20	0.006～0.05	0.30	0.80	0.40	0.10		0.015
	D				0.030	0.025								0.025	
	E				0.025	0.020									
Q460Nb	C				0.030	0.030								0.015	
	D	0.20	0.60	1.00～1.70	0.030	0.025	0.01～0.05	0.01～0.20	0.006～0.05	0.30	0.80	0.40	0.10		0.015
	E				0.025	0.020								0.025	

钢中应至少含有铝、铌、钒、钛等细化晶粒元素中一种，单独或组合加入时，应保证其中至少一种合金元素含量不小于表中规定含量的下限。

^a 对于型钢和棒材,磷和硫含量上限值可提高 0.005%。

^b V+Nb+Ti≤0.22%,Mo+Cr≤0.30%。

^c 最高可到 0.20%。

^d 可用全铝 Alt 替代,此时全铝最小含量为 0.020%。当钢中添加了铌、钒、钛等细化晶粒元素且含量不小于表中规定含量的下限时,铝含量下限值不限。

7.4.2　钢筋混凝土结构用钢材

钢筋混凝土结构用的钢筋和钢丝,主要由碳素结构钢或低合金结构钢轧制而成。主要品种有热轧钢筋、冷加工钢筋、预应力混凝土用钢丝和钢绞线。按直条或盘条(也称盘圆)供货。

1. 热轧钢筋

用加热钢坯轧成的条形成品钢筋,称为热轧钢筋。它是建筑工程中用量最大的钢材品种之一,主要用于钢筋混凝土和预应力混凝土结构的配筋。热轧钢筋按外形可分为光圆钢筋和带肋钢筋两大类。

(1) 热轧光圆钢筋

该钢筋是经热轧成型,横截面为圆形,表面光滑的成品钢筋。光圆钢筋的截面形状见图 7-7。

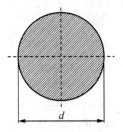

图 7-7　热轧光圆钢筋截面形状示意图

热轧光圆钢筋的强度较低,但塑性及焊接性能很好,便于各种冷加工,使用范围很广,用作中、小型钢筋混凝土结构的主要受力筋及构造筋;热轧光圆钢筋的分级与牌号见表 7-6。

表 7-6　光圆钢筋的分级和牌号

产品名称	牌号	牌号构成	英文字母含义
热轧光圆钢筋	HPB300	由 HPB+屈服强度特征值构成	HPB-热轧光圆钢筋的英文(hot rolled plain bars)缩写

(2) 热轧带肋钢筋

该钢筋是横截面为圆形,且表面带肋的混凝土结构用钢材。带有纵肋的月牙肋钢筋外形如图 7-8 所示。月牙肋钢筋生产简便、强度高,应力集中敏感性小、疲劳性能好,与混凝土的黏结力大,共同工作性更好。钢筋的分级及牌号见表 7-7。

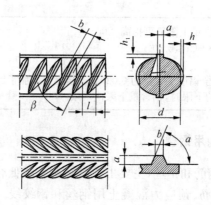

d—钢筋内径;α—横肋斜角;h—横肋高度;β—横肋与轴线夹角;
h_1—纵肋高度;a—纵肋顶宽;l—横肋间距;b—横肋顶宽

图 7-8 热轧带肋钢筋表面及截面形状示意图

表 7-7 带肋钢筋的分级和牌号

类别	牌号	牌号构成	英文字母含义
普通 热轧钢筋	HRB335 HRB400 HRB500	由 HRB+屈服强度 特征值构成	HRB—热轧带肋钢筋的英文 (hot rolled Ribbed bars)缩写
余热处理钢筋	RRB400	由 RRB+屈服强 度特征值构成	RRB—余热处理带肋钢筋的缩写 (Remained-heat-treatment Ribbed-steel Bar)缩写
细晶粒 热轧钢筋	HRBF400 HRBF500	由 HRBF+屈服强 度特征值构成	HRBF—热轧带肋钢筋的英文 缩后加"细"的英文(Fine)首位字母

钢筋的强度标准值应具有不小于 95% 的保证率。普通钢筋的屈服强度标准值、极限强度标准值应按表 7-8 采用。

表 7-8 普通钢筋强度标准值 单位:N/mm²

牌号	公称直径 d(mm)	屈服强度标准值	极限强度标准值
HPB300	6~14	300	420
HRB335	6~14	335	455
HRB400 HRBF400 RRB400	6~50	400	540
HRB500 HRBF500	6~50	500	630

普通钢筋的抗拉强度设计值 f_y、抗压强度设计值 f_y' 应按表 7-9 采用。

表 7-9　普通钢筋强度设计值　　　　　单位：N/mm²

牌号	抗拉强度设计值 f_y	抗压强度设计值 f_y'
HPB300	270	270
HRB335	300	300
HRB400、HRBF400、RRB400	360	360
HRB500、HRBF500	435	435

《混凝土结构设计规范(2015 年版)》规定：钢筋混凝土结构中，纵向受力普通钢筋可采用 HRB400、HRB500、HRBF400、HRBF500、HRB335、RRB400、HPB300 钢筋；梁、柱和斜撑构件的纵向受力普通钢筋宜采用 HRB400、HRB500、HRBF400、HRBF500 钢筋；箍筋宜采用 HRB400、HRBF400、HRB335、HPB300、HRB500、HRBF500 钢筋。

将 400 MPa、500 MPa 级高强热轧带肋钢筋作为纵向受力的主导钢筋推广应用，尤其是梁、柱和斜撑构件的纵向受力配筋应优先采用 400 MPa、500 MPa 级高强钢筋；淘汰直径 16 mm 及以上 335 MPa 级热轧带肋钢筋，保留小直径的 HRB335 钢筋，主要用于中、小跨度楼板配筋以及剪力墙的分布筋配筋，还可用于构件的箍筋与构造配筋用 300 MPa 级光圆钢筋取代原 235 MPa 级光圆钢筋，将其规格限于直径 6 mm～14 mm，主要用于小规格梁柱的箍筋与其他混凝土构件的构造配筋。

2. 钢筋混凝土用余热处理钢筋

热处理钢筋是用热轧螺纹钢筋经淬火和回火的调质处理而成的钢筋。根据国标《钢筋混凝土余热处理钢筋》(GB/T 13014—2013)，热处理钢筋按外形分有纵肋和无纵肋两种，但都有横肋，代号为 RB150，有 40Si2Mn、48Si2Mn 及 45Si2Cr 三个牌号。40Si2Mn 表示钢的含碳量为 0.4%，含有 Si、Mn 合金元素，当合金元素平均含量小于 1.5% 时，仅标明元素符号，不标含量；当平均含量为 1.5%～2.49%、2.5%～3.49% 时，元素符号后面相应标出 2、3，依次类推。1 000 h 的松弛值不大于 3.5%。各牌号热处理钢筋的力学性能应符合表 7-10 的要求。

表 7-10　热处理钢筋的力学性能(GB 13014—2013)

公称直径 mm	牌号	屈服强度(N/mm²)	抗拉强度(N/mm²)	伸长率 δ_{10}(%)
		不小于		
6	40Si2Mn			
8.2	48Si2Mn	1 325	1 470	6
10	45Si2Cr			

热处理钢筋按成盘供应，使用时开盘钢筋自行伸直，不允许焊接和电弧切断，以免强度下降或脆断。热处理钢筋具有强度高、韧性好、配筋根数少、与混凝土黏结性能好、施工方便等优点，主要用于预应力钢筋混凝土轨枕、板、梁等。标记示例：公称直径 8.2 mm 的热处理钢筋标记为 RB150—8.2—GB4463—84。

3. 预应力混凝土用钢丝、钢绞线

（1）预应力混凝土用钢丝

预应力混凝土用钢丝是由优质碳素结构钢制成，按加工状态分为冷拉钢丝（代号 WCD）和消除应力钢丝两种。消除应力钢丝按松弛性能又分为低松弛级钢丝（代号 WLR）和普通松弛级钢丝（代号 WNR）两种。钢丝按外形分为光圆钢丝（代号 P）、螺旋肋钢丝（代号 H）和刻痕钢丝（代号 I）三种。钢丝外形如图 7-9、图 7-10、图 7-11 所示。

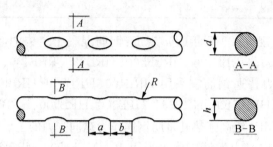

图 7-9　两面刻痕钢丝外形示意图

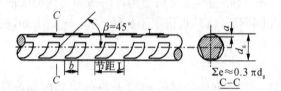

图 7-10　三面刻痕钢丝外形示意图

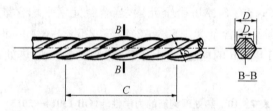

图 7-11　螺旋肋钢丝外形示意图

对于预应力混凝土用钢丝，国标《预应力混凝土用钢丝》（GB/T 5223—2014）规定，产品标记包含下列内容：预应力钢丝、公称直径、抗拉强度等级、加工状态代号、外形代号、标准号。标记示例：直径为 4.00 mm，抗拉强度为 1 670 MPa 冷拉光圆钢丝。其标记为：预应力钢丝 4.00—1670—WCD—P—GB/T 5223—2014。

预应力混凝土用钢丝的力学性能应符合标准《预应力混凝土用钢丝》的规定，见表 7-11、表 7-12。

预应力混凝土钢丝质量稳定、安全可靠、强度高、无接头、施工方便，主要用于大跨度的屋架及薄腹梁、吊车梁、桥梁等大型预应力混凝土构件中，还可用于轨枕、压力管道等预应力混凝土构件。

表 7‑11　预应力混凝土用钢丝的力学性能（GB/T 5223—2014）

公称直径 d_n/mm	公称抗拉强度 R_m/MPa	最大力的特征值 F_m/kN	最大力的最大值 $F_{m,max}$/kN	0.2%屈服力 $F_{p0.2}$/kN	每 210 mm 扭矩的扭转次数 N ≥	断面收缩率 Z/% ≥	氢脆敏感性能负载为 70%最大力时，断裂时间 t/h≥	应力松弛性能初始力为最大力 70%时，1 000 h 应力松弛率 r/% ≤
4.00		18.48	20.99	13.86	10	35		
5.00		28.86	32.79	21.65	10	35		
6.00	1 470	41.56	47.21	31.17	8	30		
7.00		56.57	64.27	42.42	8	30		
8.00		73.88	83.93	55.41	7	30		
4.00		19.73	22.24	14.80	10	35		
5.00		30.82	34.75	23.11	10	35		
6.00	1 570	44.38	50.03	33.29	8	30		
7.00		60.41	68.11	45.31	8	30		
8.00		78.91	88.96	59.18	7	30	75	7.5
4.00		20.99	23.50	15.74	10	35		
5.00		32.78	36.71	24.59	10	35		
6.00	1 670	47.21	52.86	35.41	8	30		
7.00		64.26	71.96	48.20	8	30		
8.00		83.93	93.99	62.95	6	30		
4.00		22.25	24.76	16.69	10	35		
5.00		34.75	38.68	26.05	10	35		
6.00	1 770	50.04	55.69	37.53	8	30		
7.00		68.11	75.81	51.08	6	30		

表 7‑12　消除应力光圆及螺旋肋钢丝的力学性能（GB/T 5223—2014）

公称直径 d_n/mm	公称抗拉强度 R_m/MPa	最大力的特征值 F_m/kN	最大力的最大值 $F_{m,max}$/kN	0.2%屈服力 $F_{p0.2}$/kN ≥	最大力总伸长率（L_0=200 mm）A_{gt}/% ≥	反复弯曲性能 弯曲次数/(次/180°) ≥	反复弯曲性能 弯曲半径 R/mm	应力松弛性能 初始力相当于实际最大力的百分数/%	应力松弛性能 1 000 h 应力松弛率 r/% ≤
4.00		18.48	20.99	16.22		3	10		
4.80		26.61	30.23	23.35		4	15		
5.00		28.86	32.78	25.32		4	15		
6.00		41.56	47.21	36.47		4	15		
6.25		45.10	51.24	39.58		4	20		
7.00		56.57	64.26	49.64		4	20		
7.50	1 470	64.94	73.78	56.99	3.5	4	20	70 80	2.5 4.5
8.00		73.88	83.93	64.84		4	20		
9.00		93.52	106.25	82.07		4	25		
9.50		104.19	118.37	91.44		4	25		
10.00		115.45	131.16	101.32		4	25		
11.00		139.69	158.70	122.59		—	—		
12.00		166.26	188.88	145.90		—	—		

公称直径 d_n/mm	公称抗拉强度 R_m/MPa	最大力的特征值 F_m/kN	最大力的最大值 $F_{m.max}$/kN	0.2%屈服力 $F_{p0.2}$/kN ≥	最大力总伸长率 (L_0=200 mm) A_{gt}/% ≥	反复弯曲性能 弯曲次数/ (次/180°) ≥	反复弯曲性能 弯曲半径 R/mm	应力松弛性能 初始力相当于实际最大力的百分数/%	应力松弛性能 1 000 h应力松弛率 r/% ≤
4.00		19.73	22.24	17.37		3	10		
4.80		28.41	32.03	25.00		4	15		
5.00		30.82	34.75	27.12		4	15		
6.00		44.38	50.03	39.06		4	15		
6.25		48.17	54.31	42.39		4	20		
7.00		60.41	68.11	53.16		4	20		
7.50	1 570	69.36	78.20	61.04		4	20		
8.00		78.91	88.96	69.44		4	20		
9.00		99.88	112.60	87.89		4	25		
9.50		111.28	125.46	97.93		4	25		
10.00		123.31	139.02	108.51		4	25		
11.00		149.20	168.21	131.30		—	—		
12.00		177.57	200.19	156.26		—	—		
4.00		20.99	23.50	18.47	3.5	3	10	70 80	2.5 4.5
5.00		32.78	36.71	28.85		4	15		
6.00		47.21	52.86	41.54		4	15		
6.25	1 670	51.24	57.38	45.09		4	20		
7.00		64.26	71.96	56.55		4	20		
7.50		73.78	82.62	64.93		4	20		
8.00		83.93	93.98	73.86		4	20		
9.00		106.25	118.97	93.50		4	10		
4.00		22.25	24.76	19.58		4	15		
5.00		34.75	38.68	30.58		4	15		
6.00	1 770	50.04	55.69	44.03		4	20		
7.00		68.11	75.81	59.94		4	20		
7.50		78.20	87.04	68.81		4	10		
4.00		23.38	25.89	20.57		4	15		
5.00		36.51	40.44	32.13		4	15		
6.00	1 860	52.58	58.23	46.27		4	15		
7.00		71.57	79.27	62.98		4	20		

（2）钢绞线

预应力混凝土钢绞线是由多根圆形断面钢丝机械捻合而成,然后经消除应力回火或稳定化处理,卷成盘。根据《预应力混凝土用钢绞线》(GB/T 5224—2014),钢绞线按结构可分为 8 类:用两根钢丝捻制的钢绞线,代号1×2、用三根钢丝捻制的钢绞线,代号1×3;用三根刻痕钢丝捻制的钢绞线,代号1×3I;用 7 根钢丝捻制的标准型钢绞线,代号1×7;用 7 根刻痕钢丝捻制的模拔型钢绞线,代号(1×7)C;用六根刻痕钢丝和一根光圆中心钢丝捻制的钢绞线,代号1×7I;用十九根钢丝捻制的1+9+9 西鲁式钢绞线,代号1×19S;用十九根钢丝捻制的1+6+6/6 瓦林吞式钢绞线,代号1×19W;钢绞线外形如图 7 - 12 所示。

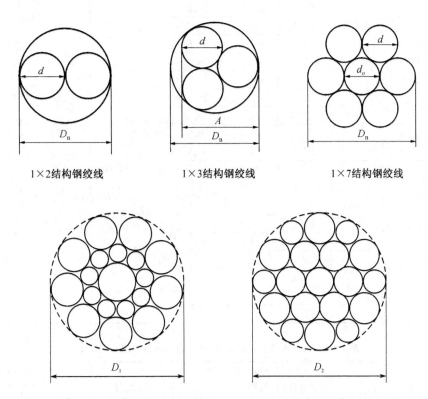

1×2结构钢绞线　　　1×3结构钢绞线　　　1×7结构钢绞线

1×19结构西鲁式钢绞线外形示意图　　1×19结构瓦林吞式钢绞线外形示意图

图 7 - 12　预应力混凝土钢绞线外形示意图

钢绞线的力学性能应符合表 7 - 13、表 7 - 14、表 7 - 15 的规定。

表 7‑13 1×2 结构钢绞线力学性能(GB/T 5224—2014)

钢绞线结构	钢绞线公称直径 D_n/mm	公称抗拉强度 R_m/MPa	整根钢绞线最大力 F_m/kN ≥	整根钢绞线最大力的最大值 F_m/kN ≤	0.2%屈服力 $F_{p0.2}$/kN ≥	最大力总伸长率 ($L_0 \geqslant 400$ mm) A_{gt}/% ≥	应力松弛性能	
							初始负荷相当于实际最大力的百分数/%	1 000 h 应力松弛率 r/% ≤
1×2	8.00	1 470	36.9	41.9	32.5	对所有规格	对所有规格	对所有规格
	10.00		57.8	65.6	50.9			
	12.00		83.1	94.4	73.1			
	5.00	1 570	15.4	17.4	13.6			
	5.80		20.7	23.4	18.2			
	8.00		39.4	44.4	34.7			
	10.00		61.7	69.6	54.3			
	12.00		88.7	100	78.1			
	5.00	1 720	16.9	18.9	14.9	3.5	70	2.5
	5.80		22.7	25.3	20.0			
	8.00		43.2	48.2	38.0			
	10.00		67.6	75.5	59.5		80	4.5
	12.00		97.2	108	85.5			
	5.00	1 860	18.3	20.2	16.1			
	5.80		24.6	27.2	21.6			
	8.00		46.7	51.7	41.1			
	10.00		73.1	81.0	64.3			
	12.00		105	116	92.5			
	5.00	1 960	19.2	21.2	16.9			
	5.80		25.9	28.5	22.8			
	8.00		49.2	54.2	43.3			
	10.00		77.0	84.9	67.8			

表 7‑14 1×3 结构钢绞线力学性能(GB/T 5224—2014)

钢绞线结构	钢绞线公称直径 D_n/mm	公称抗拉强度 R_m/MPa	整根钢绞线最大力 F_m/kN ≥	整根钢绞线最大力的最大值 F_m/kN ≥	0.2%屈服力 $F_{p0.2}$/kN ≥	最大力总伸长率 ($L_0 \geqslant 400$ mm) A_{gt}/% ≥	应力松弛性能	
							初始负荷相当于实际最大力的百分数/%	1 000 h 应力松弛率 r/% ≤
1×2	8.60	1 470	55.4	63.0	48.8	对所有规格	对所有规格	对所有规格
	10.80		86.6	98.4	76.2			
	12.50		125	142	110			
	6.20	1 570	31.1	35.0	27.4	3.5	70	2.5
	6.50		33.3	37.5	29.3			
	8.60		59.2	66.7	52.1		80	4.5
	8.74		60.6	68.3	53.2			
	10.80		92.6	10.4	81.4			
	12.90		133	150	117			

钢绞线结构	钢绞线公称直径 D_n/mm	公称抗拉强度 R_m/MPa	整根钢绞线最大力 F_m/kN ≥	整根钢绞线的最大值 F_m/kN ≥	0.2%屈服力 $F_{p0.2}$/kN ≥	最大力总伸长率 (L_0≥400 mm) A_{gt}/% ≥	应力松弛性能 初始负荷相当于实际最大力的百分数/%	1 000 h应力松弛率 r/% ≤
1×3	8.74	1 670	54.5	72.2	56.8	对所有规格	对所有规格	对所有规格
	6.20	1 720	34.1	38.0	30.0			
	6.50		36.5	40.7	32.1			
	8.60	1 720	54.8	72.4	57.0			
	10.80		101	113	88.9			
	12.90		145	163	128			
	6.20		36.8	40.8	32.4			
	6.50		39.4	43.7	34.7			
	8.60	1 860	70.1	77.7	61.7	3.5	70	2.5
	8.74		71.8	79.5	63.2			
	10.80		110	121	96.8		80	4.5
	12.90		158	175	139			
	6.20		38.8	42.8	34.1			
	6.50		41.6	45.8	36.6			
	8.60	1 960	73.9	81.4	65.0			
	10.80		115	127	101			
	12.90		166	183	146			
1×31	8.70	1 570	60.4	68.1	53.2			
		1 720	66.2	73.9	58.3			
		1 860	71.6	79.3	63.0			

表 7‑15　1×7 结构钢绞线力学性能(GB/T 5224—2014)

钢绞线结构	钢绞线公称直径 D_n/mm	公称抗拉强度 R_m/MPa	整根钢绞线最大力 F_m/kN ≥	整根钢绞线最大力的最大值 F_m/kN ≥	0.2%屈服力 $F_{p0.2}$/kN ≥	最大力总伸长率 (L_0≥400 mm) A_{gt}/% ≥	应力松弛性能 初始负荷相当于实际最大力的百分数/%	1 000 h应力松弛率 r/% ≤
1×7	15.20 (15.24)	1 470	206	234	181	对所有规格	对所有规格	对所有规格
		1 570	220	248	194			
		1 670	234	262	206			
	9.50 (9.53)		94.3	105	83.0		70	2.5
	11.10 (11.11)		128	142	113	3.5		
	12.70	1 720	170	190	150		80	4.5
	15.20 (15.24)		241	269	212			
	17.80 (17.78)		327	365	288			

钢绞线结构	钢绞线公称直径 D_n/mm	公称抗拉强度 R_m/MPa	整根钢绞线最大力 F_m/kN ≥	整根钢绞线最大力的最大值 F_m/kN ≥	0.2%屈服力 $F_{p0.2}$/kN ≥	最大力总伸长率 (L_0≥400 mm) A_{gt}/% ≥	应力松弛性能	
							初始负荷相当于实际最大力的百分数/%	1 000 h 应力松弛率 r/% ≤
	18.90	1 820	400	444	352	对所有规格 3.5	对所有规格 70	对所有规格 2.5
	15.70	1 770	266	296	234			
	21.60		504	561	444		80	4.5
	9.50 (9.53)		102	113	89.8			
	11.10 (11.11)		138	153	121			
	12.70		184	203	162			
	15.20 (15.24)	1 860	260	288	229			
1×7	15.70		279	309	246			
	17.80 (17.78)		355	391	311			
	18.90		409	453	360			
	21.60		530	587	466			
	9.50 (9.53)		107	118	94.2			
	11.10 (11.11)	1 960	145	160	128			
	12.70		193	213	170			
	15.20 (15.24)		274	302	241			
1×7I	12.70	1 860	184	203	162			
	15.20 (15.24)		260	288	229			
(1×7)C	12.70	1 860	208	231	183			
	15.20 (15.24)	1 820	300	333	264			
	18.00	1 720	384	428	338			

表 7‑16　1×19 结构钢绞线力学性能（GB/T 5224—2014）

钢绞线结构	钢绞线公称直径 D_n/mm	公称抗拉强度 R_m/MPa	整根钢绞线最大力 F_m/kN ≥	整根钢绞线最大力的最大值 F_m/kN ≤	0.2%屈服力 $F_{p0.2}$/kN ≥	最大力总伸长率(L_0≥500 mm) A_{gt}/% ≥	应力松弛性能 初始负荷相当于实际最大力的百分数/%	1 000 h应力松弛率 r/% ≤
1×19S (1+9+9)	28.6	1 720	915	1 021	805	对所有规格	对所有规格	对所有规格
	17.8	1 770	368	410	334			
	19.3		431	481	379			
	20.3		480	534	422			
	21.8		554	617	488			
	28.6		942	1 048	829			
	203	1 810	491	545	432		70	2.5
	21.8		567	629	499	3.5		
	17.8	1 860	387	428	341		80	4.5
	19.3		454	503	400			
	20.3		504	558	444			
	21.8		583	645	513			
1×19W (1+6+6/6)	28.6	1 720	915	1 021	805			
		1 770	942	1 048	829			
		1 860	990	1 096	854			

　　钢绞线无接头、柔性好、强度高，主要用于大跨度、大负荷的桥梁、屋架、吊车梁等的曲线配筋及预应力钢筋。

　　预应力筋的抗拉强度设计值 f_{py}、抗压强度设计值 f'_{py} 应按表 7‑17 采用。

表 7‑17　预应力筋强度设计值　　　　单位：N/mm²

种类	极限强度标准值 f_{ptk}	抗拉强度设计值 f_{py}	抗压强度设计值 f'_{py}
中强度预应力钢丝	800	510	410
	970	650	
	1 270	810	
消除应力钢丝	1 470	1 040	410
	1 570	1 110	
	1 860	1 320	
钢绞线	1 570	1 110	390
	1 720	1 220	
	1 860	1 320	
	1 960	1 390	
预应力螺纹钢筋	980	650	400
	1 080	770	
	1 230	900	

4. 冷轧带肋钢筋

冷轧带肋钢筋是由热轧圆盘条经冷轧后,在其表面冷轧成三面或二面有横肋的钢筋(见图 7-13、图 7-14)。冷轧带肋钢筋的牌号由 CRB 和钢筋的抗拉强度最小值构成,分为 CRB550、CRB650、CRB800、CRB970 四个牌号。CRB550 钢筋的公称直径范围为 4~12 mm。CRB650 及以上牌号钢筋的公称直径为 4 mm、5 mm、6 mm。

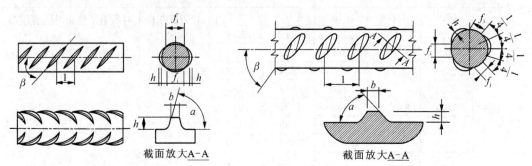

α—横肋斜角;β—横肋与钢筋轴线夹角;h—横肋中点高度;
l—横肋间距;b—横肋顶宽;f_i—横肋间隙

图 7-13　两面肋钢筋表面及截面形状示意图　　图 7-14　三面肋钢筋表面及截面形状示意图

根据国标《冷轧带肋钢筋》(GB/T 13788—2017)规定,冷轧带肋钢筋的力学性能及工艺性能见表 7-180。

表 7-18　冷轧带肋钢筋的力学性能和工艺性能(GB/T 13788—2017)

钢筋牌号	名义屈服强度 $R_{p0.2}$/MPa 不小于	抗拉强度 R_m/MPa 不小于	伸长率/% 不小于		弯曲试验 180°	反复弯曲次数	松弛率 初始应力相当于公称抗拉强度的70%
			δ_{10}	δ_{100}			1 000 h 松弛率/% 不大于
CRB550	500	550	8.0	—	$D=3\,d$	—	—
CRB650	585	650	—	4.0		3	8
CRB800	720	800	—	4.0		3	8
CRB970	875	970	—	4.0		3	8

注:表中 D 为弯心直径,d 为钢筋公称直径。

冷轧带肋钢筋具有强度高、塑性好、与混凝土黏结牢固,节约钢材、质量稳定等优点,适用于中、小型预应力混凝土结构构件和普通钢筋混凝土结构构件。CRB550 为普通钢筋混凝土用钢筋,其他牌号为预应力混凝土用钢筋。

▶ 7.5　钢材的锈蚀与防锈 ◀

7.5.1　钢材的锈蚀

钢材的锈蚀是指其表面与周围介质发生化学作用或电化学作用而遭到的破坏。锈蚀会使钢材截面减少,降低承载力,造成应力集中,导致结构易破坏。若受到冲击荷载、交变荷载作用,钢材将易产生锈蚀疲劳,使疲劳强度降低,甚至出现脆性断裂。根据锈蚀作用的机理,钢材的锈蚀可分为化学锈蚀和电化学锈蚀两种。

1. 化学锈蚀

化学锈蚀是指钢材直接与周围介质发生化学反应而产生的锈蚀。这种锈蚀多数是氧化作用,使钢材表面形成疏松的氧化物。干燥环境中,锈蚀进行很慢,但在环境湿度或温度高时锈蚀速度加快。

2. 电化学锈蚀

电化学锈蚀是指钢材与电解质溶液接触而产生电流,形成微电池而引起的锈蚀。潮湿环境中的钢材表面会被一层电解质水膜所覆盖,钢材含有铁、碳等成分,而这些成分在表面介质作用下的电极电位不同,形成许多微电池。在阳极,铁失去电子成为 Fe^{2+} 离子进入水膜;在阴极,溶于水膜中的氧被还原生成 OH^- 离子。随后两者结合生成不溶于水的 $Fe(OH)_2$,并进一步氧化成为疏松易剥落的红棕色 $Fe(OH)_3$,使钢材逐渐遭到锈蚀。钢材在大气中的锈蚀以电化学锈蚀为主。

7.5.2　防止钢材锈蚀的措施

钢材的锈蚀既有内因(材质)、又有外因(环境介质),因此防止或减少钢材的锈蚀可以从改变钢材本身材质、隔离环境中侵蚀性介质或改变钢材表面状况三方面入手。

钢材的组织及化学成分是引起钢材锈蚀的内因。通过调整钢的基本组织或加入某些合金元素,可有效地提高钢材的抗腐蚀能力。例如,炼钢时在钢中加入铬、镍等元素,可制得不锈钢。

混凝土配筋的防锈措施,根据结构的性质和所处环境条件等,主要是保证混凝土的密实、保证足够的保护层厚度、限制氯盐外加剂的掺加量和保证混凝土一定的碱度等,还可掺用防锈剂。

钢结构防止锈蚀的方法通常是采用表面刷漆。常用底漆有红丹、环氧富锌漆、铁红环氧底漆等。面漆有调和漆、醇酸磁漆、酚醛磁漆等。另外还可以进行钢材表面金属覆盖,用耐腐蚀性好的金属,以电镀或喷涂的方法覆盖在钢材表面,提高钢材的防锈蚀能力,如镀锌、镀铜、镀锡、镀铬等。

▶ 7.6　钢材的防火保护 ◀

钢材是一种不会燃烧的建筑材料,但是,钢材是不耐火的。它的力学性能,如屈服强度、抗拉强度及弹性模量等均会因温度的升高而急剧下降。钢结构通常在 450℃～650℃温度中就会失去承载能力,发生很大的形变,导致钢柱、钢梁弯曲,结果因过大的形变而不能继续使用,一般不加保护的钢结构的耐火极限为 15 min 左右。这一时间的长短还与构件吸热的速度有关。

防止钢结构在火灾中迅速升温发生形变塌落,其措施是多种多样的,如采用绝热、耐火材料阻隔火焰直接灼烧钢结构,降低热量传递的速度推迟钢结构升温、强度变弱的时间等。但无论采取何种方法,其原理是一致的。下面介绍几种不同钢结构的防火保护措施。

1. 隔热法

该法用耐火材料把构件包裹起来。包裹材料有混凝土、轻质耐火混凝土或钢丝网膜耐火砂浆等。其优点是取材方便,价格低廉,表面强度高,耐冲击,对施工技术要求不高,但比较笨重。

2. 喷涂法

该法用喷涂器具将防火涂料直接喷涂在构件表面,火灾时能形成耐火保护层。厚涂型防火涂料(H类)涂层厚度介于8～50 mm。该类涂料密度较小,导热率低,以涂料本身的隔热性能来提高钢材的耐火极限,耐火极限可达0.5～3 h。薄涂型防火涂料(B类)涂层厚度为7 mm以下,该类涂料具有一定的装饰性能,以涂层遇高温时膨胀发泡所形成的耐火隔热来提高钢材的耐火极限。它的耐火极限可达0.5～2 h。

薄涂型防火涂料一般适用于室内钢结构。厚涂型防火涂料的特性是它的不燃性,良好的绝缘性以及耐火时间的可选择性。涂层系无机多空绝缘材料和无机黏结剂等组成,因而无毒、无臭、不易老化、耐火可靠,因此适宜在室外及潮湿环境下使用。

防火涂料的一般要求原料应预先检验,不得使用石棉材料和苯类溶剂。防火涂料可使用喷涂、抹涂、辊涂、刮涂或刷涂等方法中的一种或多种方法施工,并能在通常的自然环境条件下干燥固化。防火涂料应呈碱性或偏碱性。覆层涂料应相互配套,底层涂料应能同普通防锈漆配合使用。涂层干后不应有刺激性气味,燃烧时一般不产生浓烟和有害人体健康的物质。

▶ 7.7　建筑钢材的保管 ◀

1. 选择适宜的存放场所

重要钢材应入库存放;对只忌雨淋,对风吹、日晒、潮湿不十分敏感的建筑钢材,可入棚存放;进行人工时效的钢材,可在露天存放。存放场地应尽量远离有害气体和粉尘的污染,避免受酸、碱、盐及其气体的侵蚀。

2. 保持库房干燥通风

库棚内应采用水泥地面,应做好地面防潮处理。根据库房内、外的温度和湿度情况,进行通风、降潮。

3. 合理码垛

标牌码垛,料垛应稳固,垛位的质量而不应超过地面的承载力,垛底要垫高30～50 cm,有条件的要采用料架。根据钢材的形状、大小和多少,确定平放、坡放、立放等不同方法。遵循预应力钢材进场验收规定,垛形应整齐,便于清点,防止不同品种的混放。

4. 保持料场清洁

尘土、碎布、杂物都能吸收水分,应注意及时清除。杂草根部易存水,阻碍通风,夜间会排放二氧化碳,必须彻底清除。

5. 加强防护措施

有保管条件的,应以箱、架、垛为单位,进行密封保管。表面涂敷防护剂,是防止锈蚀的有效措施。

6. 加强计划管理

制订合理的库存周期计划和储备定额,制订严格的库存锈蚀检查计划。

【知识拓展】　　　　　　　　　　极地钢

极地钢是在零下50℃环境中仍能保持强韧和抗冲击撕裂能力的特殊钢材。极地钢添加特殊化学成分,钢水纯净度、轧制控制精度很高,具有超高强度和抗层状撕裂性能。

随着全球变暖的影响,极地海冰面积也随之减少,预计在2045年北极82%的海域将在夏季无冰,适合极地航运,这些北极航道有利于缩短航程及降低相应的运输成本。此外,北极因其特殊的地缘格局,在军事上有着非常重要的战略意义。因而,极地的开发和利用越来越多的受到各国的重视。

为了开发和利用极地,极地装备的研制必不可少。金属材料,尤其是钢铁材料作为结构材料在极地装备中占比很大,因而研发极地钢铁材料成为极地开发和利用的迫切需求。目前关于极地钢铁材料性能的研究主要聚焦在其力学性能等方面,如研发高性能的止裂钢,研究高镍基的低温碳钢对低温冲击韧性的影响,研究极地破冰船用钢低温疲劳性能等。

坚持创新在我国现代化建设全局中的核心地位,加快实施创新驱动发展战略,加快实现高水平科技自立自强,加快建设科技强国。

习　题

一、选择题

1. 钢材伸长率越大,表示其(　　　)越好。

A. 抗压强度　　　　　B. 塑性　　　　　C. 硬度　　　　　D. 抗拉强度

2. 设计时,钢材强度取值的依据是钢材的(　　　)。

A. 屈服强度　　　　　B. 抗压强度　　　　　C. 抗拉强度　　　　　D. 抗折强度

3. 钢筋经冷拉和时效处理后,以下说法正确的是(　　　)。

A. 屈服强度降低　　　　　　　　　　B. 抗拉强度提高

C. 冲击吸收功增大　　　　　　　　　D. 断后伸长率增大

4. 热轧光圆钢筋的牌号是(　　　)。

A. HPB235　　　　　B. HRB335　　　　　C. HRB400　　　　　D. CRB550

5. 牌号 Q235 - A・F 中,F 表示(　　　)。

A. 镇静钢　　　　　B. 合金钢　　　　　C. 沸腾钢　　　　　D. 半镇静钢

二、简答题

1. 钢材有哪些特性?简述钢材的分类。

2. 低碳钢和高碳钢的拉伸性能有何不同?

3. 为何说屈服点、抗拉强度和伸长率是建筑用钢材的重要技术性能指标?

4. 什么是钢材的冷弯性能?如何进行评价?

5. 什么是钢材的冷加工和时效?对钢材进行冷加工和时效处理后性能有何变化?

6. 碳素结构钢和低合金高强度结构钢的牌号如何表示?有哪几个牌号?

7. 试述碳素结构钢和低合金结构钢在工程中的应用。

8. 混凝土结构工程中常用钢筋、钢丝、钢绞线有哪些种?每种如何选用?

9. 建筑钢材锈蚀的原因有哪些？如何防锈？

10. 简述钢材的防火保护方法。

三、计算题

一钢材试件，直径 25 mm，原标距为 125 mm，做拉伸试验测得屈服点荷载为 201.0 kN，达到最大荷载为 250.3 kN，拉断后测得的标距为 138 mm，求该钢筋的屈服强度、抗拉强度及伸长率。

第8章 功能材料

【学习目标】

通过学习掌握各种功能材料的性质、特点，能够运用试验的手段对其性质进行检验，初步具备判断材料的性质和正确选用功能材料的能力。

▶ 8.1 防水材料 ◀

防水材料是指能防止雨水、地下水及其他水渗入建筑物或构筑物的一类功能材料。防水材料广泛应用于建筑工程，也用于道路桥梁、水利工程等。

随着现代科学技术和建筑事业的发展，防水材料的品种、数量、性能都在不断地变换。按照其外形和成分其分类如下所示。本节我们将主要介绍柔性防水材料。

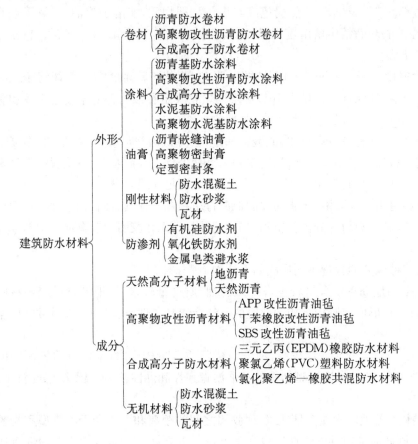

8.1.1 沥青

沥青是由多种有机化合物构成的复杂混合物。在常温下呈固体、半固体或液体状态,颜色从褐色至黑色,能溶解于多种有机溶剂。沥青在建筑工程上广泛应用于防水、防腐、防潮工程及水工建筑与道路工程中。目前常用的主要是石油沥青和少量煤沥青。

石油沥青是石油原油经分馏提出各种石油产品后的残留物,再经加工制得的产品。

煤沥青是煤焦油经分馏提出油品后的残留物,再经加工制得的产品。

1. 石油沥青

石油沥青是一种有机胶凝材料,在常温下呈固体、半固体或黏性液体状态。颜色为褐色或黑褐色。它是由许多高分子碳氢化合物及其非金属(如氧、硫、氮等)衍生物组成的复杂混合物。由于其化学成分复杂,为便于分析研究和使用,常将其物理、化学性质相近的成分归类为一组,称为组分。不同的组分对沥青性质的影响不同。

(1)石油沥青的组分与结构

通常沥青由油分、树脂和地沥青质三组分组成。

① 油分为沥青中最轻的组分,呈淡黄至红褐色,密度为 $0.7\sim1$ g/cm³,在 170℃ 以下较长时间加热,可以挥发。它能溶于大多数有机溶剂,如丙酮、苯、三氯甲烷等,但不溶于酒精。在石油沥青中,含量约为 $40\%\sim60\%$。油分使沥青具有流动性。

② 树脂为密度略大于 1 g/cm³ 的黑褐色或红褐色黏稠物质,能溶于汽油、三氯甲烷和苯等有机溶剂,但在丙酮和酒精中溶解度很低,在石油沥青中含量为 $15\%\sim30\%$。它使石油沥青具有塑性与黏结性。

③ 地沥青质为密度大于 1 g/cm³ 的固体物质,黑色,不溶于汽油、酒精,但能溶于二硫化碳和三氯甲烷中,在石油沥青中含量为 $10\%\sim30\%$。它决定石油沥青的温度稳定性和黏性。它的含量愈多,则石油沥青的软化点愈高,脆性愈大。

此外,石油沥青中还含有少量沥青碳、似碳物和蜡,会降低沥青的黏结性、塑性、温度稳定性和耐热性。蜡是石油沥青中的有害成分,常采用氯盐处理或高温吹氧、溶剂脱蜡等处理方法降低蜡的含量,从而提高其软化点,降低针入度,使之满足使用要求。

沥青中的油分和树脂可以互溶,树脂能浸润地沥青质颗粒而在其表面形成薄膜,从而构成以地沥青质为核心,周围吸附部分树脂质和油分的胶团,而无数胶团分散在油分中形成胶体结构。

石油沥青根据三种成分的含量不同形成如下结构。

① 溶胶型结构:当地沥青质含量较少,油分及树脂质含量较多时,地沥青质胶团在胶体结构中运动较为自由,形成溶胶型结构。此时的石油沥青黏滞性小、流动性大、塑性好,但稳定性较差。

② 凝胶型结构:当地沥青质含量较高,油分与树脂质含量较少时,地沥青质胶团间的吸引力增大,且移动较困难,这种凝胶型结构的石油沥青弹性和黏性较高、温度敏感性较小、流动性和塑性较低。

③ 溶凝胶型结构:若地沥青质含量适当,而胶团之间的距离和引力介于溶胶型和凝胶型之间的结构状态,则此时的石油沥青性质也介于上述二者之间。大多数优质石油沥青属于这种结构状态。

石油沥青中的各组分是不稳定的。在阳光、空气、水等外界因素作用下,各组分之间会不断演变,油分、树脂质会逐渐减少,地沥青质逐渐增多,这一演变过程称为沥青的老化。沥青老化后,其流动性、塑性变差,脆性增大,从而变硬,易发生脆裂乃至松散,使沥青失去防水、防腐效能。

(2) 石油沥青的主要技术性质

① 黏滞性(亦称黏性)

黏滞性是反映沥青材料在外力作用下,其材料内部阻碍(抵抗)产生相对流动(变形)的能力。液态石油沥青的黏滞性用黏度表示。半固体或固体沥青的黏性用针入度表示。黏度和针入度是沥青划分牌号的主要指标。

黏度是液体沥青在一定温度(25℃或60℃)条件下,经规定直径的孔,漏下 50 mL 时所需的时间,单位为 S。其测定示意图如图 8-1 所示。黏度大时,表示沥青的稠度大。

针入度是指在温度为 25℃的条件下,以质量 100 g 的标准针,经 5 s 沉入沥青中的深度来表示。针入度测定示意图见图 8-2。针入度值大,说明沥青流动性大,黏性差。

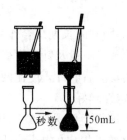

图 8-1 黏度测定示意图

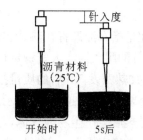

图 8-2 针入度测定示意图

② 塑性

塑性是指沥青在外力作用下产生变形而不破坏,除去外力后仍能保持变形后的形状的性质。

沥青的塑性用"延伸度"(亦称延度)或"延伸率"表示。按标准试验方法,制成"∞"字形标准试件,试件中间最狭处断面积为 1 cm²,在规定温度(一般为 25℃)和规定速度(5 cm/min)的条件下在延伸仪上进行拉伸,延伸度以试件拉细而断裂时的长度(cm)表示。沥青的延伸度越大,沥青的塑性越好。延伸度测定示意图见图 8-3。

③ 温度敏感性

温度敏感性是指石油沥青的黏滞性和塑性随温度升降而变化的性能。温度敏感性较小的石油沥青,其黏滞性、塑性随温度的变化较小。作为屋面防水材料,受日照辐射作用可能发生流淌和软化,失去防水作用而不能满足使用要求,因此温度敏感性是沥青材料的一个很重要的性质。

温度敏感性大小常用软化点来表示,软化点是沥青材料由固体状态转变为具有一定流动性的膏体时的温度。软化点可通过"环球法"试验测定(如图 8-4)。将沥青试样装入规定尺寸的铜环 B 中,上置规定尺寸和质量的钢球 a,再将置球的铜环放在有水或甘油的烧杯中,以 5℃/min 的速率加热至沥青软化下垂达 25 mm 时的温度(℃),即为沥青软化点。

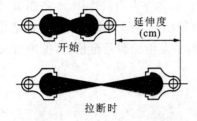

图 8-3　延伸度测定示意图

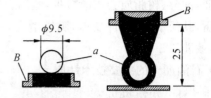

图 8-4　软化点测定示意图(单位:mm)

沥青的软化点大致在 25℃～100℃之间。软化点高,说明沥青的耐热性能好,但软化点过高,不易加工;软化点低的沥青,夏季易产生变形,甚至流淌。所以,在实际应用时,希望沥青具有高软化点和低脆化点(当温度在非常低的范围时,整个沥青就好像玻璃一样的脆硬,一般称作"玻璃态"。沥青由玻璃态向高弹态转变的温度即为沥青的脆化点)。为了提高沥青的耐寒性和耐热性,常常对沥青进行改性,如在沥青中掺入增塑剂、橡胶、树脂和填料等。

④ 大气稳定性

大气稳定性是指石油沥青在热、阳光、氧气和潮湿等因素的长期综合作用下抵抗老化的性能,它反映沥青的耐久性。大气稳定性可以用沥青的蒸发减量及针入度变化来表示,即试样在 160℃温度加热蒸发 5 h 后的质量损失百分率和蒸发前后的针入度比两项指标来表示。蒸发损失率越小,针入度比越大,则表示沥青的大气稳定性越好。

沥青材料受热后会产生易燃气体,与空气混合遇火即发生闪火现象。开始出现闪火时的温度,叫闪点,也称闪火点。它是加热沥青时,从防火要求提出的指标。易燃气体与空气混合较长时间遇火也会燃烧,燃烧时的温度称为燃点,一般燃点为闪点加 10℃。

(3) 石油沥青的技术标准

我国石油沥青产品按用途分为道路石油沥青、建筑石油沥青及防水石油沥青等。这三种石油沥青的技术标准分别列于表 8-1。石油沥青的牌号主要根据其针入度、延度和软化点等质量指标划分。同一品种的石油沥青,牌号越高,则其针入度越大,脆性越小;延度越大,塑性越好;软化点越低,温度敏感性越大。

(4) 石油沥青的应用

在选用沥青材料时,应根据工程类别(房屋、道路、防腐)及当地气候条件,所处工作部位(屋面、地下)来选用不同牌号的沥青(或选取两种牌号沥青调配使用)。

道路石油沥青主要用于道路路面或车间地面等工程,一般拌制成沥青混合料(沥青混凝土或沥青砂浆)使用。道路石油沥青的牌号较多,选用时应注意不同的工程要求、施工方法和环境温度差别。道路石油沥青还可做密封材料和黏结剂以及沥青涂料等。此时,一般选用黏性较大和软化点较高的石油沥青。

表 8-1　石油沥青技术标准

沥青品种	防水防潮沥青 (SH/T 0002—1990)				建筑石油沥青 (GB/T 494—2010)			道路石油沥青 (NB/SH/T 0522—2010)				
项　目	质量指标				质量指标			质量指标				
	3 号	4 号	5 号	6 号	10 号	30 号	45 号	200 号	180 号	140 号	100 号	60 号
针入度(1/10 mm)， (25℃,100 g,5 s)	25～45	20～40	20～40	30～50	10～25	25～40	40～60	200～300	160～200	120～160	80～100	50～80
针入度指数，小于	3	4	5	6	1.5	3	—	—	—	—	—	—
软化点，不低于(℃)	85	90	100	95	95	70	—	30～45	35～45	38～48	42～52	45～55
溶解度，不小于(%)	98	98	95	92	99.5	99.5	99.5	99	99	99	99	99
闪点，不低于(℃)	250	270	270	270	230	230	230	180	200	230	230	230
脆点，不低于(℃)	—5	—10	—15	—20								
蒸发损失，不大于(%)	1	1	1	1	1	1	1	1	1	1	1	1
垂度(℃)			8	10	65	65	65					
加热安定性	5	5	5	5								
蒸发后针入度比， 不小于(%)								50	60	60	65	70
延度(25℃,5 cm/min)， 不小于(cm)	—				—			20	100	100	100	100

建筑石油沥青针入度较小(黏性较大)、软化点较高(耐热性较好)，但延伸度较小(塑性较小)，主要用作制造防水材料、防水涂料和沥青嵌缝膏。它们绝大部分用于屋面及地下防水、沟槽防水、防腐蚀及管道防腐等工程。为避免夏季流淌，一般屋面用沥青材料的软化点应比本地区屋面最高温度高 20℃以上。

普通石油沥青由于含有较多的蜡，故温度敏感性较大，达到液态时的温度与其软化点相差很小。与软化点大体相同的建筑石油沥青相比，其针入度较大(黏性较小)、塑性较差，故在建筑工程上不宜直接使用。可以采用吹气氧化法改善其性能，即将沥青加热脱水，加入少量(约 1%)的氧化锌，再加热(不超过 280℃)吹气进行处理。处理过程以沥青达到要求的软化点和针入度为止。

(5) 沥青的掺配使用

当单独用一种牌号的沥青不能满足工程的耐热性(软化点)要求时，可以用同产源的两种或三种沥青进行掺配。两种沥青掺配量可按下式计算：

$$\text{较软沥青掺量}(\%) = \frac{\text{较硬沥青软化点} - \text{要求的沥青软化点}}{\text{较硬沥青软化点} - \text{较软沥青软化点}} \times 100 \qquad (8.1)$$

$$\text{较硬沥青掺量}(\%) = 100 - \text{较软沥青掺量} \qquad (8.2)$$

在实际掺配过程中，按上式得到的掺配沥青，其软化点总是较低于计算软化点，这是因为掺配后的沥青破坏了原来两种沥青的胶体结构，两种沥青的加入量并非简单的线性关系。一般来说，若以调高软化点为目的掺配沥青，如两种沥青计算值各占 50%，则在实配时其高软化点的沥青应多加10%左右。

如用三种沥青时,可先求出两种沥青的配比,然后再与第三种沥青进行配比计算。

根据计算的掺配比例和在其邻近的比例[±(5%～10%)]进行试配,测定掺配后沥青的软化点,然后绘制"掺配比—软化点"曲线,即可从曲线上确定所要求的掺配比例。

2. 煤沥青

煤沥青是炼焦厂和煤气厂的副产品。烟煤在干馏过程中的挥发物质,经冷凝而成的黑色黏性液体称为煤焦油。煤焦油经分馏加工提取轻油、中油、重油、蒽油以后所得的残渣,即为煤沥青。按蒸馏程度不同,煤沥青分为低温沥青、中温沥青和高温沥青。建筑上多采用低温沥青。

煤沥青的大气稳定性与温度稳定性较石油沥青差。当与软化点相同的石油沥青比较时,煤沥青的塑性较差,因此当使用在温度变化较大(如屋面、道路面层等)的环境时,没有石油沥青稳定、耐久。煤沥青中含有酚,有毒性,防腐性较好,适于地下防水层或做防腐材料用。

由于煤沥青在技术性能上存在较多的缺点,而且成分不稳定,并有毒性,对人体和环境不利,近来已很少用于建筑、道路和防水工程之中。

3. 改性沥青

通常,普通石油沥青的性能不一定能全面满足使用要求,为此,常采取措施对沥青进行改性。性能得到不同程度改善后的新沥青,称为改性沥青。改性沥青可分为橡胶改性沥青,树脂改性沥青,橡胶、树脂并用改性沥青,再生胶改性沥青和矿物填充剂改性沥青等数种。

(1) 橡胶改性沥青

该种沥青是在沥青中掺入适量橡胶使其改性的产品。沥青与橡胶的相溶性较好,混溶后的改性沥青高温变形很小,低温时具有一定塑性。所用的橡胶有天然橡胶、合成橡胶(氯丁橡胶、丁基橡胶和丁苯橡胶等)和再生橡胶。使用不同品种橡胶掺入的量与方法不同,形成的改性沥青性能也不同。现将常用的几种分述如下。

① 氯丁橡胶改性沥青。沥青中掺入氯丁橡胶后,可使其气密性、低温柔性、耐化学腐蚀性、耐光、耐臭氧性、耐气候性和耐燃烧性大大改善。氯丁橡胶(CR)是由氯丁二烯聚合而成。因其强度、耐磨性均大于天然橡胶而得到广泛应用。用于改性沥青的氯丁橡胶以胶乳为主,即先将氯丁橡胶溶于一定的溶剂中形成溶液,然后掺入沥青(液体状态)中,混合均匀即成;或者分别将橡胶和沥青制成乳液,再混合均匀亦可。

② 丁基橡胶改性沥青。丁基橡胶(HR)是异丁烯-异戊二烯的共聚物,其中以异丁烯为主。由于丁基橡胶的分子链排列很整齐,而且不饱和程度很小,因此其抗拉强度好,耐热性和抗扭曲性均较强。用其改性的丁基橡胶沥青具有优异的耐分解性,并有较好的低温抗裂性和耐热性,多用于道路路面工程和制作密封材料和涂料。丁基橡胶改性沥青的配制方法与氯丁橡胶改性沥青类似。

③ 再生橡胶改性沥青。再生橡胶掺入沥青中以后,同样可大大提高沥青的气密性、低温柔性、耐光(热)性、耐臭氧性和耐气候性。再生橡胶沥青材料的制备,可以先将废旧橡胶加工成1.5 mm以下的颗粒,然后与沥青混合,经加热搅拌脱硫,就能得到具有一定弹性、塑性和良好黏结力的再生橡胶沥青材料。废旧橡胶的掺量视需要而定,一般为3%～15%;也可在热沥青中加入适量磨细的废橡胶粉并强烈搅拌,可得到废橡胶粉改性沥青。胶粉改性

沥青质量的好坏,主要取决于混合的温度、橡胶的种类和细度、沥青的质量等。废橡胶粉加入沥青中,可明显提高沥青的软化点,降低沥青的脆点。再生橡胶改性沥青可以制成卷材、片材、密封材料、胶粘剂和涂料等。

④ SBS 热塑性弹性体改性沥青。SBS 是以丁二烯、苯乙烯为单体,加溶剂、引发剂、活化剂,以阴离子聚合反应生成的共聚物。SBS 在常温下不需要硫化就可以具有很好的弹性,当温度升到 180℃时,它可以变软、熔化,易于加工,而且具有多次的可塑性。SBS 用于沥青的改性,可以明显改善沥青的高温和低温性能。SBS 改性沥青已是目前世界上应用最广的改性沥青材料之一。

(2) 合成树脂类改性沥青

用树脂改性石油沥青,可以改进沥青的耐寒性、耐热性、黏结性和不透气性。由于石油沥青中含芳香性化合物很少,故树脂和石油沥青的相溶性较差,而且可用的树脂品种也较少。常用的树脂有:古马隆树脂、聚乙烯、无规聚丙烯(APP)等。

① 古马隆树脂改性沥青。古马隆树脂又名香豆酮树脂,为热塑性树脂,呈黏稠液体或固体状,浅黄色至黑色,易溶于氯化烃、酯类、硝基苯、酮类等有机溶剂等。将沥青加热熔化脱水,在 150℃~160℃情况下,把古马隆树脂放入熔化的沥青中,并不断搅拌,再将温度升至 185℃~190℃,保持一定时间,使之充分混合均匀,即得到古马隆树脂改性沥青。树脂掺量约 40%,这种沥青的黏性较大,可以和 SBS 等材料一起用于自黏结油毡和沥青基黏结剂。

② 聚乙烯树脂改性沥青。沥青中聚乙烯树脂掺量一般为 7%~10%。将沥青加热熔化脱水,再加入聚乙烯(常用低压聚乙烯),并不断搅拌 30 min,温度保持在 140℃左右,即可得到均匀的聚乙烯树脂改性沥青。

③ 环氧树脂改性沥青。我国生产的环氧树脂大部分是双酚 A 类,这类改性沥青具有热固性材料性质。其改性后沥青的强度和黏结力大大提高,但对延伸性改变不大。环氧树脂改性沥青可应用于屋面和厕所、浴室的修补,其效果较佳。

④ APP、APAO 改性沥青。APP 为无规聚丙烯均聚物。APAO 是由丙烯、乙烯、1-丁烯共聚而得,其中以丙烯为主。APP 很容易与沥青混溶,并且对改性沥青软化点的提高很明显,耐老化性也很好。APAO 与 APP 相比,具有更好的耐高温性能、耐低温性能、黏结性和与沥青的相溶性及耐老化性。因此,在改性效果相同时,APAO 的掺量更少(约为 APP 的 50%)。

(3) 橡胶和树脂改性沥青

橡胶和树脂用于沥青改性,使沥青同时具有橡胶和树脂的特性。树脂比橡胶便宜,两者又有较好的混溶性,故效果较好。

配制时,采用的原材料品种、配比、制作工艺不同,可以得到多种性能各异的产品,主要有卷材、片材、密封材料、防水涂料等。

(4) 矿物填充料改性沥青

为了提高沥青的黏结能力和耐热性,减小沥青的温度敏感性,经常加入一定数量的粉状或纤维状矿物填充料。常用的矿物粉有滑石粉、石灰粉、云母粉、硅藻土粉等。

8.1.2 防水卷材

防水卷材是一种可卷曲的片状防水材料。根据其主要防水组成材料可分为沥青防水卷材、高聚物改性沥青防水卷材和合成高分子防水卷材三大类。沥青防水卷材是传统的防水材料(俗称油毡),但因其性能远不及改性沥青,因此已基本被改性沥青卷材所代替。

各类防水卷材均应有良好的耐水性、温度稳定性和大气稳定性,并应具备一定的强度和抵抗变形的能力。

1. 沥青防水卷材

沥青防水卷材是指以沥青材料、胎料和表面撒布防黏材料等制成的成卷材料,又称油毡。沥青防水卷材有有胎卷材和无胎卷材两种。凡以纸、玻璃丝布、石棉布等胎料浸渍石油沥青制成的,为有胎卷材。将石棉、橡胶粉等掺入沥青中,经碾压制成的称为无胎卷材。

(1)石油沥青纸胎油毡

石油沥青纸胎油毡是用低软化点石油沥青浸渍原纸,然后用高软化点石油沥青涂盖油纸两面,再撒以隔离材料所制成的一种纸胎防水卷材。按《石油沥青纸胎油毡》(GB/T 326—2007)的规定,油毡按卷重和物理性能分为Ⅰ型、Ⅱ型、Ⅲ型。卷重要求见表8-2。Ⅰ、Ⅱ型油毡适用于辅助防水、保护隔离层、临时性建筑、防水、防潮及包装等。Ⅲ型油毡适用于屋面工程的多层防水。

表8-2 卷重

类型	Ⅰ	Ⅱ	Ⅲ
卷重/(kg/卷)≥	17.5	22.5	28.5

(2)石油沥青玻璃纤维胎油毡

玻纤胎油毡是采用玻璃纤维薄毡为胎基,浸涂石油沥青,在其表面涂撒以矿物材料或覆盖聚乙烯膜等隔离材料所制成的一种防水卷材。油毡幅宽为1 000 mm,玻纤胎油毡按上表面材料分为PE膜和砂面,根据油毡单位面积质量分为15号、25号。力学性能分为Ⅰ、Ⅱ型性能应符合《石油沥青玻璃纤维胎油毡》(GB/T 14686—2008)的规定。

15号玻纤胎油毡用于一般工业与民用建筑的多层防水,并用于包扎管道(热管道除外),做防腐保护层。25号玻纤胎油毡适用于屋面、地下、水利等工程多层防水。

(3)铝箔面油毡

该油毡是采用玻纤毡为胎基,浸涂氧化沥青,在其表面用压纹铝箔贴面,底面撒以细颗粒矿物材料或覆盖聚乙烯(PE)膜,所制成的一种具有热反射和装饰功能的防水卷材。油毡幅宽为1 000 mm,按每卷标称质量(kg)分为30、40两种标号,30号油毡厚度不小于2.4 mm,40号厚度不小于3.2 mm;其物理性能应符合《铝箔面油毡》(JC/T 504—2007)的规定。30号油毡适用于多层防水工程的面层。40号油毡适用于单层或多层防水工程的面层。

2. 改性沥青防水卷材

改性沥青与传统的氧化沥青等相比，其使用温度区间大为扩展，做成的卷材光洁柔软，高温不流淌、低温不脆裂，且可做成 4～5 mm 的厚度，可以单层使用，具有 10～20 年可靠的防水效果，因此受到使用者欢迎。

(1) 弹性体改性沥青防水卷材(SBS 卷材)

弹性体改性沥青防水卷材，是以聚酯毡或玻纤毡为胎基，苯乙烯—丁二烯—苯乙烯(SBS)塑性弹性体做改性剂，两面覆以隔离材料所制成的建筑防水卷材，简称 SBS 卷材。SBS 卷材按胎基分为聚酯毡(PY)、玻纤毡(G)和玻纤增强聚酯毡三类。按覆面材料可分为PE 膜(镀铝膜)、彩砂、页岩片、细砂等四大类。幅宽：1 000 mm；厚度：聚酯毡卷材 3 mm、4 mm、5 mm，玻纤毡卷材 3 mm、4 mm，玻纤增强聚酯毡卷材 5 mm。按物理力学性能分为Ⅰ型和Ⅱ型。卷材按不同胎基，不同上表面材料分为九个品种，见表 8-3。

表 8-3　SBS 卷材品种(GB 18242—2008)

上表面材料 ＼ 胎基	聚酯毡	玻纤毡	玻纤增强聚酯毡
聚乙烯膜	PY—PE	G—PE	PYG—PE
细　砂	PY—S	G—S	PYG—S
矿物粒(片)料	PY—M	G—M	PYG—M

卷材幅宽为 1 000 mm。聚酯胎卷材厚度为 3 mm 和 4 mm。玻纤胎卷材厚度为 2 mm、3 mm 和 4 mm。每卷面积为 15 m² 、10 m² 和 7.5 m² 三种。物理力学性能应符合表 8-4 规定。SBS 卷材适用于工业与民用建筑的屋面及地下防水工程，尤其适用于较低气温环境的建筑防水。

表 8-4　SBS 卷材物理力学性能(GB 18242—2008)

序号	项　目		指　标				
			Ⅰ		Ⅱ		
			PY	G	PY	G	PYG
1	可溶物含量(g/m³) ≥	3 mm	2 100				—
		4 mm	2 900				—
		5 mm	3 500				
		试验现象	—	胎基不燃	—	胎基不燃	
2	耐热性	℃	90		105		
		≤mm	2				
		试验现象	无流滴、滴落				
3	低温柔性(℃)		—20		—25		
			无裂缝				

序号	项目			指　标				
				I		II		
				PY	G	PY	G	PYG
4	不透水性 30 min			0.3 MPa	0.2 MPa	0.3 MPa		
5	拉力	最大峰拉力(N/50 mm)	≥	500	350	800	500	900
		次高峰拉力(N/50 mm)	≥	—	—	—	—	800
		试验现象		拉伸过程中,试件中部无沥青涂盖层开裂或与胎基分离现象				
6	延伸率	最大峰时延伸率(%)	≥	30	—	40	—	—
		第二峰时延伸率(%)	≥	—	—	—	—	15
7	浸水后质量增加/% ≤	PE、S		1.0				
		M		2.0				
8	老热化	拉伸保持率(%)	≥	90				
		延伸率保持率(%)	≥	80				
		低温柔性(℃)		−15		−20		
				无裂缝				
		尺寸变化率(%)	≤	0.7	—	0.7	—	0.3
		质量损失(%)	≤	1.0				
9	渗油性	张数	≤	2				
10	接缝剥离强度(N/mm)		≥	1.5				
11	钉杆撕裂强度[a](N)		≥	—				300
12	矿物粒料黏附性[b](g)		≤	2.0				
13	卷材下表面沥青涂盖层厚度[c](mm)		≥	1.0				
14	人工气候加速老化	外观		无滑动、流滴、滴落				
		拉力保持率(%)	≥	80				
		低温柔性(℃)		−15		−20		
				无裂缝				

注:[a] 仅适用于单层机械固定施工方式卷材。
　　[b] 仅适用于矿物粒料表面的卷材。
　　[c] 仅适用于热熔施工的卷材。

（2）塑性体改性沥青防水卷材（APP 卷材）

塑性体改性沥青防水卷材,是以聚酯毡或玻纤毡为胎基,无规聚丙烯（APP）或聚烯烃类聚合物（APAO、APO）做改性剂,两面覆以隔离材料所制成的建筑防水卷材,统称 APP 卷材。

APP 卷材的品种、规格与 SBS 卷材相同。其物理力学性能应符合表 8-5 规定。APP 卷材适用于工业与民用建筑的屋面和地下防水工程，以及道路、桥梁等建筑物的防水，尤其适用于较高气温环境的建筑防水。

表 8-5　APP 卷材物理力学性能（GB 18243—2008）

序号	项目			指标				
				I		II		
				PY	G	PY	G	PYG
1	可溶物含量（g/m³）≥		3 mm	2 100				—
			4 mm	2 900				—
			5 mm	3 500				
			试验现象	—	胎基不燃	—	胎基不燃	—
2	耐热性		℃	110		130		
			≤mm	2				
			试验现象	无流滴、滴落				
3	低温柔性（℃）			−7		−15		
				无裂缝				
4	不透水性 30 min			0.3 MPa	0.2 MPa	0.3 MPa		
5	拉力	最大峰拉力（N/50 mm）≥		500	350	800	500	900
		次高峰拉力（N/50 mm）≥		—	—	—	—	800
		试验现象		拉伸过程中，试件中部无沥青涂盖层开裂或与胎基分离现象				
6	延伸率	最大峰时延伸率（%）≥		25		40		
		第二峰时延伸率（%）≥		—	—	—	—	15
7	浸水后质量增加（%）≤		PE、S	1.0				
			M	2.0				
8	热老化	拉力保持率（%）≥		90				
		延伸率保持率/% ≥		80				
		低温柔性（℃）		−2		−10		
				无裂缝				
		尺寸变化率（%）≤		0.7	—	0.7	—	0.3
		质量损失（%）≤		1.0				
9	接缝剥离强度（N/mm）≥			1.0				
10	钉杆撕裂强度[a]（N）≥			—				300
11	矿物粒料黏附性[b]（g）≤			2.0				
12	卷材下表面沥青涂盖层厚度[c]（mm）≥			1.0				

序号	项　目		指　标				
			Ⅰ		Ⅱ		
			PY	G	PY	G	PYG
13	人工气候加速老化	外观	无滑动、流滴、滴落				
		拉力保持率(%)　≥	80				
		低温柔性(℃)	−2		−10		
			无裂缝				

注：^a 仅适用于单层机械固定施工方式卷材。
　　^b 仅适用于矿物粒料表面的卷材。
　　^c 仅适用于热熔施工的卷材。

3. 合成高分子防水卷材

合成高分子防水卷材是以合成橡胶、合成树脂或两者的共混体为基料，加入适量的化学助剂和填充料等，经不同工序(混炼、压延或挤出等)加工而成的可卷曲的片状防水材料。

目前品种有橡胶系列(聚氨酯、三元乙丙橡胶、丁基橡胶等)防水卷材、塑料系列(聚乙烯、聚氯乙烯等)和橡胶塑料共混系列防水卷材三大类，其中又可分为加筋增强型与非加筋增强型两种。

合成高分子防水卷材具有拉伸强度和抗撕裂强度高、断裂伸长率大、耐热性和低温柔性好、耐腐蚀、耐老化等一系列优异的性能，是新型高档防水卷材。常见的有三元乙丙橡胶防水卷材、聚氯乙烯防水卷材、氯化聚乙烯防水卷材、氯化聚乙烯—橡胶共混防水卷材等。

(1) 三元乙丙橡胶防水卷材

该卷材是以乙烯、丙烯和少量双环戊二烯三种单体共聚合成的三元乙丙橡胶为主要原料，掺入适量的丁基橡胶、硫化剂、促进剂、软化剂、补强剂和填充剂等，经密炼、拉片、过滤、挤出(或压延)成型、硫化等工序加工制成，是一种高弹性的防水材料。

三元乙丙橡胶的耐候性、耐老化性好，化学稳定性也佳，耐臭氧性、耐热性和低温柔性甚至超过氯丁橡胶与丁基橡胶，具有质量轻(1.2～2.0 kg/m²)、抗拉强度高(>7.5 MPa)、延伸率大(450%以上)、耐酸碱腐蚀等特点，对基层材料的伸缩或开裂变形适应性强，使用寿命达20 年以上，可广泛用于防水要求高、耐用年限长的防水工程中。

(2) 聚氯乙烯(PVC)防水卷材

该卷材是以聚氯乙烯树脂为主要原料，掺加填充料和适量的改性剂、增塑剂等，经混炼、压延或挤出成型、分卷包装而成的防水卷材。

PVC 防水卷材根据基料的组成分为均质卷材(H)、带纤维背衬卷材(L)、织物内增强卷材(P)、玻璃纤维内增卷材(G)、玻璃纤维内增强带纤维背衬卷材(GL)。长度规格为 15 m、20 m、25 m。宽度规格为 1.00 m、2.00 m，厚度规格有 1.20 mm、1.50 mm、1.80 mm、2.00 mm。厚度偏差、外观要求和性能指标应符合规范《聚氯乙烯(PVC)防水卷材》(GB 12952—2011)规定。

(3) 氯化聚乙烯橡胶共混防水卷材

该卷材是以氯化聚乙烯树脂和合成橡胶为主体，加入适量的硫化剂、促进剂、稳定剂、软化剂和填充剂等,经过素炼、混炼、过滤、压延(或挤出)成型、硫化等工序加工制成的高弹性防水卷材。它不仅具有氯化聚乙烯所特有的高强度和优异的耐臭氧、耐老化性能,而且具有橡胶类材料所特有的高弹性、高延伸性和良好的低温柔性,拉伸强度在 7.5 MPa 以上,断裂伸长率在 450% 以上,脆性温度在 $-40℃$ 以下,热老化保持率在 80% 以上。因此,该类卷材特别适用于寒冷地区或变形较大的建筑防水工程。

合成高分子防水卷材除以上三种典型品种外,还有多种其他产品。根据国家标准《屋面工程技术规范》(GB 50345—2012)和《屋面工程质量验收规范》(GB 50207—2012)的规定,合成高分子防水卷材适用于防水等级为Ⅰ级、Ⅱ级和Ⅲ级的屋面防水工程。常见的合成高分子防水卷材的特点和适用范围见表 8-6,其物理性能要求见表 8-7。

表 8-6 常见合成高分子防水卷材的特点和适用范围

卷材名称	特点	适用范围	施工工艺
三元乙丙橡胶防水卷材	防水性能优异,耐候性好,耐臭氧性、耐化学腐蚀性好,弹性和抗拉强度大,对基层变形开裂的适应性强,质量轻,使用温度范围宽,寿命长,但价格高,黏结材料尚需配套完善	防水要求较高、防水层耐用年限要求长的工业与民用建筑,单层或复合使用	冷黏法或自黏法
丁基橡胶防水卷材	有较好的耐候性、耐油性、抗拉强度和延伸率,耐低温性能稍低于三元乙丙防水卷材	单层或复合使用,适用于要求较高的防水工程	冷黏法施工
氯化聚乙烯防水卷材	具有良好的耐候、耐臭氧、耐热老化、耐油、耐化学腐蚀及抗撕裂的性能	单层或复合使用,宜用于紫外线强的炎热地区	冷黏法施工
氯磺化聚乙烯防水卷材	延伸率较大,弹性较好,对基层变形开裂的适应性较强,耐高温、低温性能好,耐腐蚀性能优良,难燃性好	适于有腐蚀介质影响及在寒冷地区的防水工程	冷黏法施工
聚氯乙烯防水卷材	具有较高的拉伸和撕裂强度,延伸率较大,耐老化性能好,原材料丰富,价格便宜,容易黏结	单层或复合使用,适于外露或有保护层的防水工程	冷黏法或热风焊接法施工
氯化聚乙烯-橡胶共混防水卷材	不但具有氯化聚乙烯特有的高强度和优异的耐臭氧、耐老化性能,而且具有橡胶所特有的高弹性、高延伸性以及良好的低温柔性	单层或复合使用,宜用于寒冷地区或变形较大的防水工程	冷黏法施工
三元乙丙橡胶-聚乙烯共混防水卷材	是热塑性弹性材料,有良好的耐臭氧和耐老化性能,使用寿命长,低温柔性好,可在负温条件下施工	单层或复合外露防水层面,宜在寒冷地区使用	冷黏法施工

表 8-7　合成高分子防水卷材的物理性能

项目		指标			
		硫化橡胶类	非硫化橡胶类	树脂类	树脂类(复合片)
断裂拉伸强度(MPa)		≥6	≥3	≥10	≥60 N/10 mm
扯断伸长率(%)		≥400	≥200	≥200	≥400
低温弯折(℃)		-30	-20	-25	-20
不透水性	压力(MPa)	≥0.3	≥0.2	≥0.3	≥0.3
	保持时间(min)	≥30			
加热收缩率(%)		<1.2	<2.0	≤2.0	≤2.0
热老化保持率 (80℃×168 h,%)	断裂拉伸强度	≥80		≥85	≥80
	扯断伸长率	≥70		≥80	≥70

8.1.3　防水涂料

防水涂料(胶黏剂)是以高分子合成材料、沥青等为主体,在常温下呈无定型流态或半流态,经涂布能在结构物表面结成坚韧防水膜的物料的总称。而且,涂布的防水涂料同时又起黏结剂作用。

防水涂料按液态类型可分为溶剂型、水乳型和反应型三种,按成膜物质的主要成分分为沥青类、高聚物改性沥青类和合成高分子类。

1. 沥青类防水涂料

(1) 冷底子油

冷底子油是用建筑石油沥青加入汽油、煤油、轻柴油,或者用软化点 50℃~70℃ 的煤沥青加入苯,融合而配制成的沥青溶液。它的黏度小,能渗入到混凝土、砂浆、木材等材料的毛细孔隙中,待溶剂挥发后,便与基面牢固结合,使基面具有一定的憎水性,为黏结同类防水材料创造了有利条件。若在这种冷底子油层上面铺热沥青胶粘贴卷材时,可使防水层与基层粘贴牢固。因它多在常温下用于防水工程的底层,故名冷底子油。该油应涂刷于干燥的基面上,通常要求水泥砂浆找平层的含水率不大于 10%。

冷底子油常随配随用,通常使用 30%~40% 的石油沥青和 60%~70% 的溶剂(汽油或煤油),首先将沥青加热至 108℃~200℃,脱水后冷却至 130℃~140℃,并加入溶剂量 10% 的煤油,待温度降至约 70℃ 时,再加入余下的溶剂搅拌均匀为止。若贮存时,应使用密闭容器,以防溶剂挥发。

(2) 沥青胶

沥青胶又称玛蹄脂,用沥青材料加填充料,均匀混合制成。

填料有粉状的(如滑石粉、石灰石粉、白云石粉等),纤维状的(如木纤维等)或者用二者的混合物更好。填料的作用是为了提高其耐热性,增加韧性,降低低温下的脆性,也减少沥青的消耗量,加入量通常为 10%~30%,由试验决定。

沥青胶标号以耐热度表示,分为 S—60、S—65、S—70、S—75、S—80、S—85 等六个标号。对沥青胶质量要求有耐热性、柔韧性、黏结力等。

沥青胶的配制和使用方法，分为热用和冷用两种。热用沥青胶即热沥青玛碲脂，是将70%～90%的沥青加热至180℃～200℃，使其脱水后，与10%～30%的干燥填料（纤维状填料不超过5%）热拌混合均匀后，热用施工。冷沥青玛蹄脂是将40%～50%的沥青熔化脱水后，缓慢加入25%～30%的溶剂（如绿油、柴油、蒽油等），再掺入10%～30%的填料，混合拌匀而制得，在常温下使用。冷用沥青胶比热用沥青胶施工方便，涂层薄，节省沥青，但耗费溶剂。

沥青胶的性质主要取决于沥青的性质，其耐热度与沥青的软化点、用量有关，还与填料种类、用量及催化剂有关。在屋面防水工程中，沥青胶标号的选择，应根据屋面的使用条件、屋面坡度及当地历年极端最高气温，按《屋面工程技术规范》（GB 50207—2012）有关规定选用。若采用一种沥青不能满足配制沥青所要求的软化点，可采用两种或三种沥青进行掺配。

（3）水乳型沥青防水涂料

水乳型沥青防水涂料即水性沥青防水涂料，系以乳化沥青为基料的防水涂料。它是借助于乳化剂作用，在机械强力搅拌下，将熔化的沥青微粒均匀地分散于溶剂中，使其形成稳定的悬浮体。沥青基本未改性或改性作用不大。

制作乳化沥青的乳化剂是表面活性剂，种类很多，可分为离子型（分阳离子型、阴离子型及两性离子型）和非离子型两类。目前使用较多的为阴离子型和非离子型，前者有肥皂、洗衣粉、松香皂、十二烷基硫酸钠等；后者有石灰乳、乳化剂 OP（辛基酚聚氧乙烯醚）等。

水乳型沥青基涂料分两大类：厚质防水涂料和薄质防水涂料，可以统称为水性沥青基防水涂料。厚质防水涂料常温时为膏体或黏稠液体，不具有自流平的性能，一次施工厚度可以在 3 mm 以上。薄质防水涂料常温时为液体，具有自流平的性能，一次施工不能达到很大的厚度（其厚度在 1 mm 以下），需要施工多层才能满足涂膜防水的厚度要求。

一般，水性沥青基薄质防水涂料是以有机乳化剂配制的，加以各种高分子聚合物改性材料的沥青乳液。常用的薄质乳化沥青防水涂料是氯丁胶乳沥青防水涂料，其次还有丁苯胶乳薄质沥青防水涂料、丁腈胶乳薄质沥青防水涂料、SBS 改性乳化沥青薄质防水涂料、再生胶乳化沥青薄质防水涂料等。

建筑上使用的乳化沥青是一种棕黑色的水包油型（O/W）乳状液体，主要为防水用，温度在零度以上可以流动。乳化沥青和其他类型的涂料相比，其主要特点是可以在潮湿的基础上使用，而且还有相当大的黏结力。乳化沥青的最主要优点就是可以冷施工，不需要加热，避免了采用热沥青施工可能造成的烫伤、中毒事故等，有利于消防和安全，可以减轻施工人员的劳动强度，提高工作效率，加快施工进度。乳化沥青的另一优点是与一般的橡胶乳液、树脂乳液具有良好的相溶性，而且混溶以后的性能比较稳定，能显著地改善乳化沥青的耐高温性能和低温柔性，因此乳化的改性沥青技术近年来发展很快。

但是，乳化沥青材料的稳定性总是不如溶剂型涂料和热熔型涂料。乳化沥青的储存时间一般不超过半年，储存时间过长容易分层变质，变质以后的乳化沥青不能再用。一般乳化沥青不能在 0℃以下储存和运输，也不能在 0℃以下施工和使用。乳化沥青中添加抗冻剂后虽然可以在低温下储存和运输，但这样会使乳化沥青价格提高。

2. 高聚物改性沥青防水涂料

该涂料指以沥青为基料，用合成高分子聚合物进行改性，制成的水乳型或溶剂型防水涂料。这类涂料在柔韧性、抗裂性、拉伸强度、耐高低温性能、使用寿命等方面比沥青基涂料有很大改善。品种有再生橡胶改性沥青防水涂料、水乳型氯丁橡胶沥青防水涂料、SBS橡胶改性沥青防水涂料等,适用于Ⅱ、Ⅲ、Ⅳ级防水等级的屋面、地面、混凝土地下室和卫生间等。

(1) 氯丁橡胶沥青防水涂料

氯丁橡胶沥青防水涂料可分为溶剂型和水乳型两种。

溶剂型氯丁橡胶沥青防水涂料(又名氯丁橡胶—沥青防水涂料)。它是氯丁橡胶和石油沥青溶化于甲基苯(或二甲苯)而形成的一种混合胶体溶液,其主要成膜物质是氯丁橡胶和石油沥青。其技术性能见表8-8。

水乳型氯丁橡胶沥青防水涂料(又名氯丁胶乳沥青防水涂料),是以阳离子型氯丁胶乳与阳离子型沥青乳液相混合而成。它的成膜物质也是氯丁橡胶和石油沥青,但与溶剂型涂料不同的是以水代替了甲苯等有机溶剂,降低成本并无毒。其技术性能见表8-9。

表8-8 溶剂型氯丁橡胶沥青防水涂料技术性能

项 次	项 目	性能指标
1	外观	黑色黏稠液体
2	耐热性(85℃,5 h)	无变化
3	黏结力(MPa)	≥0.25
4	低温柔韧性(−40℃,1 h,绕5 mm圆棒弯曲)	无裂纹
5	不透水性(动水压0.2 MPa,3 h)	不透水
6	抗裂性(基层裂缝不大于0.8 mm)	涂膜不裂

表8-9 水乳型氯丁橡胶沥青防水涂料技术性能

项 次	项 目		性能指标
1	外观		深棕色乳状液
2	黏度(Pa·S)		0.1～0.25
3	含固量(%)		≥43
4	耐热性(80℃,5 h)		无变化
5	黏结力(MPa)		≥0.2
6	低温柔韧性(−10℃,2 h)		≠2 mm,不断裂
7	不透水性(动水压0.1～0.2 MPa,0.5 h)		不透水
8	耐碱性[在饱和Ca(OH)₂溶液中浸15 d]		表面无变化
9	抗裂性(基层裂缝宽度≤2 mm)		涂膜不裂
10	涂膜干燥时间(h)	表干	≤4
		实干	≤24

(2) 水乳型再生橡胶防水涂料

该涂料是水乳型双组分(A液、B液)防水冷胶结料。A液为乳化橡胶,B液为阴离子型乳化沥青,两液分别包装,现场配制使用。涂料呈黑色,为无光泽黏稠液体,略有橡胶味,无毒。该涂料经涂刷或喷涂后形成防水薄膜。涂膜具有橡胶弹性,温度稳定性好,耐老化性能及其他各项技术性能均比纯沥青和玛蹄脂好。该涂料可以冷操作,加衬玻璃丝布或无纺布做防水层,抗裂性好,适用于屋面、墙体、地面、地下室、冷库的防水防潮,也可用于嵌缝及防腐工程等。

(3) 聚氨酯防水涂料

聚氨酯防水涂料有单组分(S)和多组分(M)两种。按性能分 I 型、II 型、III 型。

聚氨酯涂膜防水材料有透明、彩色、黑色等品类,并兼有耐磨、装饰及阻燃等性能。由于它的防水、延伸及温度适应性能优异,施工简便,故在中高级公用建筑的卫生间、水池等防水工程及地下室和有保护层的屋面防水工程中得到广泛应用。

按《聚氨酯防水涂料》(GB/T 19250—2013)的规定,其基本性能应满足表 8 - 10 的要求。

表 8 - 10 聚氨酯防水涂料的基本性能

序号	项目		技术指标		
			I	II	III
1	固体含量/% ≥	单组分	85.0		
		多组分	92.0		
2	表干时间/h ≤		12		
3	实干时间/h ≤		24		
4	流平性[a]		20 min 时,无明显齿痕		
5	拉伸强度/MPa ≥		2.00	6.00	12.0
6	断裂伸长率/% ≥		500	450	250
7	撕裂强度/(N/mm) ≥		15	30	40
8	低温弯折性		−35℃,无裂纹		
9	不透水性		0.3 MPa,120 min,不透水		
10	加热伸缩率/%		−4.0±1.0		
11	粘结强度/MPa ≥		1.0		
12	吸水率/% ≤		5.0		
13	定伸时老化	加热老化	无裂纹及变形		
		人工气候老化[b]	无裂纹及变形		
14	热处理 (80℃,168 h)	拉伸强度保持率/%	80~150		
		断裂伸长率/% ≥	450	400	200
		低温弯折性	−30℃,无裂纹		
15	碱处理 [0.1% NaOH+饱和 Ca(OH)₂ 溶液,168 h]	拉伸强度保持率/%	80~150		
		断裂伸长率/% ≥	450	400	200
		低温弯折性	−30℃,无裂纹		

序号	项目		技术指标		
			I	II	III
16	酸处理 (2% H_2SO_4 溶液， 168 h)	拉伸强度保持率/%	80～150		
		断裂伸长率/% ≥	450	400	200
		低温弯折性	−30℃，无裂纹		
17	人工气候老化[b] (1 000 h)	拉伸强度保持率/%	80～150		
		断裂伸长率/% ≥	450	400	200
		低温弯折性	−30℃，无裂纹		
18	燃烧性能[b]		B_2-E（点火 15 s，燃烧 20 s，F_s≤150 mm， 无燃烧滴落物引燃滤纸）		

　　[a] 该项功能不适用于单组成和喷涂施工的产品。流平性时间也可根据工程要求和施工环境由供需双方商定并在订货合同与产品包装上明示。

　　[b] 仅外露产品要求测定。

8.1.3　建筑密封材料

　　密封材料是嵌入建筑物缝隙中，能承受位移且能达到气密、水密目的的材料，又称嵌缝材料。

　　密封材料有良好的黏结性，耐老化性和对高、低温度的适应性，能长期经受被黏构件的收缩与振动而不破坏。

　　密封材料分为定型密封材料（密封条和压条等）和非定型密封材料（密封膏或嵌缝膏等）两大类。本节主要介绍非定型密封材料。

　　1. 密封材料的分类

　　非定型密封材料按原材料及其性能可分为三大类。

　　（1）塑性密封膏

　　塑性密封膏是以改性沥青和煤焦油为主要原料制成的，其价格低，具有一定的弹塑性和耐久性，但弹性差，延伸性也较差。

　　（2）弹塑性密封膏

　　弹塑性密封膏有聚氯乙烯胶泥及各种塑料油膏，弹性较低，塑性较大，延伸性和黏结性较好。

　　（3）弹性密封膏

　　弹性密封膏是由聚硫橡胶、有机硅橡胶、氯丁橡胶、聚氨酯和丙烯酸萘为主要原料制成。这类材料的综合性能较好。

　　2. 工程中常用的密封材料

　　（1）沥青嵌缝油膏

　　沥青嵌缝油膏是以石油沥青为基料，加入改性材料、稀释剂及填充料混合制成的密封膏。改性材料有废橡胶粉和硫化鱼油；稀释剂有松节重油和机油等；填充料有石棉绒和滑石粉等。沥青嵌缝油膏主要作为屋面、墙面、沟和槽的防水嵌缝材料。

　　（2）聚氨酯密封膏

　　聚氨酯密封膏是以聚氨基甲酸酯聚合物为主要成分的双组分反应固化型的建筑密封材料。

聚氨酯密封膏按流变性分为两种类型：N 型,非下垂型;L 型,自流平型。按拉伸模量分为高模量(HM)和低模量(LM)两个次级别。按位移能力分为 25、20 两个级别。

聚氨酯建筑密封膏的主要性能应符合《聚氨酯建筑密封胶》(JC/T 482—2022)规定,见表 8-11。

表 8-11 聚氨酯建筑密封膏的物化性能

序号	项目		技术指标							
			50LM	50HM	35LM	35HM	25LM	25HM	20LM	20HM
1	密度/(g/cm³)		规定值±0.1							
2	流动性ᵃ	下垂度(N 型)/mm	≤3							
		流平性(L 型)	光滑平整							
3	表干时间/h		≤24							
4	挤出性ᵇ/(mL/min)		≥150							
5	适用性ᶜ/h		≥0.5							
6	拉伸模量/MPa	23℃	≤0.4和≤0.6	>0.4和>0.6	≤0.4和≤0.6	>0.4和>0.6	≤0.4和≤0.6	>0.4和>0.6	≤0.4和≤0.6	>0.4和>0.6
		−20℃								
7	弹性恢复率/%		≥70							
8	定伸粘结性		无破坏							
9	浸水后定伸粘结性		无破坏							
10	冷拉-热压后粘结性		无破坏							
11	质量损失率/%		≤5							
12	人工气候老化后粘结性ᵈ		无破坏							

ᵃ 允许采用各方商定的其他指标值。

ᵇ 仅适用于单组分产品。

ᶜ 仅适用于多组分产品;允许采用各方方商定的其他指标值。

ᵈ 仅适用于户外且直接暴露在阳光下的接缝产品。

聚氨酯建筑密封膏具有延伸率大、弹性高、黏结性好、耐低温、耐油、耐酸碱及使用年限长等优点,被广泛用于各种装配式建筑屋面板、墙面、楼地面、阳台、窗框、卫生间等部位的接缝、施工缝的密封,给排水管道、贮水池等工程的接缝密封,混凝土裂缝的修补,也可用于玻璃及金属材料的嵌缝。

（3）聚氯乙烯接缝膏

聚氯乙烯接缝膏是以煤焦油和聚氯乙烯(PVC)树脂粉为基料,按一定比例加入增塑剂(邻苯二甲酸二丁酯、邻苯二甲酸二辛酯)、稳定剂(盐基硫酸铝、硬脂酸钙)及填充剂(滑石粉、石英粉)等,在 140℃温度下塑化而成的膏状密封材料,简称 PVC 接缝膏。也可用废旧聚氯乙烯塑料代替聚氯乙烯树脂粉,其他原料和生产方法同聚氯乙烯接缝膏。

PVC 接缝膏有良好的黏结性、防水性、弹塑性,耐热、耐寒、耐腐蚀和抗老化性能也较好。按我国标准《聚氯乙烯建筑防水接缝材料》(JC/T 798—1997),其技术性能要求列于表 8-12 中。

表 8-12　聚氯乙烯接缝膏技术要求

性　能		品种(型号)	
		802	703
耐热性	温度(℃)	80	70
	下垂值(mm),小于	4	4
低温柔性	温度(℃)	-20	-30
	柔性	合格	合格
黏结延伸率(%),大于		250	
浸水黏结延伸率(%)。大于		200	
回弹率(%),大于		80	
挥发率(%),小于		3	

这种密封材料可以热用,也可以冷用。热用时,将聚氯乙烯接缝膏用文火加热,加热温度不得超过 140℃,达塑化状态后,应立即浇灌于清洁干燥的缝隙或接头等部位。冷用时,加溶剂稀释。该密封材料适用于各种屋面嵌缝或表面涂布作为防水层,也可用于水渠、管道等接缝,用于工业厂房自防水屋面嵌缝、大型墙板嵌缝等的效果也好。

(4) 丙烯酸酯密封膏

丙烯酸酯建筑密封膏是以丙烯酸酯乳液为基料,掺入增塑剂、分散剂、碳酸钙等配制而成的建筑密封膏。这种密封膏弹性好,能适应一般基层伸缩变形的需要。该密封膏耐候性能优异,其使用年限在 15 年以上;耐高温性能好,在-20℃～+100℃情况下,长期保持柔韧性;黏结强度高,耐水、耐酸碱性好,并有良好的着色性,适用于混凝土、金属、木材、天然石料、砖、瓦、玻璃之间的密封防水。其主要技术性质应符合《丙烯酸酯建筑密封胶》(JC/T 484—2006)的规定。

(5) 硅酮密封膏

硅酮密封膏是以硅氧烷聚合物为主体,加入硫化剂、硫化促进剂以及增强填料组成的室温固化型密封材料,具有良好的耐热、耐寒和耐候性,与各种材料都有较好的黏结性能,耐水性好,耐拉伸压缩疲劳性强。

根据《硅酮和改性硅酮建筑密封胶》(GB/T 14683—2017)的规定,硅酮建筑密封膏分为 F 类、G_n 类和 G_w 类。其中,F 类为建筑接缝用密封膏,适用于预制混凝土墙板、水泥板、大理石板的外墙接缝,混凝土和金属框架的黏结,卫生间和公路接缝的防水密封等;G_n 类为镶装用密封膏,主要用于镶嵌玻璃和建筑门、窗的密封 G_w 类为建筑幕墙非结构性装配用,G_n 和 G_w 均不能用于中空玻璃。其技术性能应符合标准所规定的要求。

▶ 8.2　保温材料 ◀

8.2.1　保温材料的基本特性

保温材料是用于减少结构物与环境热交换的一种功能材料。建筑工程中使用的保温材料,一般要求其导热系数不宜大于 0.17 W/(m·K),表观密度不大于 600 kg/m³,抗压强度不小于 0.3 MPa。在具体选用时,除考虑上述基本要求外,还应了解材料在耐久性、耐火性、耐侵蚀性等方面是否符合要求。

导热系数 A 是材料导热特性的一个物理指标。当材料厚度、受热面积和温差相同时,导热系数 A 值主要决定于材料本身的结构与性质。因此,导热系数是衡量保温材料性能优劣的主要指标。A 值越小,则通过材料传送的热量就越少,其保温性能也越好。材料的导热系数决定于材料的组分、内部结构、表观密度,也决定于传热时的环境温度和材料的含水量。通常,表观密度小的材料其孔隙率大,因此导热系数小。保温材料受潮后,导热系数增加,因此,保温材料应特别注意防潮。温度升高时,材料的导热系数也随之增大。

在建筑中合理地采用保温材料,能提高建筑物的使用效能,保证正常的生产、工作和生活。在采暖、空调、冷藏等建筑物中采用必要的保温材料,能减少热损失,节约能源,降低成本。据统计,保温良好的建筑,其能源消耗可节省 $25\%\sim50\%$,因此,在建筑工程中,合理地使用保温材料具有重要意义。

8.2.2　常用保温材料

保温材料按化学成分可分为有机和无机两大类。按材料的构造分为纤维状、松散粒状和多孔状三种,通常可制成板、片、卷材或管壳等多种形式的制品。无机保温材料不腐烂,不燃,有些材料还能抵抗高温,但密度较大。有机保温材料吸湿性大,易受潮、腐烂,高温下易分解变质或燃烧,一般温度高于 $120℃$ 时就不宜使用;但堆积密度小,原料来源广,成本较低。

1. 无机纤维状保温材料

这类材料主要以矿棉、石棉、玻璃棉等为主要原料,制成板、筒、毡等形状的制品,广泛用于住宅建筑和热工设备、管道等的保温隔热。这类材料通常也有良好的吸声性能。

(1) 玻璃棉及制品

玻璃棉是用玻璃原料或碎玻璃经熔融后制成的一种纤维状材料。一般的堆积密度为 $40\sim150$ kg/m³,导热系数小,价格与矿棉制品相近。玻璃棉可制成沥青玻璃棉毡、板及酚醛玻璃棉毡和板,使用方便,因此是广泛用在温度较低的热力设备和房屋建筑中的保温隔热材料,还是优质的吸声材料。

(2) 矿棉和矿棉制品

矿棉一般包括矿渣棉和岩石棉。矿渣棉所用原料有高炉硬矿渣、铜矿渣和其他矿渣等,另加一些调整原料(含氧化钙、氧化硅的原料)。岩石棉的主要原料是天然岩石,经熔融后吹制而成的纤维状(棉状)产品。

矿棉具有轻质、不燃、保温和电绝缘等性能,且原料来源丰富,成本较低,可制成矿棉板、矿棉防水毡及管套等,可用做建筑物的墙壁、屋顶、顶棚等处的保温隔热和吸声。

2. 无机散粒状保温材料

(1) 膨胀蛭石及其制品

蛭石是一种天然矿物,在 $850℃\sim1\,000℃$ 的温度下煅烧时,体积急剧膨胀,单个颗粒的体积能膨胀约 20 倍。

膨胀蛭石的主要特性是:表观密度 $80\sim900$ kg/m³,导热系数 $0.046\sim0.070$ W/(m·K),可在 $1\,000℃\sim1\,100℃$ 温度下使用,不蛀、不腐,但吸水性较大。膨胀蛭石可以呈松散状铺设于墙壁、楼板、屋面等夹层中,作为保温、隔声之用。使用时应注意防潮,以免吸水后影响保温效果。

膨胀蛭石也可与水泥、水玻璃等胶凝材料配合,浇制成板,用于墙、楼板和屋面板等构件的保温。

(2) 膨胀珍珠岩及其制品

膨胀珍珠岩是由天然珍珠岩煅烧而成的,呈蜂窝泡沫状的白色或灰白色颗粒,是一种高效能的保温材料。其堆积密度为 40~500 kg/m³,导热系数为 0.047~0.070 W/(m·K),最高使用温度可达 800℃,最低使用温度为 -200℃。膨胀珍珠岩具有吸湿小、无毒、不燃、抗菌、耐腐、施工方便等特点,建筑上广泛用于围护结构、低温及超低温保冷设备、热工设备等处的隔热保温材料,也可用于制作吸声制品。

膨胀珍珠岩制品是以膨胀珍珠岩为主,配合适量胶凝材料(水泥、水玻璃、磷酸盐、沥青等),经拌合、成型、养护(或干燥或固化)后而制成的具有一定形状的板、块、管壳等制品。

3. 无机多孔类保温材料

(1) 泡沫混凝土

泡沫混凝土是由水泥、水、松香泡沫剂混合后经搅拌、成型、养护而成的一种多孔、轻质、保温、隔热、吸声材料,也可用粉煤灰、石灰、石膏和泡沫剂制成粉煤灰泡沫混凝土。泡沫混凝土的表观密度约为 300~500 kg/m³,导热系数约为 0.082~0.186 W/(m·K)。

(2) 加气混凝土

加气混凝土是由水泥、石灰、粉煤灰和发气剂(铝粉)配制而成的一种保温隔热性能良好的轻质材料。由于加气混凝土的表观密度小(500~700 kg/m³),导热系数比黏土砖小,因而 240 mm 厚的加气混凝土墙体,其保温隔热效果优于 370 mm 厚的砖墙。此外,加气混凝土的耐火性能良好。

(3) 硅藻土

硅藻土由水生硅藻类生物的残骸堆积而成,可用做填充料或制成制品。其孔隙率为 50%~80%,导热系数约为 0.060 W/(m·K),因此具有很好的保温性能。最高使用温度可达 900℃。

4. 有机保温材料

(1) 泡沫塑料

泡沫塑料是以各种树脂为基料,加入一定剂量的发泡剂、催化剂、稳定剂等辅助材料,经加热发泡而制成的一种具有轻质、保温、吸声、防震性能的材料。目前我国生产的有聚苯乙烯泡沫塑料,其表观密度为 20~50 kg/m³,导热系数为 0.038~0.047 W/(m·K),最高使用温度约 70℃;聚氯乙烯泡沫塑料,其表观密度为 12~75 kg/m³,导热系数为 0.031~0.045 W/(m·K),最高使用温度为 70℃,遇火能自行熄灭;聚氨酯泡沫塑料,其表观密度为 30~65 kg/m³,导热系数为 0.035~0.042 W/(m·K),最高使用温度可达 120℃,最低使用温度为 -60℃。此外,还有脲醛泡沫塑料及制品等。该类保温材料可用做复合墙板及屋面板的夹芯层及冷藏和包装等保温需要。

(2) 植物纤维类保温板

该类保温材料可用稻草、木质纤维、麦秸、甘蔗渣等为原料经加工而成。其表观密度约为 200~1 200 kg/m³,导热系数为 0.058~0.307 W/(m·K),可用于墙体、地板、顶棚等,也可用于冷藏库、包装箱等。

8.2.3 常用保温材料的技术性能

常用保温材料技术性能见表8-13。

表8-13 常用保温材料技术性能及用途

材料名称	表观密度（kg/m³）	导热系数［W/(m·K)］	最高使用温度(℃)	用 途
超细玻璃棉毡 沥青玻纤制品	30～80 100～150	0.035 0.041	300～400 250～300	墙体、屋面、冷藏库等
矿渣棉纤维	110～130	0.044	≤600	填充材料
岩棉纤维	80～150	0.044	250～600	填充墙体、屋面、热力管道等
岩棉制品	80～160	0.04～0.052	≤600	
膨胀珍珠岩	40～300	常温0.02～0.044 高温0.06～0.17 低温0.02～0.038	≤800	高效能保温保冷填充材料
水泥膨胀珍珠岩制品	300～400	常温0.05～0.081 低温0.081～0.12	≤600	保温隔热用
水玻璃膨胀珍珠岩制品	200～300	常温0.056～0.093	≤650	保温隔热用
沥青膨胀珍珠岩制品	200～500	0.093～0.12		用于常温及负温部位的保温
膨胀蛭石	80～900	0.046～0.070	1 000～1 100	填充材料
水泥膨胀蛭石制品	300～550	0.076～0.105	≤600	保温隔热用
微孔硅酸钙制品	250	0.041～0.056	≤650	围护结构及管道保温
轻质钙塑板	100～150	0.047	650	保温隔热兼防水性能,并具有装饰性能
泡沫玻璃	150～600	0.058～0.128	300～400	砌筑墙体及冷藏库保温
泡沫混凝土	300～500	0.081～0.19		围护结构
加气混凝土	400～700	0.093～0.16		围护结构
木丝板	300～600	0.11～0.26		顶棚、隔墙板、护墙板
软质纤维板	150～400	0.047～0.093		同上,表面较光洁
芦苇板	250～400	0.093～0.13		顶棚、隔墙板
软木板	105～437	0.044～0.079	≤130	吸水率小,不霉腐、不燃烧,用于保温结构

材料名称	表观密度 （kg/m³）	导热系数 ［W/(m·K)］	最高使用 温度(℃)	用　途
聚苯乙烯泡沫塑料	20～50	0.031～0.047	70	屋面、墙体保温隔热等
硬质聚氨酯泡沫塑料	30～40	0.022～0.055	—60～120	屋面、墙体保温,冷藏库隔热
聚氯乙烯泡沫塑料	12～72	0.02Z～0.035	—196～70	屋面、墙体保温,冷藏库隔热

▶ 8.3　吸声与隔声材料 ◀

8.3.1　吸声材料

在规定频率下平均吸声系数大于 0.2 的材料,称为吸声材料。因吸声材料可较大程度吸收由空气传递的声波能量,在播音室、音乐厅、影剧院等的墙面、地面、天棚等部位采用适当的吸声材料,能改善声波在室内的传播质量,保持良好的音响效果和舒适感。

1. 材料的吸声性能

当声波接触到材料表面时,一部分被反射,一部分穿透材料,而其余部分则在材料内部的孔隙中引起空气分子与孔壁的摩擦和黏滞阻力,使相当一部分声能转化为热能而被吸收。被材料吸收的声能(包括穿透材料的声能在内)与原先传递给材料的全部声能之比,是评定材料吸声性能好坏的主要指标,称为吸声系数,用下式表示:

$$\alpha = \frac{E}{E_0} \times 100\% \tag{8.3}$$

式中:α——材料的吸声系数;

$\quad E_0$——传递给材料的全部入射声能;

$\quad E$——被材料吸收(包括透过)的声能。

假如声能的 60% 被吸收,40% 被反射,则该材料的吸声系数 α 就等于 0.6。当声能100% 被吸收而无反射时,吸收系数等于 1。当门窗开启时,吸收系数相当于 1。一般材料的吸声系数在 0～1 之间。

材料的吸声特性,除与材料本身性质、厚度及材料表面的条件(有无空气层及空气层的厚度)有关外,还与声波的入射角及频率有关。一般而言,材料内部的开放连通的气孔越多,吸声性能越好。同一材料,对于高、中、低不同频率的吸声系数不同。为了全面反映材料的吸声性能,规定取 125 Hz、250 Hz、500 Hz、1 000 Hz、2 000 Hz、4 000 Hz 等六个频率的吸声系数来表示材料吸声的频率特性。吸声材料在上述六个规定频率的平均吸声系数应大于 0.2。

　　为了改善声波在室内传播的质量,保持良好的音响效果和减少噪音的危害,在音乐厅、电影院、大会堂、播音室及工厂噪音大的车间等内部的墙面、地面、顶棚等部位,应选用适当的吸声材料。

　　2. 常用材料的吸声系数

　　常用的吸声材料及其吸声系数如表8-14所示,供选用时参考。

表8-14　建筑上常用的吸声材料

分类及名称		厚度(mm)	表观密度(kg/m³)	各种频率(Hz)下的吸声系数						装置情况
				125	250	500	000	000	4 000	
无机材料	吸声泥砖	6.5		0.05	0.07	0.10	0.12	0.16		贴实
	石膏板(有花纹)			0.03	0.05	0.06	0.09	0.04	0.06	
	水泥蛭石板	4.0			0.14	0.46	0.78	0.50	0.60	
	石膏砂浆(掺水泥、玻璃纤维)	2.2		0.24	0.12	0.09	0.30	0.32	0.83	粉刷在墙上
	水泥膨胀珍珠岩板	5	350	0.16	0.46	0.64	0.48	0.56	0.56	贴实
	水泥砂浆	1.7		0.22	0.16	0.05	0.40	0.42	0.48	粉刷在墙上
	砖(清水墙面)			0.02	0.03	0.04	0.04	0.05	0.05	贴实
	软木板	2.5	260	0.05	0.11	0.25	0.63	0.70	0.70	贴实
无机材料	木丝板	3.0		0.10	0.36	0.62	0.53	0.71	0.90	钉在木龙骨上,后面留10 cm空气层和留5 cm空气层两种
	三夹板	0.3		0.21	0.73	0.21	0.19	0.08	0.12	
	穿孔五夹板	0.5		0.01	0.25	0.55	0.30	0.16	0.19	
	木花板	0.8		0.03	0.02	0.03	0.03	0.04		
	木质纤维板	1.1		0.06	0.15	0.28	0.30	0.33	0.31	
多孔材料	泡沫玻璃	4.4	1 260	0.11	0.32	0.52	0.44	0.52	0.33	贴实
	脲醛泡沫塑料	5.0	20	0.22	0.29	0.40	0.68	0.95	0.94	
	泡沫水泥(外粉利)	2.0		0.18	0.05	0.22	0.48	0.22	0.32	紧靠粉刷
	吸声蜂窝板			0.27	0.12	0.42	0.86	0.48	0.30	贴实
	泡沫塑料	1.0		0.03	0.06	0.12	0.41	0.85	0.67	
纤维材料	矿渣棉	3.13	210	0.10	0.21	0.60	0.95	0.85	0.72	贴实
	玻璃棉	5.0	80	0.06	0.08	0.18	0.44	0.72	0.82	
	酚醛玻璃纤维板	8.0	100	0.25	0.55	q.92	0.98	0.95		
	工业毛毡	3.0		0.10	0.28	0.55	0.60	0.60	0.56	紧靠墙面

8.3.2　隔声材料

　　能减弱或隔断声波传递的材料为隔声材料。依据声学中的"质量定律"(即材料的密度越大,其隔声效果越好),所以,应选用密度大的材料(如钢筋混凝土、实心砖、钢板等)作为隔绝空气声的材料。此外,在产生和传递声波的结构(如梁、框架与楼板、隔墙,以及它们的交接处等)层中加入具有一定弹性的衬垫材料,如软木、橡胶、毛毡、地毯或设置空气隔离层等,以阻止或减弱固体声波的继续传播。

由上述可知,材料的隔声原理与材料的吸声(吸收或消耗转化声能)原理不同,因此,吸声效果好的疏松多孔材料(有开口连通而不穿透或穿透的孔型)隔声效果不一定好。

▶ 8.4　装饰材料 ◀

装饰材料是铺设或涂刷在建筑物表面起装饰效果的材料,它一般不承重,但对建筑物的美观效果和功能发挥起着很大的作用。一幢建筑物的设计效果除了与它的立面造型、比例尺度和功能分区等建筑设计手法和风格有关外,还与其饰面材料的选用有关。建筑饰面的装饰效果一般通过材料的色调、质感和线条三方面来体现。除此以外,装饰材料还具有保护建筑物,延长使用寿命的作用。现代装饰材料还兼有其他功能,如防火、防水、防霉、保温隔热、隔音等作用。

8.4.1　概述

1. 建筑装饰材料的种类

建筑装饰材料品种繁多,通常可分为以下几类。

(1) 按化学成分分类

按化学成分分类,建筑装饰材料可分为有机装饰材料(如木材、塑料)、无机装饰材料(如石材、金属制品、石膏制品、陶瓷制品、玻璃及矿棉制品等)和无机-有机复合装饰材料(如铝塑板、彩色涂层钢板等)。

(2) 按建筑装饰部位分

建筑装饰材料按其对建筑物不同部位的装饰,可以分为以下几类。

① 外墙装饰材料;

② 内墙装饰材料;

③ 地面装饰材料;

④ 顶棚装饰材料;

⑤ 其他装饰材料。

2. 装饰材料的性质

装饰性是装饰材料的主要性能要求之一。它是指材料的外观特性给人的心里感觉效果。影响材料装饰性的因素较多,除了与材料自身的外观特性有关外,还与每个人的感受程度等因素有关。材料的外观特性包括材料的颜色、光泽、透明性、表面组织、形状和尺寸等。

3. 装饰材料的选择原则

建筑物的种类繁多,不同功能的建筑对装饰的要求是不同的,即使是同一类建筑物,也因设计标准不同,对装饰的要求也不相同。

一般来讲,装饰材料的选择可从以下几方面来考虑。

(1) 材料的外观

装饰材料的外观主要是指形体、质感、色彩和纹理等。块状材料有稳定感,而板状材料则有轻盈的视觉效果;毛面材料有粗犷豪迈的感觉,而镜面材料则有细腻的效果。各种色彩都使人产生不同的感觉,因此,建筑内部色彩的选择不仅要从美学的角度考虑,还要考虑到色彩功能的重要性,力求合理运用色彩,以对人们的心理和生理均能产生良好的效果。红、黄、橙等暖色调使人感到热烈、兴奋、温暖;绿、蓝、紫色等冷色调使人感到宁静、幽雅、清凉。

(2) 材料的功能性

装饰材料所具有的功能要与使用该材料的场所特点结合起来考虑。如人流密集的公共场所的地面,应采用耐磨性好、易清洁的地面装饰材料;住宅中厨房的墙地面和顶棚装饰材料,则宜用耐污性和耐擦洗性较好的材料。

(3) 材料的经济性

建筑装饰的费用在建设项目总投资中的比例往往可高达 1/2,甚至 2/3。因此,在装饰投资时,应从长远性、经济性的角度出发,充分利用有限的资金取得最佳的装饰效果,做到既满足了目前的要求,又能有利于以后的装饰变化。例如家庭装饰时,管道线路的铺设一定要考虑到今后室内陈设的变化情况,否则在进行内部装饰环境改造时,会遇到较多的麻烦。

装饰材料及其配套装饰设备的选择与使用应满足与总体环境空间的协调,在功能内容与建筑物艺术形式的统一中寻求变化,充分考虑环境气氛、空间的功能划分、材料的外观特性、材料的功能性及装饰费用等问题,从而使所设计的内容能够取得独特的装饰效果。

8.4.2 建筑装饰石材

建筑装饰石材是指具有可锯切、抛光等加工性能,在建筑物上作为饰面材料的石材,包括天然石材和人造石材。天然石材指天然大理石和花岗石,人造石材则包括水磨石、人造大理石、人造花岗石和其他人造石材。

1. 天然石材

天然石材是指从天然岩石中开采出来的毛料,或经加工成为板状或块状的饰面材料。天然大理石、花岗石、板石是装饰石材中最主要的三个种类,它们囊括了天然装饰石材的99%的以上品种。

(1) 天然花岗岩石

花岗岩是一种火成岩,材质坚硬,主要矿物成分为长石、石英,并含有少量云母和暗色矿物。花岗岩常呈现出一种整体均粒状结构,这使花岗岩具有独特的装饰效果,且其耐磨性和耐久性均优于大理石,既适用与室外也适用于室内。

花岗岩石板根据加工程度不同分为粗面板(如剁斧板、机刨板等)、细面板和镜面板三种。其中粗面板表面平整、粗糙,具有较规则的加工条纹,主要用于建筑外墙面、柱面、台阶、勒脚、等部位;镜面板是经过锯解后,再经研磨、抛光而成,产品色彩鲜明、光泽动人,极富装饰性,主要用于室内外墙面、柱面、地面等。

花岗岩装饰板材的主要技术要求如下。

① 花岗岩板材产品按质量分为优等品(A)、一等品(B)和合格品(C)三个等级。

② 尺寸规格允许偏差应符合规范规定。

③ 外观质量：同一批板材的色调花纹应基本调和，板材的外观缺陷，如缺棱、掉角、裂纹、色斑、坑窝等应符合规定要求。

④ 镜面光泽度：镜面板材的正面应具有镜面光泽度，能清晰倒映出景物，其镜面光泽度值不应小于 75 光泽单位。

⑤ 表观密度不小于 2.6 g/cm^3。

⑥ 吸水率不大于 1.0%。

⑦ 干燥抗压强度不小于 60 MPa。

⑧ 抗弯强度不小于 8 MPa。

（2）天然大理石

天然大理石是石灰岩与白云岩在高温、高压作用下矿物重新结晶变质而成。纯大理石为白色，称为汉白玉。如在变质过程中混入了氧化铁、石墨、氧化亚铁、氧化铜等其他物质，就会呈现不同的颜色和花纹，这些斑斓的色彩和石材本身的质地使其称为一种高级装饰材料。

由于大理石致密的结构和色彩、花纹，经过锯切、磨光后的板材光洁细腻，纹理自然，花色品种可达上百种，装饰效果美不胜收。大理石主要用于宾馆、展厅、博物馆、办公楼、会议大厦等高级建筑物的墙面、地面、柱面及服务台台面、窗台、踢脚线、楼梯、踏步以及园林建筑的山石等处。

大理石的主要成分为碳酸钙，化学稳定性差。空气和雨水中所含的酸性物质和盐类对大理石都有腐蚀作用，故大理石不宜用于建筑物外面和其他露天部位。

大理石板的技术标准如下。

① 大理石板的板面尺寸有标准规格和非标准规格两大类。根据板的形状分为普通板材（N）和异形板（S）两类。根据产品质量又分为优等品（A）、一等品（B）和合格品（C）三个等级。

② 尺寸规格允许偏差，根据《天然大型石建筑板材》（GB/T 19766—2016）规定，包括尺寸、平面度和角度允许偏差。异形板材规格尺寸允许偏差由供需双方协商确定，拼缝板材正面与侧面的夹角不得大于 $90°$。

③ 外观质量：同一批板材的色调花纹应基本调和，板材的外观缺陷，如缺棱、掉角、裂纹、色斑、坑窝等应符合规定要求。

④ 镜面光泽度：大理石板材的抛光面应具有镜面光泽，能清晰反映出景物。

⑤ 表观密度不小于 2.6 g/cm^3。

⑥ 吸水率不大于 0.75%。

⑦ 干燥抗压强度不小于 20 MPa。

⑧ 抗弯强度不小于 7 MPa。

2. 人造石材

人造石材是采用无机或有机胶凝材料，以天然砂、碎石、石粉等为粗、细骨料，经成型、固化、表面处理而成的一种人造材料。常见的有人造大理石和人造花岗石，其色彩和花纹可根据要求设计制作。

人造石材有天然石材的质感、色彩鲜艳、花色繁多、装饰性好；质量轻、强度高；耐腐蚀、耐污染；可锯切、钻孔，施工方便，适用于墙面、门套或柱面的装饰，也可用于台面。

按照产出材料和制造工艺的不同，可把人造石材分为以下几类。

（1）水泥型人造石材

这种石材是以各种水泥为胶凝材料，天然石英砂为细骨料，碎大理石、碎花岗石为粗骨料，经配料、搅拌混合、浇注成型、养护、磨光和抛光而制成。具有良好的耐久性、抗风化性、耐火性、耐冻性和防火性，且成本低；但是耐腐蚀性差，养护条件要求较高，表面易反碱，不宜用于卫生洁具和外墙装饰。

（2）树脂型人造石材

这种人造石材以不饱和树脂为胶凝材料，配以天然大理石、花岗石、石英砂或氢氧化铝等无机粉末、粒状填料，经配料、搅拌和浇筑成型，在固化剂、催化剂作用下发生固化，再经脱模、抛光等工序制成。树脂型人造石材的主要特点是光泽度高、质地高雅、强度硬度大、耐水性、耐污染和花色可设计性强。缺点是填料级配不合理易翘曲变形。

（3）复合型人造石材

这种石材采用无机和有机两类胶凝材料，兼有了上述两种人造石材的特点。该石材一般是先用无机胶凝材料成型，再用有机胶凝材料浸渍，在一定条件下聚合而成。

8.4.3　建筑陶瓷

凡用黏土及其他天然矿物原料，经配料、制坯、干燥、焙烧制得的成品，统称为陶瓷制品。建筑陶瓷是用于建筑物墙面、地面及卫生设备的陶瓷材料及制品。建筑陶瓷具有强度高、性能稳定、耐腐蚀性好，耐磨、防水、防火、易清洗以及装饰性好等优点。在建筑工程及装饰工程中应用十分普遍。

根据国家标准，陶器砖是指由黏土或其他无机非金属材料，经成型、烧结等工艺处理，用于装饰与保护建筑物、构筑物墙面及地面的板材或块状陶瓷制品，也称为陶瓷饰面砖。

按用途不同陶瓷饰面砖的分类如下。

1. 外墙面砖

外墙面砖主要用于建筑物外墙面的装饰，是采用品质均匀而耐火度较高的黏土经压制成型后焙烧而成。根据面砖表面的装饰情况可分为：表面不施釉的单色砖（又称墙面砖），表面施釉的彩釉砖，表面既有彩釉又有凸起的花纹图案的立体彩釉砖（又称线砖）。为了与基层墙面能很好黏结，面砖的背面均有肋纹。

外墙面砖的主要规格尺寸较多，质感、颜色多样化，具有强度高、防潮、抗冻、耐用、不易污染和装饰效果好的特点。外墙贴面砖的种类、规格和用途见表 8-15。

2. 内墙面砖

内墙面砖也称釉面砖、瓷砖、瓷片，是适用于建筑物室内装饰的薄型精陶制品。

釉面砖色泽柔和典雅，朴实大方，热稳定性好，防潮、防火、耐酸碱，表面光滑易清洗；主要用于厨房、卫生间、浴室、实验室、医院等室内墙面、台面等；但不宜用于室外，因其多孔坯体层和表面釉层的吸水率、膨胀率相差较大，在室外受到日晒雨淋及温度变化时，易开裂或剥落。

釉面砖的主要种类及特点见表 8-16。

釉面内墙砖根据其外观质量分为优等品、一等品、合格品三个等级。各等级外观质量应符合国家标准《陶瓷砖》（GB/T 4100—2015）规定，见表 8-17。

表 8 - 15　外墙面砖的种类、规格和用途

种类		一般规格 （mm）	性　能	用　途
名称	说明			
表面无釉外墙贴面砖 （又名"单色砖"）	有白、浅黄、深黄、红、绿等色	200×100×12 150×75×12	质地坚固，吸水率不大于8%，色调柔和，耐水抗冻，经久耐用，防火，易清洗等	用于建筑物外墙，做装饰及保护墙面之用
表面有釉外墙贴面砖 （又名"彩釉砖"）	有粉红、蓝、绿、金砂釉、黄、白等色	75×75×8 108×108×8 150×30×8		
立体彩釉砖（线砖）	表面有凸起线纹，有釉，并有黄、绿等色	200×60×8 200×80×8		
仿花岗岩釉面砖	表面有花岗岩花纹，表面施釉	195×45 95×95 108×60 227×60		

表 8 - 16　釉面砖的主要种类及特点

种类		代　号	特　点
白色釉面砖		F,J	色纯白，釉面光亮，镶于墙面，清洁大方
彩色釉面砖	有光彩色釉面砖	YG	釉面光亮晶莹，色彩丰富雅致
	石光彩色釉面砖	SHG	釉面半无光，不晃眼，色泽一致，色调柔和
装饰釉面砖	花釉砖	HY	系在同一砖上施以多种彩釉。经高温烧成，色釉互相渗透，花纹千姿百态，有良好装饰效果
	结晶釉砖	JJ	晶花辉映，纹理多姿
	斑纹釉砖	BW	斑纹釉面，丰富多彩
	大理石釉砖	LSH	具有天然大理石花纹，颜色丰富，美观大方
图案砖	白地图案砖	BT	系在白色釉面砖上装饰各种彩色图案，经高温烧成，纹样清晰，色彩明朗，清洁优美
	色地图案砖	YGT D-YGT SHGT	系在有光（YG）或石光（SHG）彩色釉面砖上，装饰各种图案，经高温烧成，产生浮雕、缎光、绒毛、彩漆等效果，做内墙饰面，别具风格
瓷砖画及 色釉陶瓷字	瓷砖画		以各种釉面砖拼成各种瓷砖画，或根据已有画稿烧成釉面砖拼成各种瓷砖画，清洁优美，永不褪色
	色釉陶瓷字		以各种色釉、瓷土烧制而成，色彩丰富，光亮美观，永不褪色

表 8-17　釉面内墙砖表面缺陷允许范围

缺陷名称	优等品	一等品	合格品
开裂、夹层、釉裂	不允许		
背面磕碰	深度为砖厚的 1/2	不影响使用	
剥边、落脏、釉泡、斑点、坯粉釉缕、波纹、橘釉、缺釉、棕眼裂纹、图案缺陷、正面磕碰	距离砖面 1 m 处目测无可见缺陷	距离砖面 2 m 处目测缺陷不明显	距离砖面 3 m 处目测缺陷不明显

3. 墙地砖

墙地砖包括外墙用贴面砖和室内外地面铺贴用砖,由于目前这类饰面砖的发展趋势是既可用于外墙又可用于地面,因此称为墙地砖。墙地砖具有强度高、耐磨、化学稳定性好、易清洗、吸水率低、不燃、耐久等特点。

墙地砖是以优质陶土为主要原料,经成型后于 1 100℃ 左右焙烧而成,分无釉(无光面砖)和有釉(彩釉砖)两种。该类砖颜色繁多,表面质感多样,通过配料和制作工艺的变化,可制成平面、麻面、毛面、抛光面、仿石表面、压光浮雕面等多色多种制品。其主要品种如下。

(1) 劈裂墙地砖

劈裂砖又称劈离砖或双合砖。它是由黏土、页岩、耐火土等按一定配比混合后,经湿化、高压挤出成型、干燥、施釉、烧结、劈裂等工序制成的。其特点是兼有普通机制黏土砖和彩釉砖的特性。由于产品的内部结构特征类似于黏土砖,因而其密度大,强度高,弯曲强度大于 20 MPa,吸水率小于 6%,耐磨抗冻;又由于其表面施加了彩釉,因而具有良好的装饰性和可清洗性。其品种有:平面砖,踏步砖,阳、阴角砖,彩色釉面砖及表面压花砖等。可按需要拼砌成多种图案以适应建筑物和环境的需要;因其表面不反光、无亮点、外观质感好,所以,用于外墙面时,质朴、大方,具有石材的装饰效果;用于室内外地面、台面、踏步、广场及游泳池、浴池等处,因其表面具有黏土质的粗糙感,不易打滑,故其装饰和使用效果均佳。

(2) 麻面砖

麻面砖是采用仿天然岩石的色彩配料,压制成表面凸凹不平的麻面坯体后经焙烧而成。砖的表面酷似经人工修凿过的天然岩石,纹理自然,有白、黄等多种色调。该类砖的抗折强度大于 20 MPa,吸水率小于 1%,防滑耐磨。薄型砖适用于外墙饰面,厚型砖适用于广场、停车场、人行道等地面铺设。

(3) 彩胎砖

彩胎砖是一种本色无釉瓷质饰面砖,富有天然花岗石的纹点,纹点细腻,色调柔和莹润,质朴高雅。主要规格有 200 mm×200 mm、300 mm×300 mm、400 mm×400 mm、500 mm×500 mm、600 mm×600 mm 等,最大规格为 600 mm×900 mm,最小为 95 mm×95 mm。

彩胎砖表面有平面和浮雕两种,又有无光、磨光、抛光之分,吸水率小于 1%,抗折强度大于 27 MPa,耐磨性和耐久性好;可用于住宅厅堂的墙、地面装饰,特别适用于人流量大的商场、剧院、宾馆等公共场所的地面铺贴。

4. 陶瓷锦砖

陶瓷锦砖俗称马赛克,是由各种颜色、多种几何形状的小块瓷片(长边一般不大于50 mm)铺贴在牛皮纸上的陶瓷制品(又称纸皮砖)。产品出厂前已按各种图案粘贴好。每张(联)牛皮纸制品面积约为 0.093 m²,质量约为 0.65 kg,每 40 联为 1 箱,每箱可铺贴面积约 3.7 m²。

陶瓷锦砖有有釉和无釉两类,目前各地产品多是无釉的。按砖联分为单色、拼花两种。陶瓷锦砖质地坚实,经久耐用,色泽图案多样,耐酸、耐碱、耐火、耐磨,吸水率小,不渗水,易清洗,热稳定性好。其标定规格如表 8－18 所示。

表 8－18　陶瓷锦砖基本形状和规格

基本形状								
名称		正方				长方(长条)	对角	
		大方	中大方	中方	小方		大对角	小对角
规格 (mm)	a	39.0	23.6	18.5	15.2	39.0	39.0	32.1
	b	39.0	23.6	18.5	15.2	18.5	19.2	15.9
	c	—	—	—	—	—	27.9	22.8
	d	—	—	—	—	—	—	—
	厚度	5.0	5.0	5.0	5.0	5.0	5.0	5.0
基本形状								
名称		斜长条(斜角)	六角		半八角		条条对角	
规格 (mm)	a	36.4	25		15		7.5	
	b	11.9	—		15		15	
	c	37.9	—		18		18	
	d	22.7	—		40		20	
	厚度	5.0	5.0		5.0		5.0	

陶瓷锦砖主要用于室内地面装饰,如浴室、厨房、餐厅、化验室等地面,也可用做内、外墙饰面,并可镶拼成风景名胜和花鸟动物图案的壁画,形成别具风格的锦砖壁画艺术。其装饰性和艺术性均较好,且可增强建筑物的耐久性。

8.4.4　建筑玻璃

玻璃是一种重要的建筑材料,具有透光、透视、隔声、隔热和装饰功能。特种玻璃还具有吸热、保温、防辐射和防爆等特殊功能。

玻璃的种类很多,建筑工程常用的有平板玻璃、磨砂玻璃、压花玻璃、彩色玻璃和钢化玻璃等。

1. 平板玻璃

根据不同的工艺,平板玻璃可分为普通平板玻璃和浮法玻璃两类。

（1）普通平板玻璃

普通平板玻璃按厚度分为：2 mm、3 mm、4 mm、5 mm。玻璃板为矩形,长度不超过宽度的 2.5 倍。一般 2 mm 的长度为 400～1 300 mm,宽 300～900 mm;3 mm 的长度为 500～1 800 mm,宽 300～1 200 mm;4 mm 的长度为 600～2 000 mm,宽 400～1 200 mm;5 mm 的长度为 600～2 600 mm,宽 400～1 800 mm。

普通平板玻璃按等级分为优等品、一等品和合格品三个级别。

（2）浮法玻璃

浮法工艺是现代先进的平板玻璃生产方法,具有产量高、质量好、品种多、规模大、生产效率高和经济效益好等优点;而且生产的玻璃表面光滑平整、厚度均匀、不变形,可直接用于建筑、交通及制镜,也可作为各种深加工玻璃的原片。

浮法玻璃按厚度分为 2 mm、3 mm、4 mm、5 mm、6 mm、8 mm、10 mm、12 mm、15 mm 及 19 mm。

2. 装饰玻璃

装饰玻璃表面一般具有一定的颜色、图案和质感等,可以满足建筑装饰对玻璃的不同要求。装饰玻璃常用的有磨砂玻璃、压花玻璃、喷花玻璃、乳花玻璃、印刷玻璃、彩色玻璃、冰花玻璃及光栅玻璃等。

（1）磨砂玻璃

磨砂玻璃又称毛玻璃,是经研磨、喷砂等加工方法,使其表面成为均匀粗糙的平板玻璃。一般用硅砂、金刚砂、刚玉等作为研磨材料,加水研磨成的叫磨砂玻璃;用压缩空气将细砂喷射到玻璃表面而成叫喷砂玻璃。

此类玻璃能将光线漫反射,故具有透光但不透视的性质,可作为有隐蔽要求的房间的门窗玻璃,也可用做室内隔断、黑板或室内灯箱的面层板作为灯箱透光片使用。使用时注意保护毛面一侧。

（2）压花玻璃

压花玻璃又称滚花玻璃,是将熔融的玻璃液在冷却的过程中,用带有花纹图案的辊轴压延而成,可一面压花也可以两面压花。常用的厚度有 2 mm、4 mm、6 mm 等。玻璃的正面用气溶胶进行喷涂处理,可呈浅黄色、浅蓝色等,增加立体感,也提高了强度。根据工艺不同还有真空镀膜压花玻璃和彩色膜压花玻璃等。

压花玻璃物理力学性质同普通平板玻璃,压花后具有透光不透视的特点,能够起到隐秘的遮挡作用,多用于宾馆、饭店、餐厅、酒吧、卫生间的门窗及办公室空间的隔断。

（3）喷花玻璃

喷花玻璃又叫胶花玻璃,是在平板玻璃的表面贴以图案,抹以保护层,经喷砂处理成透明与不透明相间的图案而成。喷花玻璃给人以高雅、美观的感觉,适用于室内窗、隔断和采光。

（4）乳花玻璃

乳花玻璃外观与喷花玻璃相近,是在平板玻璃的一面贴图案,抹保护层,经化学蚀刻而成。它的花纹柔和、清晰、美丽,富有装饰性。乳花玻璃的厚度一般为 3～5 mm,最大加工尺寸为 2 000 mm×1 500 mm。乳花玻璃用途与喷花玻璃相同。

（5）印刷玻璃

印刷玻璃是在普通平板玻璃的表面用特殊的材料印制成各种图案的玻璃制品。

印刷玻璃图案、色彩丰富,不透光和透光相间隔,有镂空感,主要用于商场、宾馆、酒店、酒吧、眼镜店和美容美发厅等的门窗及隔断。

（6）彩色玻璃

彩色玻璃又称为有色玻璃,是在普通平板玻璃制作时加入一定量的金属氧化物着色剂,按透明程度有透明、半透明和不透明三类。该类玻璃色彩丰富,具有很好的装饰效果,多用于建筑物外的玻璃幕墙、对光线有特殊要求的建筑部位。

3. 安全玻璃

安全玻璃是指相对于普通玻璃具有更好的力学性能、抗冲击性能,破碎时其碎片不会伤人的玻璃,主要的种类有钢化玻璃、夹丝玻璃、夹层玻璃和钛化玻璃。

（1）钢化玻璃

钢化玻璃又称强化玻璃,是用物理或化学的方法,在玻璃的表面形成一个压应力层,当玻璃经受到外力时,压力层能抵消部分外力,从而提高玻璃的强度。

与普通玻璃相比钢化玻璃强度高、弹性好、热稳定性好,并且在破碎时碎片没有尖锐的棱角,不易伤人,安全性能好。

（2）夹丝玻璃

夹丝玻璃是将经预热的钢丝或钢丝网在玻璃熔融状态时压入玻璃中,经退火、切割而成。

夹丝玻璃的抗折强度、抗冲击能力和耐温度剧变性能好,破碎时其碎片附着在钢丝上不会飞溅伤人,适用于公共建筑的走廊、防火门、楼梯间、厂房天窗及各种采光顶。

（3）夹层玻璃

夹层玻璃是将柔软透明的聚乙烯醇缩丁醛树脂胶片夹在两片或多片玻璃原片之间,经过加热、加压与玻璃黏合在一起而成。

夹层玻璃透明度好,抗冲击能力好,具有良好的耐火性、耐热性、耐湿性和耐寒性。多片复合可制成防弹玻璃,可用于建筑物门窗,银行、珠宝店橱窗,隔断等。

4. 玻璃制品

（1）玻璃锦砖

玻璃锦砖又称玻璃马赛克或玻璃纸皮砖(石),是以边长不超过 45 mm 的各种颜色和形状的玻璃质小块预先粘贴在纸上而构成的装饰材料。

玻璃马赛克的规格一般每片尺寸为 20 mm×20 mm×4 mm,每块(张)纸皮石尺寸为 32.7 cm×32.7 cm,每箱装 40 块,可铺贴 4.2 m²,毛重约 27 kg;另外,还有 25 mm× 25 mm×4 mm 和 30 mm×30 mm×4 mm 等规格。

玻璃马赛克颜色多种、色彩绚丽、色泽柔和、不褪色,表面光滑、不吸水、不吸尘、天雨自涤,化学稳定性及冷热稳定性好,与水泥砂浆黏结性好,施工方便。它适用于各类建筑的外墙饰面及壁画装饰等。

（2）玻璃砖

玻璃砖又称特厚玻璃，有空心砖和实心砖两种。实心玻璃砖是用机械压制方法制成的。空心玻璃砖是将两种模压成凹型的玻璃原体，熔接或胶结成整体，其空腔内充以干燥空气的玻璃制品。

玻璃砖被誉为"透光墙壁"。它具有强度高、绝热、隔声、透明度高、耐水、耐火等优越特性。

玻璃砖用来砌筑透光的墙壁、建筑物的非承重内外隔墙、淋浴隔断、门厅、通道等，特别适用于高级建筑、体育馆、图书馆，用于需控制透光、眩光和太阳光等场合。

8.4.5 建筑装饰用板材

1. 金属材料类装饰板材

金属饰面板是建筑装饰中的中高档装饰材料，主要用于墙面的点缀，柱面的装饰。由于金属装饰板易于成型，能满足造型方面的要求，同时具有防火、耐磨、耐腐蚀等一系列优点；因而，在现代建筑装饰中，金属装饰板以独特的金属质感，丰富多变的色彩与图案，美满的造型而获得广泛应用。

（1）铝合金装饰板材

铝合金装饰板是一种中档次的装饰材料，装饰效果别具一格，价格便宜，易于成型，表面经阳极氧化和喷漆处理，可以获得不同色彩的氧化膜或漆膜。铝合金装饰板具有质量轻、经久耐用、刚度好、耐大气腐蚀等特点，可连续使用 20～60 年，适用于饭店、商场、体育馆、办公楼、高级宾馆等建筑的墙面和屋面装饰。建筑中常用的铝合金装饰板材主要有如下几种。

（2）装饰用钢板

① 镜面不锈钢板

镜面不锈钢板光亮如镜，其反射率、变形率均与高级镜面相似。该板耐火、耐潮、耐腐蚀，不会变形和破碎，安装施工方便，主要用于高级宾馆、饭店、舞厅、会议厅、展览馆、影剧院的墙面、柱面、造型面，以及门面、门厅的装饰。

② 亚光不锈钢板

不锈钢板表面反光率在 50% 以下者称为亚光板，其光线柔和，不刺眼，在室内装饰中有一种很柔和的艺术效果。亚光不锈钢板根据反射率不同，又分为多种级别。通常使用的钢板，反射率为 24%～28%。

③ 浮雕不锈钢板

浮雕不锈钢板表面不仅具有光泽，而且还有立体感的浮雕装饰。它是经辊压、特研特磨、腐蚀或雕刻而成。一般腐蚀雕刻深度为 0.015～0.5 mm。钢板在腐蚀雕刻前，必须先经过正常研磨和抛光，比较费工，所以价格也比较高。

④ 彩色不锈钢板

彩色不锈钢板是在不锈钢板上再进行技术和艺术加工，使其成为各种色彩绚丽的装饰板。其颜色有蓝、灰、紫、红、青、绿、金黄、茶色等。彩色不锈钢板不仅具有良好的抗腐蚀性，耐磨、耐高温（200℃）等特点，而且其彩色面层经久不褪色，色泽随光照角度不同会产生色调变幻，增强了装饰效果，常用做厅堂墙板、顶棚、电梯厢板、外墙饰面等。

⑤ 彩色涂层钢板

钢板的涂层可分为有机、无机和复合涂层三大类。有机涂层可以配制成不同的颜色和花纹,因此称为彩色涂层钢板。这种钢板的原板通常为热轧钢板和镀锌钢板。

彩色涂层钢板具有耐污染性强,洗涤后表面光泽、色差不变,热稳定性好,装饰效果好,耐久、易加工及施工方便等优点,可用做外墙板、壁板、屋面板等。

(3) 铝塑板

铝塑板是由面板、核心、底板三部分组成。面板是在 0.2 mm 铝片上,以聚酯做双重涂层结构(底漆+面漆)经烤煸程序而成;核心是 2.6 mm 无毒低密度聚乙烯材料;底板同样是涂透明保护光漆的 0.2 mm 铝片。通过对芯材进行特殊工艺处理的铝塑板可达到 B1 级难燃材料等级。

常用的铝塑板分为外墙板和内墙板两种。内墙板是现代新型轻质防火装饰材料,具有色彩多样,质量轻,易加工,施工简便,耐污染,易清洗,耐腐蚀,耐粉化,耐衰变,色泽保持长久,保养容易等优异的性能;而外墙板则比内墙板在弯曲强度、耐温差性、导热系数、隔音等物理特性上有更高要求。铝塑板面漆分类见表 8-19。

表 8-19 铝塑板面漆分类

品种	亚克力	聚酯	氟碳
标号	AC	DC	FC

铝塑板适用范围为高档室内及店面装修、大楼外墙帷幕墙板、天花板及隔间、电梯、阳台、包柱、柜台、广告招牌等。

2. 有机材料类装饰板材

(1) 塑料装饰板材

① 聚氯乙烯(PVC)塑料装饰板

聚氯乙烯塑料装饰板是以聚氯乙烯树脂为基料,加入稳定剂、增塑剂、填料、着色剂及润滑剂等,经捏和、混炼、拉片、切粒、挤压或压铸而成。根据配料中加与不加增塑剂,产品有软、硬两种。

聚氯乙烯塑料装饰板具有表面光滑、色泽鲜艳、防水和耐腐蚀等优点。

聚氯乙烯塑料装饰板适用于各种建筑物的室内墙面、柱面、吊顶、家具台面的装饰和铺设,主要为装饰和防腐蚀之用。

② 塑料贴面装饰板

塑料贴面装饰板简称塑料贴面板。它是以酚醛树脂的纸质压层为基胎,表面用三聚氰胺树脂浸渍过的花纹纸为面层,经热压制成的一种装饰贴面材料,有镜面型和柔光型两种,它们均可覆盖于各种基材上。其厚度为 0.8~1.0 mm,幅面为(920~1 230)mm×(1 880~2 450)mm。

塑料贴面板的图案、色调丰富多彩,耐磨、耐湿、耐烫、不易燃、平滑光亮、易清洗,装饰效果好,并可代替装饰木材,适用于室内、车船、飞机及家具等的表面装饰。

③ 覆塑装饰板

覆塑装饰板是以塑料贴面板或塑料薄膜为面层,以胶合板、纤维板、刨花板等板材为基层,采用胶合剂热压而成的一种装饰板材。用胶合板做基层叫覆塑胶合板,用中密度纤维板做基层的叫覆塑中密度纤维板,用刨花板为基层的叫覆塑刨花板。

覆塑装饰板既有基层板的厚度、刚度,又具有塑料贴面板和薄膜的光洁,质感强,美观,装饰效果好,并具有耐磨、耐烫、不变形不开裂、易于清洗等优点,可用于汽车、火车、船舶、高级建筑的装修及家具、仪表、电器设备的外壳装修。

④ 卡普隆板

卡普隆板材又称阳光板、PC 板,它的主要原料是高分子工程塑料——聚碳酸酯,主要产品有中空板、实心板、波纹板三大系列。它具有以下特点:质量轻、透光性强、耐冲击、隔热、保温性好等。

卡普隆板是理想的建筑和装饰材料。它适用于车站、机场等候厅及通道的透明顶棚,商业建筑中的顶棚,园林、游艺场所奇异装饰及休息场所的廊亭、泳池、体育场馆顶棚,工业采光顶,温室、车库等各种高格调透光场合。

⑤ 防火板

防火板是用三层三聚氰胺树脂浸渍纸和十层酚醛树脂浸渍纸,经高温热压而成的热固性层积塑料。

它是一种用于贴面的硬质薄板,具有耐磨、耐热、耐寒、耐溶剂、耐污染和耐腐蚀等优点。其质地牢固,使用寿命比油漆、蜡光等涂料长久得多,尤其是板面平整、光滑、洁净,有各种花纹图案,色调丰富多彩,表面硬度大,并易于清洗,是一种较好的防尘材料。

该板可粘贴于:木材面、木墙裙、木格栅、木造型体等木质基层的表面,餐桌、茶几、酒吧柜和各种家具的表面,柱面、吊顶局部等部位的表面。防火板一般用作装饰面板,粘贴在胶合板、刨花板、纤维板、细木工板等基层上。该板饰面效果较为高雅,色彩均匀,效果较好,属中高档饰面材料。

(2)有机玻璃板

有机玻璃板是一种具有极好透光度的热塑性塑料,是以甲基丙烯酸甲酯为主要基料,加入引发剂、增塑剂等聚合而成。

有机玻璃的透光性极好,可透过光线的99%,并能透过紫外线的73.5%;机械强度较高;耐热性、抗寒性及耐候性都较好;耐腐蚀性及绝缘性良好;在一定条件下,尺寸稳定、容易加工。

有机玻璃的缺点是质地较脆,易溶于有机溶剂,表面硬度不大,易擦毛等。

有机玻璃在建筑上主要用作室内高级装饰材料及特殊的吸顶灯具或室内隔断及透明防护材料等。有机玻璃有无色、有色透明有机玻璃和各色珠光有机玻璃等多种。

(3)玻璃钢装饰板

玻璃钢装饰板是以玻璃布为增强材料,不饱和聚酯树脂为胶结剂,在固化剂、催化剂的作用下加工而成。规格有 1 850 mm×850 mm×0.5 mm、2 000 mm×850 mm×0.5 mm 等多种。色彩多样,主要图案有木纹、石纹、花纹等,美观大方。该板漆膜亮、硬度高、耐磨、耐酸碱、耐高温,适用于粘贴在各种基层、板材表面,做建筑装修和家具饰面。

(4)模压饰面板

模压饰面板是用木材与合成树脂,经高温高压成型制成。此板平滑光洁、经久耐用,具有防火、防虫、防霉、耐热、耐晒、耐寒、耐酸碱等优点。它有木材类的可加工性,安装方便,装饰效果好,适用于做护墙板、顶棚、窗台板、家具饰面板以及酒吧台、展台等的饰面。

3. 无机材料类装饰板材

（1）石材类饰面板

石材类饰面板包括天然石材饰面板和人造石材类饰面板。

（2）石膏板

① 装饰石膏板

装饰石膏板是以建筑石膏为主要原料，掺入适量纤维增强材料和外加剂，与水一起搅拌成均匀的料浆，注入带有花纹的硬质模具内成型，再经硬化干燥而成的无护面纸的装饰板材。

装饰石膏板的品种很多，根据功能可分为：高效防水吸声装饰石膏板、普通吸声装饰石膏板、吸声石膏板。

装饰石膏板颜色洁白，质地细腻，图案花纹多样，浮雕造型立体感强，用作室内装饰能给人以赏心悦目之感。

装饰石膏板具有轻质、强度较高、绝热、吸声、防火、阻燃、抗震、耐老化、变形小、能调节室内湿度等特点，同时加工性能好，可进行锯、刨、钉、粘贴等加工，施工方便，工效高。

普通吸声装饰石膏板适用于宾馆、礼堂、会议室、招待所、医院、候机室、候车室等做吊顶或平顶装饰用板材，以及安装在这些室内四周墙壁的上部，也可用做民用住宅、车厢、轮船房间等室内顶棚和墙面装饰。

高效防水吸声装饰石膏板主要用于对装饰和吸声有一定要求的建筑物室内顶棚和墙面装饰，特别适用于环境湿度大于70％的工矿车间、地下建筑、人防工程及对防水有特殊要求的建筑工程。

吸声石膏板适用于各种音响效果要求较高的场所，如影剧院、电教馆、播音室等的顶棚和墙面，以同时起消声和装饰作用。

② 嵌装式装饰石膏板

嵌装式装饰石膏板是板材背面四周加厚并带有嵌装企口的无护面纸的石膏板。有装饰板和吸声板两种。

嵌装式装饰石膏板为正方形，其棱边断面形式有直角形和倒角形（一般为 45°）两种。嵌装式装饰石膏板的装饰功能主要是由其表面具有各种不同的凹凸图案和一定深度的浮雕花纹所形成，加之各种绚丽的色彩，不论从其立面造型或平面布置欣赏，都会获得良好的装饰效果。如果图案、色泽选择得当，搭配相宜，则装饰效果显得大方、美观、新颖、别致，特别适用于影剧院、会议中心、大礼堂及展览厅等人流比较集中的公共场所。

嵌装式装饰石膏板还可与轻钢系列龙骨配套使用，组成新型隐蔽式装配吊顶体系，亦即这种吊顶工程施工时，采用板材企口暗缝咬接法安装。

8.4.6　卷材类装饰材料

1. 卷材类地面装饰材料

（1）塑料类卷材地板

塑料地板是以高分子合成树脂为主要材料，加入其他辅助材料，经一定的制作工艺制成的地面面层材料。

塑料地板有很多的优良性能，通过印花、压花等可使表面有丰富的图案和色彩，不但可仿木材、石材等,还可任意拼装组合成变化多样的几何图案,使室内空间活泼、富于变化。通过调整材料的配方和采用不同的制作工艺,可得到适用不同需要,满足各种功能要求的产品。塑料地板质量轻,可大大减小楼面荷载。塑料地板耐磨性好,有弹性,脚感舒适,并有一定的保温吸声性,同时在使用的时候维护和保养方便简单。

(2)地毯

地毯是一种高级地面装饰材料,也是通用的生活用品之一。传统的地毯是手工编织的羊毛地毯。但当今的地毯,其原料、款式多种多样,颜色从艳丽到淡雅,绒毛从柔软到强韧,使用从室内到室外,已形成了地毯的高、中、低档系列产品。

现将不同材质的地毯主要品种介绍如下。

① 纯毛地毯

纯毛地毯分手工编织和机织两种,前者为传统产品,后者是近代发展起来的。

手工编织纯毛地毯具有图案优美、色泽鲜艳、富丽堂皇、质地厚实、富有弹性、柔软舒适、经久耐用等特点,其铺地装饰效果极佳。由于做工精细,产品名贵,售价高,所以常用于国际性、国家级的大会堂、迎宾馆、高级饭店和高级住宅、会客厅,以及其他重要的装饰性要求高的场所。

机织纯毛地毯具有毯面平整、光泽好、富有弹性、脚感柔软、抗磨耐用等特点,其性能与纯毛手工地毯相似,但价格远低于手工地毯,适用于宾馆、饭店的客房、楼梯、楼道、宴会厅、会客室,以及体育馆、家庭等满铺使用。

② 化纤地毯

化纤地毯又称合成纤维地毯。它是以化学合成纤维为原料,经机织或簇绒等方法加工成面层织物后,再与防松层、背衬进行复合处理而成。

化纤地毯具有质轻、耐磨性好、富有弹性、脚感舒适、步履轻便、价格较廉、铺设简便、不易被虫蛀和霉变等特点,适用于宾馆、饭店、接待室、餐厅、住宅居室、活动室及船舶、车辆、飞机等的地面装饰。化纤地毯可用于摊铺,也可粘铺在木地板、马赛克、水磨石及混凝土地面上。

③ 塑料地毯

塑料地毯是用PVC树脂或PP(聚丙烯)树脂、增塑剂等多种辅助材料,经混炼、塑制而成,是一种新型的软质材料。常用的有丙纶长丝切绒地毯以及尼龙长丝圈绒地毯,幅宽为3 m、3.6 m、4 m,可代替羊毛地毯或化纤地毯使用。

塑料地毯具有质地柔软、色彩鲜艳、自熄、不燃、污染后可用水刷洗等特点,适用于宾馆、商店、舞台、浴室等公共建筑和住宅地面的装饰。

2.卷材类墙面装饰材料

(1)墙布、壁纸

墙布、壁纸实际属同一类型材料。壁纸也称墙纸,是通过黏结剂粘贴在平整基层(如水泥砂浆基层、胶合板基层、石膏板基层)等上的薄型饰面材料。种类繁多,按外观装饰效果分类,有印花墙布、浮雕墙纸等;按其功能分,有装饰墙纸、防火墙纸、防水墙纸等;按施工方法分,有现场刷胶裱贴的,有背面预涂压敏胶直接铺贴的;按墙纸所用材料分,有纸面纸基、天然纤维、合成纤维、玻璃纤维墙纸和墙布等。

① 棉纺墙布

棉纺墙布是建筑用的装饰墙布之一。它是将纯棉平布经过处理、印花、涂层制作而成。该墙布强度大、蠕变性小、静电小、无光、无气味、无毒、吸音、花型繁多、色泽美观大方,可用于宾馆、饭店、公共建筑和较高级民用建筑中的装饰,适用于基层为砂浆、混凝土、白灰浆墙面以及石膏板、胶合板、纤维板和水泥板等墙面粘贴或浮挂。

② 无纺贴墙布

无纺贴墙布是采用棉、麻等天然纤维或涤纶、腈纶等合成纤维,经过无纺成型、涂树脂、印制彩色花纹而成的一种新型贴墙材料。

这种贴墙布的特点是挺括、富有弹性、不易折断、纤维不易老化、不散失、对皮肤无刺激作用,色彩鲜艳,图案雅致,粘贴方便,具有一定的透气性和防潮性,能擦洗而不褪色。

无纺贴墙布适用于各种建筑物的室内墙面装饰,尤其是涤纶棉无纺贴墙布,除具有麻质无纺贴墙布的所有性能外,还具有质地细腻、光滑的特点,特别适用于高级宾馆、高级住宅等建筑物。

③ 化纤装饰贴墙布

化纤装饰贴墙布是以人造化学纤维织成的单纶(或多纶)布为基材,经一定处理后印花而成。化学纤维种类繁多,各具不同性能,常用的纤维有粘胶纤维、醋酸纤维、聚丙烯纤维、聚丙烯腈纤维、锦纶纤维、聚酯纤维等。"多纶"是指多种化纤与棉纱混纺制成的贴墙布。

化纤装饰贴墙布具有无毒、无气味、透气、防潮、耐磨、无分层等优点,适用于各级宾馆、旅店、办公室、会议室和居民住宅等室内墙面装饰。

④ 玻璃纤维印花贴墙布

玻璃纤维印花贴墙布是以中碱玻璃纤维布为基材,表面涂以耐磨树脂,印上彩色图案而成。

这种印花布的特点是色彩鲜艳、花色多样,室内使用不褪色、不老化、防火、耐湿性强,可用皂水洗刷,施工简单,粘贴方便,适用于招待所、旅馆、饭店、宾馆、展览馆、餐厅、工厂净化车间、居室等的内墙面装饰。

(2) 高级墙面装饰织物

高级墙面装饰织物是指锦缎、丝绒、呢料等织物。这些织物由于所用纤维材料、织造方法以及处理工艺不同,产生的质感和装饰效果也不一样,它们均能给人以美的感受。

锦缎是一种丝织品,在我国已有悠久的历史。它具有纹理细腻、柔软绚丽、古朴精致、高雅华贵的特点,其价格昂贵,可用做高级建筑室内墙面浮挂装饰,也可用于室内高级墙面裱糊;但因锦缎很柔软,容易变形,施工要求高,且不能擦洗,稍受潮湿或水渍,就会留下斑迹或易生霉变,使用中应予注意。

丝绒色彩华丽,质感厚实温暖,格调高雅,用于高级建筑室内窗帘、软隔断或浮挂,显示富贵、豪华特色。

粗毛呢料或仿毛化纤织物和麻类织物,质感粗实厚重,具有温暖感,吸声性能好,还能从纹理上显示出厚实、古朴等特色,适用于高级宾馆等公共厅堂柱面的裱糊装饰。

(3) 艺术壁毯

艺术壁毯又称壁毯或挂毯,是室内墙挂艺术品。艺术壁毯图案、花色精美,常用纯羊毛或蚕丝等高级材料精心制作而成。画面多为名家所绘的动物花鸟、山水风光等，显现华贵、典雅、古朴或富有民族艺术特色，给人以美的享受。

8.4.7　装饰涂料

涂料是一种可涂刷于基层表面，并能结硬成膜的材料，常用于建筑装饰，主要起装饰和保护作用，从而提高主体建筑材料的耐久性。涂料是最简单的一种饰面方式，它具有工期短、工效高、自重轻、价格低、维修更新方便等特点，而且色彩丰富，质感逼真。因此，涂料在建筑工程中得到广泛应用。

1. 涂料的组成

各种涂料的组成不同，但基本上由主要成膜物质、次要成膜物质、辅助成膜物质等组成。各组成部分的常用原料见表 8-20。

表 8-20　涂料的组成

组　成		原　料
主要成膜物质	油脂	动物油：鲨鱼肝油、牛油等 植物油：桐油、豆油、蓖麻油等
	树脂	天然树脂：虫胶、松香等 合成树脂：酚醛、醇酸、氨基酸、有机硅等
次要成膜物质	颜料	无机颜料：钛白、铬黄、铁蓝、炭黑等 有机颜料：甲苯胺红、酞菁蓝等 防锈颜料：红丹、锌铬黄等
	填料	滑石粉、碳酸钙、硫酸钡等
辅助成膜物质	助剂	增韧剂、催干剂、固化剂、乳化剂、稳定剂等
挥发物质	稀释剂	石油溶剂、苯、松节油、乙醇、水等

主要成膜物质包括基料、胶黏剂或固着剂。其作用是将涂料中的其他组分黏结在一起，并能牢固附着在基层表面形成均匀、坚韧的保护膜。主要成膜物质的性质，对形成涂膜的坚韧性、耐磨性、耐候性以及化学稳定性等，起着决定性的影响作用。

次要成膜物质包括颜料和填料，它们是构成涂膜的组成部分，以微细粉状均匀分散于涂料介质中，赋予涂膜以色彩、质感，使涂膜具有一定的遮盖力，减少收缩，还能增加涂膜的机械强度，防止紫外线的穿透作用，提高涂膜的抗老化性、耐候性等；但它们不能离开主要成膜物质而单独成膜。

稀释剂又称溶剂，是溶剂型涂料的一个重要组成部分。它是一种具有既能溶解油料、树脂，又易于挥发，能使树脂成膜的有机物质。其作用是：将油料、树脂稀释并将颜料和填料均匀分散；调节涂料的黏度，使涂料便于涂刷、喷涂在物体表面，形成连续薄层；增加涂料的渗透力；改善涂料与基面的黏结能力、节约涂料等。但过多的掺用溶剂会降低涂膜的强度和耐久性。

辅助材料又称助剂，以催干剂、增韧剂使用较普遍。其用量很少，但种类很多，各有特点，且作用显著，是改善涂料某些性能的重要物质。

2. 涂料的品种

涂料品种多,使用范围很广,分类方法也不尽相同。一般根据涂料的主要成膜物质的化学组成可分为有机涂料、无机涂料及复合涂料三大类。按建筑上使用部位和功能分为外墙涂料、内墙涂料、地面涂料、顶棚涂料,或装饰涂料、防水涂料、防腐涂料、防火涂料等。按分散介质不同,建筑涂料又可分为溶剂型涂料、水乳型涂料和水溶性涂料。按涂层质感不同,可分为薄质涂料、厚质涂料等。

(1) 有机涂料

常用的有机涂料有以下三种类型。

① 溶剂型涂料是以有机高分子合成树脂为主要成膜物质。有机溶剂为稀释剂,加入适量的颜料、填料及辅助材料,经研磨而成的涂料。其优点是涂膜细而坚韧,有较好的耐水性、耐候性及气密性。缺点是易燃,溶剂挥发时对人体有害,施工时要求基层干燥,且价格较贵。常用品种有过氯乙烯、聚乙烯醇缩丁醛、氯化橡胶、丙烯酸酯等内、外墙涂料。

② 水溶性涂料是以水溶性合成树脂为主要成膜物质,以水为稀释剂,并加入少量的颜料、填料及辅助材料,经研磨而成的涂料。其水溶性树脂可直接溶于水中,与水形成单相的溶液。它的耐水性、耐候性较差,一般只用于内墙涂料。常用品种有聚乙烯醇水玻璃内墙涂料,聚乙烯醇缩甲醛类墙、地面涂料等。

③ 乳胶涂料又称乳胶漆,是由合成树脂借助乳化剂的作用,以 $0.1 \sim 0.5\ \mu m$ 的极微细粒子分散于水中构成乳液,并以乳液为主要成膜物质,加入适量颜料、填料、辅助材料经研磨而成的涂料。由于以水为稀释剂,价格便宜,无毒、不燃,有一定的透气性,涂布时不需基层很干燥,涂膜耐水、耐擦洗性较好,可作为内外墙建筑涂料。乳胶型涂料是今后建筑涂料发展的主流。常用品种有聚醋酸乙烯乳液、醋酸乙烯-顺丁烯-q-酯、乙烯-醋酸乙烯、醋酸乙烯-丙烯酸酯、苯乙烯-丙烯酸酯等共聚乳液等。

(2) 无机涂料

无机涂料是 20 世纪 80 年代末我国开始研制、生产的涂料。目前,应用较广的有碱金属硅酸盐系中的硅酸钠水玻璃外墙涂料和硅酸钾水玻璃外墙涂料及硅溶胶系外墙涂料。其特点为涂膜硬度大,耐磨性好,耐水性、耐久性、耐热性好,原料来源丰富,价格便宜,是一种有发展前途的建筑涂料。无机涂料的特点是:资源丰富、工艺简单,黏结力、遮盖力强,耐久性好,颜色均匀、装饰效果好,且不燃、无毒。

(3) 复合涂料

复合涂料可使有机、无机涂料各自发挥优势,取长补短。如聚乙烯醇水玻璃内墙涂料就比单纯使用聚乙烯醇涂料的耐水性有所提高,以硅溶胶、丙烯酸系复合的外墙涂料在涂膜的柔韧性及耐候性方面更好。

总之,有机、无机复合建筑涂料的研制,对降低成本,改善性能,适应建筑装饰的要求等方面提供了一条更有效的途径。

(4) 油漆类涂料

油漆涂料是指一般常用的所谓"油漆",其分类是以主要成膜物质为依据。我国油漆涂料共分 17 大类,详见国家标准《涂料产品分类和命名》(GB/T 2705—2003)。在建筑中常用的是清漆和色漆。

3. 常用的建筑涂料

建筑涂料的品种繁多,性能各异。下面按涂料的使用部位分别介绍外墙涂料、内墙涂料及地面涂料。

(1) 外墙涂料

外墙涂料的主要功能是装饰和保护建筑物的外墙面,使建筑物外貌整洁美观,从而达到美化城市环境的目的,同时,能够起到保护建筑物外墙的作用,延长其使用时间。为了获得良好的装饰与保护效果,外墙涂料一般应具有装饰性好、耐水性好、耐候性好、耐玷污性好的特点。此外,外墙涂料还应有施工及维修方便、价格合理等特点。建筑外墙涂料的主要类型及品种如下。

① 聚氨酯系外墙涂料

聚氨酯系外墙涂料是以聚氨酯树脂或聚氨酯与其他树脂复合物为主要成膜物质,加入填料、助剂组成的优质外墙涂料。

② 丙烯酸系列外墙涂料

丙烯酸系列外墙涂料是以改性丙烯酸共聚物为成膜物质,掺入紫外光吸收剂、填料、有机溶剂、助剂等,经研磨而制成的一种溶剂型外墙涂料。该系列涂料价格低廉,不泛黄,装饰效果好,使用寿命长,估计可达 10 年以上,是目前外墙涂料中较为常用的品种之一。

③ 无机外墙涂料

无机外墙涂料是以硅酸钾或硅溶胶为主要胶结剂,加入填料、颜料及其他助剂(如六偏磷酸钠)等,经混合、搅拌、研磨而制成的一种无机外墙涂料。

④ 彩色砂壁状外墙涂料

彩色砂壁状外墙涂料又称彩砂涂料,是以合成树脂乳液和着色骨料为主体,外加增稠剂及各种助剂配制而成。由于采用高温烧结的彩色砂粒、彩色陶瓷或天然带色石屑作为骨料,使制成的涂层具有丰富的色彩及质感,其保色性及耐候性比其他类型的涂料有较大的提高,耐久性可达 10 年以上。涂料主要采用合成乳液做主要成膜物质。

(2) 内墙涂料

内墙涂料又可用于顶棚,它的主要功能是装饰及保护内墙墙面及顶棚,使其美观,达到良好的装饰效果。内墙涂料应具有以下特点:色彩丰富、细腻、和谐,耐碱性、耐水性、耐粉化性良好,且透气性好,涂刷容易,价格合理。常用的内墙涂料有乳胶漆、多彩涂料等。

① 乳胶漆

合成树脂乳液内墙涂料(又称乳胶漆)是以合成树脂乳液为基料(成膜材料)的薄型内墙涂料,一般用于室内墙面装饰,但不宜用于厨房、卫生间、浴室等潮湿墙面。目前,常用的品种有苯丙乳胶漆、乙丙乳胶漆、聚醋酸乙烯乳胶内墙涂料、偏氯乙烯共聚乳液内墙涂料等。

② 溶剂型内墙涂料

溶剂型内墙涂料与溶剂型外墙涂料基本相同。由于其透气性较差,易结露,且施工时有大量有机溶剂逸出,因而室内施工更应重视通风与防火。但溶剂型内墙涂料涂层光洁度好,易于清洗,耐久性亦好,目前主要用于大型厅堂、室内走廊、门厅等部位,一般民用住宅内墙装饰很少应用。可用做内墙装饰的溶剂型建筑涂料主要品种有:过氯乙烯墙面涂料、聚乙烯醇缩丁醛墙面涂料、氯化橡胶墙面涂料、丙烯酸酯墙面涂料、聚氨酯系墙面涂料以及聚氨酯—丙烯酸酯系墙面涂料。

③ 多彩内墙涂料

多彩内墙涂料是将带色的溶剂型树脂涂料慢慢地掺入到甲基纤维素和水组成的溶液中,通过不断搅拌,使其分散成细小的溶剂型油漆涂料,形成不同颜色油漆的混合悬浊液。它是一种较常用的墙面、顶棚装饰材料。多彩内墙涂料按其介质可分为水包油型、油包水型、油包油型和水包水型四种。

④ 幻彩涂料

幻彩涂料,又称梦幻涂料、云彩涂料,是用特种树脂和专门的有机、无机颜料制成的高档水性内墙涂料。幻彩涂料的种类较多,按组成的不同主要有用特殊树脂与专门的有机、无机颜料复合而成的;用特殊树脂与专门制得的多彩金属化树脂颗粒复合而成的;用特殊树脂与专门制得的多彩纤维复合而成的等。其中使用较多、应用较为广泛的为第一种。

(3) 地面涂料

地面涂料的主要功能是装饰与保护室内地面,使地面清洁美观,与其他装饰材料一同创造优雅的室内环境。为了获得良好的装饰效果,地面涂料应具有以下特点:耐碱性好、黏结力强、耐水性好、耐磨性好、抗冲击力强、涂刷施工方便及价格合理等。

① 过氯乙烯水泥地面涂料

过氯乙烯水泥地面涂料,是我国将合成树脂用作建筑物室内水泥地面装饰的早期材料之一。它是以过氯乙烯树脂为主要成膜物质,并用少量其他树脂,加入一定量的增塑剂、填料、颜料、稳定剂等物质,经捏和、混炼、切粒、溶解、过滤等工艺过程而配制成的一种溶剂型地面涂料。

过氯乙烯水泥地面涂料具有干燥快、施工方便、耐水性好、耐磨性较好、耐化学腐蚀性强等特点。由于其含有大量易挥发、易燃的有机溶剂,因而在配制涂料及涂刷施工时应注意防火、防毒。

② 聚氨酯地面涂料

聚氨酯是聚氨基甲酸酯的简称。聚氨酯地面涂料分薄质罩面涂料与厚质弹性地面涂料两类。前者主要用于木质地板或其他地面的罩面上光。后者用于刷涂水泥地面,能在地面形成无缝且具有弹性的耐磨涂层,因此称之为弹性地面涂料。

涂料与水泥、木材、金属、陶瓷等地面的黏结力强,能与地面形成一体,整体性好。涂层的弹性变形能力大,不会因地基开裂、裂纹而导致涂层的开裂;色彩丰富,可涂成各种颜色,也可在地面形成各种图案;耐磨性很好,并且耐油、耐水、耐酸、耐碱,是化工车间较为理想的地面材料;重涂性好,便于维修;施工较复杂,原材料具有毒性,施工中应注意通风、防火及劳动保护。

聚氨酯地面涂料固化后,具有一定的弹性,且可加入少量的发泡剂形成含有适量泡沫的涂层;因此,步感舒适,适用于高级住宅的地面,但价格较贵。

③ 聚醋酸乙烯水泥地面涂料

聚醋酸乙烯水泥地面涂料,是由聚醋酸乙烯水乳液、普通硅酸盐水泥及颜料、填料配制而成的一种地面涂料。主要成膜物质为聚醋酸乙烯乳液与水泥。聚醋酸乙烯乳液为白色或乳酪色的黏稠液体,有微酸性,无毒,对物体有较强的黏结力,可用于新旧水泥地面的装饰,是一种新颖的水性地面涂布材料。

聚醋酸乙烯水泥地面涂料是一种有机、无机复合的水性涂料,其质地细腻,对人体无毒害,施工性能良好,早期强度高,与水泥地面基层的黏结牢固。形成的涂层具有优良的耐磨性、抗冲击性、色彩美观大方,表面有弹性,外观类似塑料地板。原材料来源丰富,价格便宜,涂料配制工艺简单。该涂料适用于民用住宅室内地面的装饰,亦可取代塑料地板或水磨石地坪,用于某些实验室、仪器装配车间等地面,涂层耐久性约为10年。

④ 环氧树脂厚质地面涂料

环氧树脂厚质地面涂料,是以环氧树脂为主要成膜物质的双组分常温固化型涂料。涂料是由甲、乙两组分组成。甲组分是以环氧树脂为主要成膜物质,加入填料、颜料、增塑剂和其他助剂等组成。乙组分是以胺类为主的固化剂组成。环氧树脂涂料与基层黏结性能优良,涂膜坚韧、耐磨,具有良好的耐化学腐蚀、耐油、耐水等性能,以及优良的耐老化和耐候性,装饰效果良好,是近年来国内开发的耐腐蚀地面和高档外墙涂料新品种。

双组分固化,操作时较复杂,且施工时应注意通风、防火,要求地面含水率不大于8%。

【知识拓展】　　　　　　　　　**透水沥青混凝土**

近20年中国在各行各业都有了飞速发展,我们建成了世界最大的高速铁路网、高速公路网,机场港口、水利、能源、信息等基础设施建设也取得重大成就。

沥青混凝土是公路、铁路、机场、港口、水利等工程项目最常使用的一种材料。在建设实践中,我们的建设者为了解决道路使用过程中的积水、湿滑、反光等问题,经过不断的实践和创新,出现了一种新型的道路路面材料—透水沥青混凝土。

透水沥青混凝土是以沥青为主要材料,以石子为骨料,辅以改性剂的多孔混凝土材料。透水沥青混凝土作为路面材料,与普通的沥青混凝土相比较,其显著的优点就是具有良好的看透水性,这样不仅可以避免雨天路面积水,提高路面抗滑性能,有效防止雨天交通事故的发生,还能增加了整个城市的透水性,使得城市在雨天会吸除雨水,在晴天会使路面渗入的水还会通过透水沥青路面的空隙蒸发,使整个城市的气候有所改善。除此之外,透水沥青混凝土路面还能减小路面反光,改善路面标志的可见度,改善车辆行驶时的舒适度和安全性,同时透水沥青混凝土还具有一定的吸引降噪作用,可以创造安静舒适的交通环境。

习　题

一、填空题

1. 沥青按其在自然界中获得的方式可分为_____和_____两大类。

2. 石油沥青的主要组分是_____、_____、_____。它们分别赋予石油沥青_____性、_____性、_____性、_____性及_____。

3. 石油沥青的三大技术指标是_____、_____和_____,它们分别表示沥青的_____性、_____性和_____性。石油沥青的牌号是以其中的_____指标来表示的。

4. 目前防水卷材主要包括_____、_____、_____三大类。

5. 沥青胶的标号是以_____来表示的,沥青胶中矿粉的掺量愈多,则其_____性愈高,_____愈大,但_____性降低。

6. 冷底子油是由_____和_____配制而成,主要用于_____。

7. SBS 改性沥青柔性油毡是近几年来生产的一种弹性沥青防水卷材,它是以_____为胎体,以_____改性沥青为面层,以_____为隔离层的沥青防水卷材。

8. 根据沥青混合料压实后剩余空隙率的不同,沥青混合料可分为_____和_____两大类。

9. 沥青混合料根据其矿料的级配类型,可分为_____和_____沥青混合料两大类。

10. 沥青混合料的组成结构形态有_____结构、_____结构和_____结构。

11. 沥青混合料的主要技术性质有_____、_____、_____ 、_____。

二、选择题

1. 黏稠沥青的黏性用针入度值表示,当针入度值愈大时,(   )。

A. 黏性越小;塑性越大;牌号增大

B. 黏性越大;塑性越差;牌号减小

C. 黏性不变;塑性不变;牌号不变

2. 石油沥青的塑性用延度的大小来表示,当沥青的延度值越小时,(   )。

A. 塑性越大 　　　B. 塑性越差 　　　C. 塑性不变

3. 石油沥青的温度稳定性用软化点来表示,当沥青的软化点越高时,(   )。

A. 温度稳定性越好　　B. 温度稳定性越差　　C. 温度稳定性不变

4. 沥青混合料中的沥青,选用哪种结构的沥青较好(   )。

A. 溶胶结构 　　　B. 凝胶结构 　　　C. 溶凝胶结构

5. 沥青混合料路面的抗滑性与矿质混合料的表面性质有关,选用(   )的石料与沥青有较好的黏附性。

A. 酸性 　　　　　B. 碱性 　　　　　C. 中性

6. 煤沥青与石油沥青相比较,煤沥青的哪种性能较好(   )。

A. 塑性 　　　　　B. 温度敏感性 　　　C. 大气稳定性

D. 防腐能力 　　　E. 与矿物表面的黏结性

三、简答题

1. 石油沥青有哪些主要技术性质? 各用什么指标表示?

2. 石油沥青的组分比例改变对沥青的性质有何影响?

3. 某屋面工程需要使用软化点为 80℃的石油沥青,现工地仅有 10 号及 60 号石油沥青,试求这两种沥青的掺配比例?

4. 沥青为什么会发生老化? 如何延缓其老化?

5. 与传统的沥青防水卷材相比较,改性沥青防水卷材和合成高分子防水卷材有什么突出的优点?

6. 为满足防水要求,防水卷材应具有哪些技术性能?

7. 试述防水涂料的特点。

8. 试述密封膏的性能要求和使用特点。

9. 某绝热材料受潮后,其绝热性能明显下降。请分析原因。

10. 广东某高档高层建筑需建玻璃幕墙,有吸热玻璃及热反射玻璃两种材料可选用。请选用并简述理由。

11. 请分析用于室外和室内的建筑装饰材料主要功能的差异。装饰材料在建筑中起什么作用？有哪几大类？

12. 对装饰材料有哪些要求？在选用装饰材料时应注意些什么？

13. 内、外墙的饰面材料在性能要求上有无差别？为什么？

14. 对室内外的地面装饰材料的要求是否相同？为什么？适用于室外地面的装饰材料主要有哪些？

15. 饰面陶瓷砖有哪几种？各有哪些性能、特点和用途？

16. 常用的饰面板有哪些？适用于哪些部位？

17. 地面用装饰卷材有哪些？各有何特点？

18. 贴墙纸有哪些品种？有何特点？

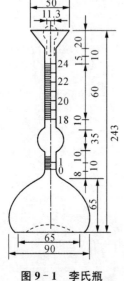

第9章 建筑材料试验

【学习目标】

本章试验内容包括：材料的基本性质、水泥、混凝土骨料、普通混凝土、砂浆、砌墙砖及砌块、钢筋、混凝土非破损试验、防水材料、保温材料以及综合设计试验等共11项。

通过试验预期达到三个目标：一是熟悉、验证、巩固所学的理论知识；二是了解所使用的仪器设备，掌握所学建筑材料的试验方法；三是可让学生更深刻地掌握各种材料的技术性能，对常用的材料具有独立进行质量检验的能力。

▶ 9.1 建筑材料的基本性质试验 ◀

9.1.1 密度试验

1. 试验目的

材料的密度是指在绝对密实状态下单位体积的质量。利用密度可计算材料的孔隙率和密实度。孔隙率的大小会影响到材料的吸水率、强度、抗冻性及耐久性等。

2. 主要仪器设备

① 李氏瓶（图 9-1）；② 天平；③ 筛子；④ 鼓风烘箱；⑤ 量筒、干燥器、温度计等。

3. 试样制备

将试样研碎，用筛子除去筛余物，放到 105～110℃的烘箱中，烘至恒重，再放入干燥器中冷却至室温。

4. 试验步骤

（1）在李氏瓶中注入与试样不起反应的液体至凸颈下部，记下刻度数 V_0（cm^3）。将李氏瓶放在盛水的容器中，在试验过程中保持水温为 20℃。

（2）用天平称取 60～90 g 试样，用漏斗和小勺小心地将试样慢慢送到李氏瓶内（不能大量倾倒，防止在李氏瓶喉部发生堵塞），直至液面上升至接近 20 cm^3 为止。再称取未注入瓶内剩余试样的质量，计算出送入瓶中试样的质量 m（g）。

（3）用瓶内的液体将黏附在瓶颈和瓶壁的试样洗入瓶内液体中，转动李氏瓶使液体中的气泡排出，记下液面刻度 V_1（cm^3）。

（4）将注入试样后的李氏瓶中的液面读数 V_1，减去未注入前的读数 V_0，得到试样的密实体积 V（cm^3）。

图 9-1 李氏瓶
单位：mm

5. 试验结果计算

材料的密度按下式计算（精确至小数后第二位）：

$$\rho = \frac{m}{V} \tag{9.1}$$

式中：ρ——实际密度（g/cm^3）；

　　m——材料在干燥状态下的质量（g）；

　　V——材料在绝对密实状态下的体积（cm^3）。

按规定，密度试验用两个试样平行进行，以其计算结果的算术平均值为最后结果，但两个结果之差不应超过 0.02 g/cm^3。

9.1.2 表观密度试验

1. 试验目的

材料的表观密度是指在自然状态下单位体积的质量。利用材料的表观密度可以估计材料的强度、吸水性、保温性等，同时可用来计算材料的自然体积或结构物质量。

2. 主要仪器设备

① 游标卡尺；② 天平；③ 鼓风烘箱；④ 干燥器、直尺等。

3. 试验步骤

(1) 对几何形状规则的材料：将待测材料的试样放入 105～110℃的烘箱中烘至恒重，取出置于干燥器中冷却至室温。

(2) 用游标卡尺量出试样尺寸，试样为正方体或平行六面体时，以每边测量上、中、下三次的算术平均值为准，并计算出体积 V_0；试样为圆柱体时，以两个互相垂直的方向量其直径，各方向上、中、下测量三次，以六次的算术平均值为准确定其直径，并计算出体积 V_0。

(3) 用天平称量出试样的质量 m。

4. 试验结果计算

材料的表观密度按下式计算：

$$\rho_0 = \frac{m}{V_0} \tag{9.2}$$

式中：ρ_0——体积密度（g/cm^3 或 kg/m^3）；

　　m——材料的质量（g 或 kg）；

　　V_0——材料在自然状态下的体积，或称表观体积（cm^3 或 m^3）。

对非规则几何形状的材料（如卵石等）：其自然状态下的体积 V_0 可用排液法测定，在测定前应对其表面封蜡，封闭开口孔后，再用容量瓶或广口瓶进行测试。其余步骤同规则形状试样的测试。

9.1.3 堆积密度试验

1. 试验目的

堆积密度是指散粒或粉状材料（如砂、石等）在自然堆积状态下（包括颗粒内部的孔隙及颗粒之间的空隙）单位体积的质量。利用材料的堆积密度可估算散粒材料的堆积体积及质量,同时可考虑材料的运输工具及估计材料的级配情况等。

2.主要仪器设备

① 鼓风烘箱;② 容量筒;③ 天平;④ 标准漏斗、直尺、浅盘、毛刷等。

3.试样制备

用四分法缩取 3 L 的试样放入浅盘中,将浅盘放入温度为 105～110℃ 的烘箱中烘至恒重,再放入干燥器中冷却至室温,分为两份大致相等的待用。

4.试验步骤

(1)称取标准容器的质量 m_1(g)。

(2)取试样一份,经过标准漏斗将其徐徐装入标准容器内,待容器顶上形成锥形,用钢尺将多余的材料沿容器口中心线向两个相反方向刮平。

(3)称取容器与材料的总质量 m_2(g)。

5.试验结果计算

试样的堆积密度可按下式计算(精确至 10 kg/m³):

$$\rho'_0 = \frac{m}{V'_0} \tag{9.3}$$

式中:ρ'_0——堆积密度(kg/m³);

　　m——材料的质量(kg);

　　V'_0——材料的堆积体积(m³)。

以两次试验结果的算术平均值作为堆积密度测定的结果。

▶ 9.2　水泥的基本性质试验 ◀

9.2.1　水泥细度测定(筛析法)

1.试验目的

通过试验来检验水泥的粗细程度,作为评定水泥质量的依据之一;掌握《水泥细度检验方法筛析法》(GB/T 1345—2005)的测试方法,正确使用所用仪器与设备,并熟悉其性能。

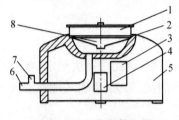

图 9-2　负压筛析仪

2.主要仪器设备

① 试验筛;② 负压筛析仪(图 9-2);③ 天平。

3.试验步骤——负压筛法

(1)筛析试验前,应把负压筛放在筛座上,盖上筛盖,接通电源,检查控制系统,调节负压至 4 000～6 000 Pa 范围内。

(2)称取试样 25 g,置于洁净的负压筛中。盖上筛盖,放在筛座上,开动筛析仪连续筛析 2 min,在此期间如有试样附着筛盖上,可轻轻地敲击,使试样落下。筛毕,用天平称量筛余物。

(3)当工作负压小于 4 000 Pa 时,应清理吸尘器内水泥,使负压恢复正常。

9.2.2 水泥标准稠度用水量试验

1. 试验目的

通过试验测定水泥净浆达到水泥标准稠度(统一规定的浆体可塑性)时的用水量,作为水泥凝结时间、安定性试验用水量;掌握《水泥标准稠度用水量、凝结时间、安定性检验方法》(GB/T 1346—2011)的测试方法,正确使用仪器设备,并熟悉其性能。

2. 主要仪器设备

① 水泥净浆搅拌机(图9-3);② 标准法维卡仪(图9-4);③ 天平;④ 量筒。

3. 试验方法及步骤(标准法)

(1)试验前检查:仪器金属棒应能自由滑动,搅拌机运转正常等。

(2)调零点:将标准稠度试杆装在金属棒下,调整至试杆接触玻璃板时指针对准零点。

(3)水泥净浆制备:用湿布将搅拌锅和搅拌叶片擦一遍,将拌合用水倒入搅拌锅内,然后在5~10 s内小心将称量好的500 g水泥试样加入水中(按经验找水);拌合时,先将锅放到搅拌机锅座上,升至搅拌位置,启动搅拌机,慢速搅拌120 s,停拌15 s,同时将叶片和锅壁上的水泥浆刮入锅中,接着快速搅拌120 s后停机。

(4)标准稠度用水量的测定:拌合结束后,立即取适量水泥净浆一次性将其装入已置于玻璃底板上的试模中,浆体超过试模上端,用宽约25 mm的直边刀轻轻拍打超出试模部分的浆体5次以排除浆体中的孔隙,然后在试模上表面约1/3处,略倾斜于试模分别向外轻轻锯掉多余净浆,再从试模边沿轻抹顶部一次,使净浆表面光滑。在锯掉多余净浆和抹平的操作过程中,注意不要压实净浆;抹平后迅速将试模和底板移到维卡仪上,并将其中心定在试杆下,降低试杆直至与水泥净浆表面接触,拧紧螺丝1~2 s后,突然放松,使试杆垂直自由地沉入水泥净浆中。在试杆停止沉入或释放试杆30 s时记录试杆距底板之间的距离,升起试杆后,立即擦净;整个操作应在搅拌后1.5 min内完成。以试杆沉入净浆并距底板6 mm±1 mm的水泥净浆为标准稠度净浆。其拌合水量为该水泥的标准稠度用水量(P),按水泥质量的百分比计。

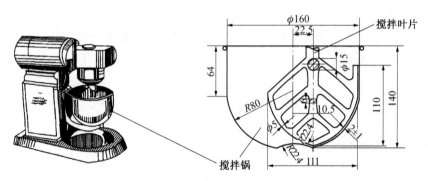

图9-3 水泥净浆搅拌机 单位:mm

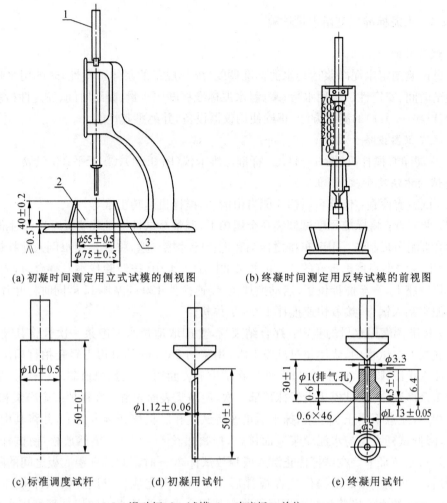

(a) 初凝时间测定用立式试模的侧视图　　(b) 终凝时间测定用反转试模的前视图

(c) 标准调度试杆　　(d) 初凝用试针　　(e) 终凝用试针

1—滑动杆;2—试模;3—玻璃板。单位:mm

图 9-4　标准法维卡仪

4. 试验结果计算

以试杆沉入净浆并距底板 6 mm±1 mm 的水泥净浆为标准稠度净浆。其拌合用水量为该水泥的标准稠度用水量(P),以水泥质量的百分比计,按下式计算:

$$P = \frac{拌合用水量}{水泥用量} \times 100\% \tag{9.4}$$

9.2.3　水泥凝结时间的测定试验

1. 试验目的

测定水泥达到初凝和终凝所需的时间(凝结时间以试针沉入水泥标准稠度净浆至一定深度所需时间表示),用以评定水泥的质量。掌握《水泥标准稠度用水量、凝结时间、安定性检验方法》(GB/T 1346—2011)的测试方法,正确使用仪器设备。

2. 主要仪器设备

① 水泥净浆搅拌机(图 9-3);② 标准法维卡仪(图 9-4);③ 湿气养护箱。

3. 试验步骤

（1）试验前准备：将圆模内侧稍涂上一层机油，放在玻璃板上，调整凝结时间测定仪的试针接触玻璃板时，指针应对准标准尺零点。

（2）试件的制备：以标准稠度用水量的水，按测标准稠度用水量的方法制成标准稠度水泥净浆后，立即一次装入圆模振动数次刮平，然后放入湿气养护箱内，记录开始加水的时间作为凝结时间的起始时间。

（3）初凝时间的测定：试件在湿气养护箱内养护至加水后 30 min 时进行第一次测定。测定时，从养护箱中取出圆模放到试针下，使试针与净浆面接触，拧紧螺丝 1～2 s 后突然放松，试针垂直自由沉入净浆，观察试针停止下沉时指标的读数。临近初凝时，每隔 5 min 测定一次，当试针沉至距底板 4 mm±1 mm 即为水泥达到初凝状态。从水泥全部加入水中至初凝状态的时间即为水泥的初凝时间，用 min 表示。

（4）初凝测出后，立即将试模连同浆体以平移的方式从玻璃板上取下，翻转 180°，直径大端向上，小端向下，放在玻璃板上，再放入湿气养护箱中养护。

（5）取下测初凝时间的试针，换上测终凝时间的试针。

（6）终凝时间的测定：临近终凝时间每隔 15 min 测一次，当试针沉入净浆 0.5 mm 时，即环形附件开始不能在净浆表面留下痕迹时，即为水泥的终凝时间。

（7）由开始加水至初凝、终凝状态的时间分别为该水泥的初凝时间和终凝时间，用 h 和 min 表示。

（8）测定时应注意，在最初测定的操作时应轻轻扶持金属柱，使其徐徐下降，以防试针撞弯，但结果以自由下落为准；在整个测试过程中试针沉入的位置至少要距试模内壁 10 mm。临近初凝时，每隔 5 min（或更短时间）测定一次，临近终凝时每隔 15 min（或更短时间）测定一次。到达初凝时应立即重复测一次，当两次结论相同时才能确定到达初凝状态。到达终凝时，需要在试体另外两个不同点测试，确认结论相同才能确定到达终凝状态。每次测定不能让试针落入原针孔，每次测试完毕须将试针擦净并将试模放回湿气养护箱内，整个测试过程要防止试模受振。

4. 试验结果的确定与评定

（1）自加水起至试针沉入净浆中距底板 4 mm±1 mm 时，所需的时间为初凝时间；至试针沉入净浆中不超过 0.5 mm（环形附件开始不能在净浆表面留下痕迹）时所需的时间为终凝时间，用 h 和 min 来表示。

（2）到达初凝时应立即重复测一次，当两次结论相同时才能确定到达初凝状态；到达终凝时，需要在试体另外两个不同点测试，确认结论相同才能确定到达终凝状态。

（3）评定方法：将测定的初凝时间、终凝时间结果，与国家规范中的凝结时间相比较，可判断其合格性与否。

9.2.4　水泥安定性的测定试验

1. 试验目的

安定性是指水泥硬化后体积变化的均匀性情况。通过试验可掌握《水泥标准稠度用水量、凝结时间、安定性检验方法》(GB/T 1346—2011) 的测试方法，正确评定水泥的体积安定性。

安定性的测定方法有雷氏法和试饼法，有争议时以雷氏法为准。

2. 主要仪器设备

① 沸煮箱(图9-5);② 雷氏夹(图9-6);③ 雷氏夹膨胀值测定仪(图9-7);④ 其他同标准稠度用水量试验。

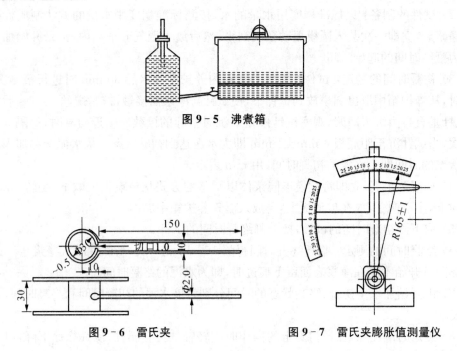

图 9-5　沸煮箱

图 9-6　雷氏夹　　　　　**图 9-7　雷氏夹膨胀值测量仪**

3. 试验方法及步骤

(1) 雷氏夹法

① 试验前准备工作:每个试样需成型两个试件,每个雷氏夹需配备两个边长或直径约80 mm、厚度4～5 mm的玻璃板,凡与水泥净浆接触的玻璃板和雷氏夹内表面都要稍稍涂上一层油。注:有些油会影响凝结时间,矿物油比较合适。

② 雷氏夹试件的成型:将预先准备好的雷氏夹放在已稍擦油的玻璃板上,并立即将已制好的标准稠度净浆一次装满雷氏夹,装浆时一只手轻轻扶持雷氏夹,另一只手用宽约25 mm的直边刀在浆体表面轻轻插捣3次,然后抹平,盖上稍涂油的玻璃板,接着立即将试件移至湿气养护箱内养护24 h±2 h。

③ 沸煮:调整好沸煮箱内的水位,使能保证在整个沸煮过程中都超过试件,不需中途添补试验用水,同时又能保证在30 min±5 min内升至沸腾。脱去玻璃板取下试件,先测量雷氏夹指针尖端间的距离(A),精确到0.5 mm,接着将试件放入沸煮箱水中的试件架上,指针朝上,然后在30 min±5 min内加热至沸并恒沸180 min±5 min。

④ 结果判别:沸煮结束后,立即放掉沸煮箱中的热水,打开箱盖,待箱体冷却至室温,取出试件进行判别。测量雷氏夹指针尖端的距离(C),准确至0.5 mm。当两个试件煮后增加距离($C—A$)的平均值不大于5.0 mm时,即认为该水泥安定性合格;当两个试件煮后增加距离($C—A$)的平均值大于5.0 mm时,应用同一样品立即重做一次试验。以复检结果为准。

（2）试饼法

① 试验前准备工作：每个样品需准备两块边长约 100 mm 的玻璃板，凡与水泥净浆接触的玻璃板都要稍稍涂上一层油。

② 试饼的成型方法：将制好的标准稠度净浆取出一部分分成两等份，使之成球形，放在预先准备好的玻璃板上，轻轻振动玻璃板并用湿布擦过的小刀由边缘向中央抹，做成直径 70～80 mm、中心厚约 10 mm、边缘渐薄、表面光滑的试饼，接着将试饼放入湿气养护箱内养护 24 h±2 h。

③ 沸煮：调整好沸煮箱内的水位，使能保证在整个沸煮过程中都超过试件，不需中途添补试验用水，同时又能保证在 30 min±5 min 内升至沸腾。脱去玻璃板取下试饼，在试饼无缺陷的情况下将试饼放在沸煮箱水中的篦板上，在 30 min±5 min 内加热至沸并恒沸 180 min±5 min。

④ 结果判别：沸煮结束后，立即放掉沸煮箱中的热水，打开箱盖，待箱体冷却至室温，取出试件进行判别。目测试饼未发现裂缝，用钢直尺检查也没有弯曲（使钢直尺和试饼底部紧靠，以两者间不透光为不弯曲）的试饼为安定性合格，反之为不合格。当两个试饼判别结果有矛盾时，该水泥的安定性为不合格。

9.2.5　水泥胶砂强度检验

1. 试验目的

检验水泥各龄期强度，以确定强度等级；或已知强度等级，检验强度是否满足规范要求。掌握国家标准《水泥胶砂强度检验方法（ISO 法）》（GB/T 17671—2021），正确使用仪器设备并熟悉其性能。

2. 主要仪器设备

① 胶砂搅拌机；② 试模（图 9-8）；③ 胶砂振实台；④ 抗折强度试验机（图 9-9）；⑤ 抗压试验机；⑥ 抗压夹具；⑦ 刮平尺、养护室等。

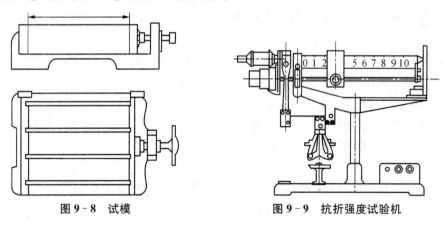

图 9-8　试模　　　　　　图 9-9　抗折强度试验机

3. 试验步骤

（1）试验前准备：成型前将试模擦净，四周与底板接触面上应涂黄油，紧密装配，防止漏浆，内壁均匀刷一薄层机油。

（2）胶砂制备：试验用砂采用中国 ISO 标准砂，其颗粒分布和湿含量应符合《水泥胶砂强度检验方法 ISO 法》(GB/T 17671—2021)的要求。

① 胶砂配合比。胶砂的质量配合比为一份水泥、三份中国 ISO 标准砂和半份水(水灰比 W/C 为 0.50)。每锅材料需 450 g±2 g 水泥、1 350 g±5 g 砂子和 225 ml±1 ml 或 225 g±1 g 水。一锅胶砂成型三条胶条。

② 搅拌。每锅胶砂用搅拌机进行搅拌,可按下列程序操作:胶砂搅拌时先把水加入锅里,再加水泥,把锅放在固定架上,上升至固定位置。立即开动机器,低速搅拌 30 s 后,在第二个 30 s 开始的同时均匀地将砂子加入;把机器转至高速再拌 30 s。停拌 90 s,在第一个 15 s 内用一胶皮刮具将叶片和锅壁上的胶砂,刮入锅中间,在高速下继续搅拌 60 s,各个搅拌阶段的时间误差应在 ±1 s 以内。

(3) 试体成型:试件是 40 mm×40 mm×160 mm 的棱柱体。胶砂制备后应立即进行成型。将空试模和模套固定在振实台上,用一个适当勺子直接从搅拌锅里将胶砂分两层装入试模。装第一层时,每个槽里约放 300 g 胶砂,用大播料器垂直架在模套顶部沿每一个模槽来回一次将料层播平,接着振实 60 次。再装第二层胶砂,用小播料器播平,再振实 60 次。移走模套,从振实台上取下试模,用一金属直尺以近似 90℃ 的角度架在试模模顶的一端,然后沿试模长度方向以横向锯割动作慢慢向另一端移动,一次将超过试模部分的胶砂刮去,并用同一直尺以近乎水平的情况下将试体表面抹平。

(4) 试体的养护

① 脱模前的处理及养护:在试模上盖一块玻璃板,也可用相似尺寸的钢板或不渗水的、和水泥没有反应的材料制成的板。盖板不应与水泥胶砂接触,盖板与试模之间的距离应控制在 2~3 mm 之间。为了安全,玻璃板应有磨边。立即将做好标记的试模放入养护室或湿箱的水平架子上养护,湿空气应能与试模各边接触。养护时不应将试模放在其他试模上。一直养护到规定的脱模时间时取出脱模。

② 脱模:脱模应非常小心,可用塑料锤或橡皮榔头或专门的脱模器。对于 24 h 龄期的,应在破型试验前 20 min 内脱模;对于 24 h 以上龄期的,应在 20~24 h 之间脱模。

如经 24 h 养护,会因脱模对强度造成损害时,可以延迟至 24 h 以后脱膜,但在试验报告中应予说明。

已确定作为 24 h 龄期试验(或其他不下水直接做试验)的已脱模试体,应用湿布覆盖至做试验时为止。

对于胶砂搅拌或振实台的对比,建议称量每个模型中试体的总量。

③ 水中养护:将做好标记的试体水平或垂直放在(20±1)℃水中养护,水平放置时刮平面应朝上,养护期间试体之间间隔或试体上表面的水深不得小于 5 mm。

(5) 强度试验

① 强度试验试体的龄期:试体龄期是从水泥加水开始搅拌时算起的。各龄期的试体必须在表 9-1 规定的时间内进行强度试验。试体从水中取出后,在强度试验前应用湿布覆盖。

表 9 - 1　各龄期强度试验时间规定

龄　期	时　间
24 h	24 h±15 min
48 h	48 h±30 min
72 h	72 h±45 min
7 d	7 d±2 h
>28 d	28 d±8 h

② 抗折强度试验

每龄期取出 3 条试体先做抗折强度试验。试验前须擦去试体表面的附着水分和砂粒,清除夹具上圆柱表面黏着的杂物;试体放入抗折夹具内,应使侧面与圆柱接触。

采用杠杆式抗折试验机试验时,试体放入前,应使杠杆成平衡状态。试体放入后调整夹具,使杠杆在试体折断时尽可能地接近平衡位置。

抗折试验的加荷速度为 50 N/s±10 N/s。

③ 抗压强度试验

抗折强度试验后的断块应立即进行抗压试验。抗压试验须用抗压夹具进行,试体受压面为 40 mm×40 mm。试验前应清除试体受压面与压板间的砂粒或杂物。试验时以试体的侧面作为受压面,试体的底面靠紧夹具定位销,并使夹具对准压力机压板中心。

压力机加荷速度为 2 400 N/s±200 N/s。

4. 试验结果计算及处理

(1) 抗折试验结果

抗折强度按下式计算,精确到 0.1 MPa。

$$f_m = \frac{3FL}{2bh^2} \tag{9.5}$$

式中:f_m——抗弯(折)强度(MPa);

F——受弯时破坏荷载(N);

L——两支点间的距离(mm);

b、h——材料截面宽度、高度(mm)。

以一组 3 个棱柱体抗折结果的平均值作为试验结果。当 3 个强度值中有超出平均值±10%时,应剔除后再取平均值作为抗折强度试验结果。

(2) 抗压试验结果

抗压强度按下式计算,精确至 0.1 MPa。

$$f = P/A \tag{9.6}$$

式中:f——材料的强度(MPa);

P——破坏荷载(N);

A——受荷面积(mm²)。

以一组 3 个棱柱体上得到的 6 个抗压强度测定值的算术平均值为试验结果。如 6 个测定值中有一个超出 6 个平均值的±10%,就应剔出这个结果,而以剩下 5 个的平均数为结果;如果 5 个测定值中再有超过它们平均值±10%,则该组结果作废。

9.3 混凝土用骨料试验

9.3.1 砂的筛分析试验

1. 试验目的

通过试验测定砂的颗粒级配,计算砂的细度模数,评定砂的粗细程度;掌握《建设用砂》(GB/T 14684—2022)的测试方法,正确使用所用仪器与设备,并熟悉其性能。

2. 主要仪器设备

① 标准筛;② 天平;③ 鼓风烘箱;④ 摇筛机;⑤ 浅盘、毛刷等。

3. 试样制备

按规定取样,用四分法分取不少于 4 400 g 试样,并将试样缩分至 1 100 g,放在烘箱中于 105℃±5℃下烘干至恒量,待冷却至室温后,筛除大于 9.50 mm 的颗粒(并算出其筛余百分率),分为大致相等的两份备用。

4. 试验步骤

(1) 准确称取试样 500 g,精确到 1 g。

(2) 将标准筛按孔径由大到小的顺序叠放,加底盘后,将称好的试样倒入最上层的 4.75 mm 筛内,加盖后置于摇筛机上,摇约 10 min。

(3) 将套筛自摇筛机上取下,按筛孔大小顺序再逐个用手筛,筛至每分钟通过量小于试样总量 0.1% 为止。通过的颗粒并入下一号筛中,并和下一号筛中的试样一起过筛,按这样的顺序进行,直至各号筛全部筛完为止。

(4) 称取各号筛上的筛余量,试样在各号筛上的筛余量不得超过 200 g,否则应将筛余试样分成两份,再进行筛分,并以两次筛余量之和作为该号的筛余量。

5. 试验结果计算与评定

(1) 计算分计筛余百分率:各号筛上的筛余量与试样总量相比,精确至 0.1%。

(2) 计算累计筛余百分率:每号筛上的筛余百分率加上该号筛以上各筛余百分率之和,精确至 0.1%。筛分后,若各号筛的筛余量与筛底的量之和同原试样质量之差超过 1% 时,须重新试验。

(3) 砂的细度模数按下式计算,精确至 0.1:

$$M_x = \frac{(A_2 + A_3 + A_4 + A_5 + A_6) - 5A_1}{100 - A_1} \tag{9.7}$$

式中:M_x——细度模数;

A_1、A_2、A_3、A_4、A_5、A_6——分别为 4.75、2.36、1.18、0.60、0.30、0.15 mm 筛的累计筛余百分率。

(4) 累计筛余百分率取两次试验结果的算术平均值,精确至 1%。细度模数取两次试验结果的算术平均值,精确至 0.1;如两次试验的细度模数之差超过 0.20 时,须重新试验。

9.3.2　砂的表观密度测定试验

1. 试验目的

通过试验测定砂的表观密度,为计算砂的空隙率和混凝土配合比设计提供依据。掌握《建设用砂》(GB/T 14684—2022)的测试方法,正确使用所用仪器与设备,并熟悉其性能。

2. 主要仪器设备

① 容量瓶;② 天平;③ 鼓风烘箱。

3. 试验制备

试样按规定取样,并将试样缩分至 660 g,放在烘箱中于 105℃±5℃下烘干至恒量,待冷至室温后,分成大致相等的两份备用。

4. 试验步骤

(1) 称取上述试样 300 g,装入容量瓶,注入冷开水至接近 500 mL 的刻度处,用手旋转摇动容量瓶,使砂样充分摇动,排除气泡,塞紧瓶盖,静置 24 h,然后用滴管小心加水至容量瓶颈刻 500 mL 刻度线处,塞紧瓶塞,擦干瓶外水分,称其质量,精确至 1 g。

(2) 将瓶内水和试样全部倒出,洗净容量瓶,再向瓶内注水至瓶颈 500 mL 刻度线处,擦干瓶外水分,称其质量,精确至 1 g。试验时试验室温度应在 20~25℃。

5. 试验结果计算与评定

(1) 砂的表观密度按下式计算,精确至 10 kg/m³:

$$\rho_0 = \left(\frac{G_0}{G_0 + G_2 - G_1}\right) \times \rho_水 \tag{9.8}$$

式中：ρ_0——砂的表观密度(kg/m³)；

　　　$\rho_水$——水的密度(1 000 kg/m³)；

　　　G_0——烘干试样的品质(g)；

　　　G_1——试样、水及容量瓶的总质量(g)；

　　　G_2——水及容量瓶的总质量(g)。

(2) 表观密度取两次试验结果的算术平均值,精确至 10 kg/m³;如两次试验结果之差大于 20 kg/m³,须重新试验。

9.3.3　砂的堆积密度测定试验

1. 试验目的

通过试验测定砂的堆积密度,为混凝土配合比设计和估计运输工具的数量或存放堆场的面积等提供依据。掌握《建设用砂》(GB/T 14684—2022)的测试方法,正确使用所用仪器与设备。

2. 主要仪器设备

① 鼓风烘箱;② 容量筒;③ 天平;④ 标准漏斗;⑤ 直尺、浅盘、毛刷等。

3. 试样制备

按规定取样,用搪瓷盘装取试样约 3 L,置于温度为 105℃±5℃的烘箱中烘干至恒量,待冷却至室温后,筛除大于 4.75 mm 的颗粒,分成大致相等的两份备用。

4. 试验步骤

(1) 松散堆积密度的测定：取一份试样，用漏斗或料勺，从容量筒中心上方 50 mm 处慢慢装入，等装满并超过筒口后，用钢尺或直尺沿筒口中心线向两个相反方向刮平(试验过程应防止触动容量筒)，称出试样与容量筒的总质量，精确至 1 g。

(2) 紧密堆积密度的测定：取试样一份分两次装入容量筒。装完第一层后，在筒底垫一根直径为 10 mm 的圆钢，按住容量筒，左右交替颠击地面 25 次。然后装入第二层，装满后用同样的方法进行颠实(但所垫放圆钢的方向与第一层的方向垂直)。再加试样直至超过筒口，然后用钢尺或直尺沿中心线向两个相反的方向刮平，称出试样与容量筒的总质量，精确至 1 g。

(3) 称出容量筒的质量，精确至 1 g。

5. 试验结果计算与评定

(1) 砂的松散或紧密堆积密度按下式计算，精确至 10 kg/m³：

$$\rho_1 = \frac{G_1 - G_2}{V} \tag{9.9}$$

式中：ρ_1——砂的松散或紧密堆积密度(kg/m³)；

$\quad G_1$——试样与容量筒总质量(g)；

$\quad G_2$——容量筒的质量(g)；

$\quad V$——容量筒的容积(L)。

(2) 堆积密度取两次试验结果的算术平均值，精确至 10 kg/m³。

9.3.4　石子的筛分析试验

1. 试验目的

通过筛分试验测定碎石或卵石的颗粒级配，以便于选择优质粗集料，达到节约水泥和改善混凝土性能的目的；掌握《建设用卵石、碎石》(GB/T 14685—2022)的测试方法，正确使用所用仪器与设备，并熟悉其性能。

2. 主要仪器设备

(1) 方孔筛　孔径为 2.36 mm、4.75 mm、9.50 mm、16.0 mm、19.0 mm、26.5 mm、31.5 mm、37.5 mm、53.0 mm、63.0 mm、75.0 mm 及 90.0 mm 的筛各一个，并附有筛底和筛盖。

(2) 鼓风烘箱　能使温度控制在(105±5)℃；

(3) 摇筛机；

(4) 台秤：称量 10 kg，感量 10 g；

(5) 其他：浅盘、烘箱等。

3. 试样制备

按规定取样，用四分法缩取不少于表 9-2 的试样数量，经烘干或风干后备用。

表 9-2　粗集料筛分试验取样规定

最大粒径(mm)	9.5	16.0	19.0	26.5	31.5	37.5	63.0	75.0
最少试样质量(kg)	1.9	3.2	3.8	5.0	6.3	7.5	12.6	16.0

4. 试验步骤

(1) 称取按表 9-2 的规定质量的试样一份,精确到 1 g。将试样倒入按孔径大小从上到下组合的套筛上。

(2) 将套筛放在摇筛机上,摇 10 min;取下套筛,按筛孔大小顺序再逐个进行手筛,筛至每分钟通过量小于试样总量的 0.1% 为止。通过的颗粒并入下一个筛,并和下一号筛中的试样一起过筛,直至各号筛全部筛完。当筛余颗粒的粒径大于 19.0 mm,在筛分过程中允许用手指拨动颗粒。

(3) 称出各号筛的筛余量,精确至 1 g。

筛分后,如所有筛余量与筛底的试样之和与原试样总量相差超过 1%,则须重新试验。

5. 试验结果计算与评定

(1) 计算分计筛余百分率(各筛上的筛余量占试样总量的百分率),精确至 0.1%。

(2) 计算各号筛上的累计筛余百分率(该号筛的分计筛余百分率与该号筛以上各分计筛余百分率之和),精确至 0.1%。

(3) 根据各号筛的累计筛余百分率,评定该试样的颗粒级配。粗集料各号筛上的累计筛余百分率应满足国家规范规定的粗集料颗粒级配的范围要求。

9.3.5 石子的表观密度测定试验

1. 试验目的

通过试验测定石子的表观密度,为评定石子质量和混凝土配合比设计提供依据;石子的表观密度可以反映骨料的坚实、耐久程度,因此是一项重要的技术指标。掌握《建设用卵石、碎石》(GB/T 14685—2022)的测试方法,正确使用所用仪器与设备,并熟悉其性能。

石子的表观密度测定方法有液体比重天平法和广口瓶法。

2. 主要仪器设备

(1) 液体比重天平法

① 鼓风烘箱;② 吊篮;③ 台秤;④ 方孔筛;⑤ 盛水容器(有溢水孔);⑥ 温度计、浅盘、毛巾等。

(2) 广口瓶法

① 广口瓶;② 天平;③ 方孔筛、鼓风烘箱、浅盘、温度计、毛巾等。

3. 试样制备

按规定取样,用四分法缩分至不少于表 9-3 规定的数量,经烘干或风干后筛除小于4.75 mm 的颗粒,洗刷干净后,分为大致相等的两份备用。

表 9-3 粗集料表观密度试验所需试样数量

最大粒径(mm)	<26.5	31.5	37.5	63.0	75.0
最少试样品质(kg)	2.0	3.0	4.0	6.0	6.0

4. 试验步骤

(1) 液体比重天平法

① 取试样一份装入吊篮,并浸入盛有水的容器中,液面至少高出试样表面 50 mm。浸

水 24 h 后,移放到称量用的盛水容器内,然后上下升降吊篮以排除气泡(试样不得露出水面)。吊篮每升降一次约 1 s,升降高度为 30～50 mm。

② 测定水温后(吊篮应全浸在水中),准确称出吊篮及试样在水中的质量,精确至 5 g,称量盛水容器中水面的高度由容器的溢水孔控制。

③ 提起吊篮,将试样倒入浅盘,置于烘箱中烘干至恒重,冷却至室温,称出其质量,精确至 5 g。

④ 称出吊篮在同样温度水中的质量,精确至 5 g。称量时盛水容器内水面的高度由容器的溢水孔控制。

注:试验时各项称量可以在 15℃～25℃ 范围内进行,但从试样加水静止的 2 h 起至试验结束,其温度变化不得超过 2℃。

(2) 广口瓶法

① 将试样浸水 24 h,然后装入广口瓶(倾斜放置)中,注入清水,摇晃广口瓶以排除气泡。

② 向瓶内加水至凸出瓶口边缘,然后用玻璃片迅速滑行,滑行中应紧贴瓶口水面。擦干瓶外水分,称取试样、水、广口瓶及玻璃片的总质量,精确至 1 g。

③ 将广口瓶中试样倒入浅盘,然后在 105℃±5℃ 的烘箱中烘干至恒重,冷却至室温后称其质量,精确至 1 g。

④ 将广口瓶洗净,重新注入饮用水,并用玻璃片紧贴瓶口水面,擦干瓶外水分,称取水、广口瓶及玻璃片总质量,精确至 1 g。

注:此法为简易法,不宜用于石子的最大粒径大于 37.5 mm 的情况。

5. 试验结果计算与评定

(1) 石子的表观密度按下式计算,精确至 10 kg/m³:

$$\rho_0 = \left(\frac{G_0}{G_0 + G_2 - G_1}\right) \times \rho_水 \qquad (9.10)$$

式中:ρ_0——石子的表观密度(kg/m³);

$\rho_水$——水的密度(1 000 kg/m³);

G_0——烘干试样的质量(g);

G_1——吊篮及试样在水中的质量(g);

G_2——吊篮在水中的质量(g)。

(2) 表观密度取两次试验结果的算术平均值,精确至 10 kg/m³;如两次试验结果之差大于 20 kg/m³,须重新试验。对材质不均匀的试样,如两次试验结果之差大于 20 kg/m³,可取 4 次试验结果的算术平均值。

9.3.6 石子的堆积密度测定试验

1. 试验目的

石子的堆积密度的大小是粗骨料级配优劣和空隙多少的重要标志,且是进行混凝土配合比设计的必要数据,或用以估计运输工具的数量及存放堆场面积等。通过试验应掌握《建设用卵石、碎石》(GB/T 14685—2022)的测试方法,正确使用所用仪器与设备,并熟悉其性能。

2. 主要仪器设备

① 台秤(称量 10 kg,感量 10 g);② 磅秤(称量 50 kg 或 100 kg,感量 50 g);③ 容量筒;④ 垫棒、直尺等。

3. 试样制备

按规定取样,烘干或风干后,拌匀并把试样分为大致相等的两份备用。

4. 试验步骤

(1) 松散堆积密度的测定:取试样一份,用取样铲从容量筒口中心上方 50 mm 处,让试样自由落下,当容量筒上部试样呈锥体并向四周溢满时,停止加料。除去凸出容量筒表面的颗粒,以适当的颗粒填入凹陷处,使凹凸部分的体积大致相等。称出试样和容量筒的总质量,精确至 10 g。

(2) 紧密堆积密度的测定:将容量桶置于坚实的平地上,取试样一份,用取样铲将试样分三次自距容量桶上口 50 mm 高度处装入桶中,每装完一层后,在桶底放一根垫棒,将桶按住,左右交替颠击地面 25 次。将三层试样装填完毕后,再加试样直至超过桶口,用钢尺或直尺沿桶口边缘刮去高出的试样,并用适合的颗粒填平凹处,使表面凸起部分与凹陷部分的体积大致相等。称出试样和容量筒的总质量,精确至 10 g。

(3) 称出容量筒的质量,精确至 10 g。

5. 试验结果计算与评定

(1) 石子的松散或紧密堆积密度按下式计算,精确至 10 kg/m³:

$$\rho_1 = \frac{G_1 - G_2}{V} \tag{9.11}$$

式中:ρ_1——砂的松散或紧密堆积密度(kg/m³);

G_1——试样与容量筒总质量(g);

G_2——容量筒的质量(g);

V——容量筒的容积(L)。

(2) 堆积密度取两次试验结果的算术平均值,精确至 10 kg/m³。

9.3.7　石子的压碎指标测定试验

1. 试验目的

通过测定碎石或卵石抵抗压碎的能力,以间接地推测其相应的强度,评定石子的品质。通过试验应掌握《建设用卵石、碎石》(GB/T 14685—2022)的测试方法,正确使用所用仪器与设备,并熟悉其性能。

2. 主要仪器设备

① 压力试验机;② 压碎值测定仪;③ 方孔筛;④ 天平;⑤ 台秤;⑥ 垫棒等。

3. 试样制备

按规定取样,风干后筛除大于 19.0 mm 及小于 9.50 mm 的颗粒,并去除针片状颗粒,拌匀后分成大致相等的三份备用(每份 3 000 g)。

4. 试验步骤

(1) 置圆模于底盘上,取试样 1 份,分两层装入模内,每装完一层试样后,一手按住模子,一手将底盘放在圆钢上震颤摆动,左右交替颠击地面各 25 次,两层颠实后,平整模内试样表面,盖上压头。

(2)装有试样的模子置于压力机上,开动压力试验机,按 1 kN/s 的速度均匀加荷 200 kN并稳荷 5 s,然后卸荷,取下受压圆模,倒出试样,用孔径 2.36 mm 的筛筛除被压碎的细粒,称取留在筛上的试样质量,精确至 1 g。

5. 结果计算与评定

(1)压碎指标值按下式计算,精确至 0.1%:

$$Q_e = \frac{G_1 - G_2}{G_1} \times 100\% \tag{9.12}$$

式中:Q_e——压碎指标值(%);

G_1——试样的质量(g);

G_2——压碎试验后筛余的试样质量(g)。

(2)压碎指标值取三次试验结果的算术平均值,精确至 1%。

▶ 9.4　普通混凝土试验 ◀

9.4.1　普通混凝土拌合物实验室拌和方法

1. 试验目的

学会混凝土拌合物的拌制方法,为测试和调整混凝土的性能,进行混凝土配合比设计打下基础。

2. 主要仪器设备

① 混凝土搅拌机;② 磅秤;③ 天平;④ 拌合钢板等。

3. 拌合方法

按所选混凝土配合比备料。拌合间温度为 20℃±5℃。

(1)人工拌合法

① 干拌:将拌合钢板与拌铲用湿布润湿后,将砂平摊在拌合板上,再倒入水泥,用拌铲自拌合板一端翻拌至另一端,如此反复,直至拌匀;加入石子,继续翻拌至均匀为止。

② 湿拌:在混合均匀的干拌合物中间做一凹槽,倒入已称量好的水(约一半),翻拌数次,并徐徐加入剩下的水,继续翻拌,直至均匀。

③ 拌合时间控制:拌合从加水时算起,应在 10 min 内完成。

(2)机械拌合法

① 预拌:拌前先对混凝土搅拌机挂浆,即用按配合比要求的水泥、砂、水及少量石子,在搅拌机中搅拌(涮膛),然后倒出多余砂浆。其目的是防止正式拌合时水泥浆挂失影响到混凝土的配合比。

② 拌合:向搅拌机内依次加入石子、水泥、砂子,开动搅拌机搅动 2~3 min。

③ 将拌合物从搅拌机中卸出,倒在拌合钢板上,人工拌合 1~2 min。

9.4.2　普通混凝土拌合物工作性(和易性)试验——混凝土的坍落度试验

1. 试验目的

通过测定骨料最大粒径不大于 37.5 mm、坍落度值不小于 10 mm 的塑性混凝土拌合物坍落度,同时评定混凝土拌合物的黏聚性和保水性,为混凝土配合比设计、混凝土拌合物质量评定提供依据;掌握《普通混凝土拌合物性能试验方法标准》(GB/T 50080—2016)的测试方法,正确使用所用仪器与设备,并熟悉其性能。

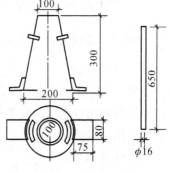

图 9 - 10　坍落度筒　单位:mm

2. 主要仪器设备

① 坍落度筒(图 9 - 10);② 捣棒;③ 直尺、小铲、漏斗等。

3. 试验步骤

(1) 每次测定前,用湿布湿润坍落度筒、拌合钢板及其他用具,并把筒放在不吸水的刚性水平底板上,然后用脚踩住 2 个脚踏板,使坍落度筒在装料时保持位置固定。

(2) 取拌好的混凝土拌合物 15 L,用小铲分 3 层均匀地装入筒内,使捣实后每层高度为筒高的 1/3 左右。每层用捣棒沿螺旋方向在截面上由外向中心均匀插捣 25 次。插捣筒边混凝土时,捣棒可以稍稍倾斜。插捣底层时,捣棒应贯穿整个深度,插捣第二层和顶层时,捣棒应插透本层至下一层的表面。浇灌顶层时,混凝土应灌到高出筒口。插捣过程中,如混凝土沉落到低于筒口,则应随时加料。顶层插捣完毕后,刮去多余混凝土,并用镘刀抹平。

(3) 清除筒边底板上的混凝土后,垂直平稳地提起坍落度筒。坍落度筒的提离过程应在 5~10 s 内完成。从开始装料到提起坍落度筒的整个过程应不间断地进行,并应在 150 s 内完成。

4. 试验结果确定与处理

(1) 提起坍落度筒后,立即量测筒高与坍落后混凝土试体最高点之间的高度差,即为该混凝土拌合物的坍落度值(图 9 - 11)。混凝土拌合物坍落度以 mm 为单位,结果精确至 1 mm。

(2) 坍落度筒提离后,如混凝土发生崩坍或一边剪坏现象,则应重新取样再测定。如第二次试验仍出现上述现象,则表示该混凝土拌合物和易性不好,应予记录备查。

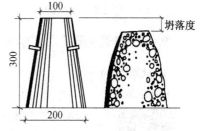

图 9 - 11　坍落度试验

(3) 观察坍落后的混凝土试体的黏聚性和保水性。黏聚性的检查方法是用捣棒在已坍落的混凝土锥体侧面轻轻敲打,此时,如果锥体逐渐下沉,则表示黏聚性良好;如果锥体倒塌、部分崩裂或出现离析现象,则表示黏聚性不好。保水性以混凝土拌合物中稀浆析出的程度来评定。如坍落度筒提起后无稀浆或仅有少量稀浆自底部析出,则表示此混凝土拌合物保水性良好;坍落度筒提起后如有较多的稀浆从底部析出且锥体部分的混凝土也因失浆而骨料外露,则表明此混凝土拌合物的保水性能不好。

（4）和易性的调整如下。

① 当坍落度低于设计要求时，可在保持水灰比不变的前提下，适当增加水泥浆量。

② 当坍落度高于设计要求时，可在保持砂率不变的条件下，增加集料的用量。

③ 当出现含砂量不足、黏聚性、保水性不良时，可适当增加砂率，反之减小砂率。

9.4.3 普通混凝土拌合物的表观密度试验

1. 试验目的

测定混凝土拌合物捣实后的单位体积重量（即表观密度），以提供核实混凝土配合比计算中的材料用量之用。掌握《普通混凝土拌合物性能试验方法标准》（GB/T 50080—2016），正确使用仪器设备。

2. 主要仪器设备

① 台秤；② 振动台；③ 捣棒等。

3. 试验步骤

（1）用湿布把容量筒内外擦干净，称出其重量，精确至 50 g。

（2）混凝土的装料及捣实方法应视拌合物的稠度而定。一般来说，坍落度不大于 70 mm 的混凝土，用振动台振实为宜；大于 70 mm 的用捣棒捣实为宜。

（3）用刮刀将筒口多余的混凝土拌合物刮去，表面如有凹陷应予填平。将容量筒外壁擦净，称出混凝土与容量筒总重，精确至 50 g。

4. 试验结果计算

混凝土拌合物的表观密度按下式计算，精确至 kg/m³：

$$\gamma_h = \frac{m_2 - m_1}{V} \times 1\,000 \tag{9.13}$$

式中：γ_h——混凝土的表观密度（kg/m³）；

$\quad m_1$——容量筒的质量（kg）；

$\quad m_2$——容量筒和试样总质量（kg）；

$\quad V$——容量筒的容积（L）。

9.4.4 普通混凝土立方体抗压强度试验

1. 试验目的

标准规范

混凝土物理力学
性能试验方法标准

掌握《混凝土物理力学性能试验方法标准》（GB/T 50081—2019）及《混凝土强度检验评定标准》（GB/T 50107—2010），根据检验结果确定、校核配合比，并为控制施工质量提供依据。

2. 主要仪器设备

① 压力试验机；② 混凝土搅拌机；③ 振动台；④ 试模；⑤ 养护室；⑥ 捣棒、金属直尺等。

3. 试件制作

（1）制作试件前应检查试模，拧紧螺栓并清刷干净，在其内壁涂上一薄层矿物油脂。一般以 3 个试件为一组。

（2）试件的成型方法应根据混凝土拌合物的稠度来确定。

① 坍落度大于 70 mm 的混凝土拌合物采用人工捣实成型。将搅拌好的混凝土拌合物分两层装入试模，每层装料的厚度大约相同。插捣时用钢制捣棒按螺旋方向从边缘向中心均匀进行。插捣底层时，捣棒应达到试模底面；插捣上层时，捣棒应贯穿下层深度约 20～30 mm，并用镘刀沿试模内侧插捣数次。每层的插捣次数应根据试件的截面而定，一般为每 100 cm² 截面积不应少于 12 次。捣实后，刮去多余的混凝土，并用镘刀抹平。

② 坍落度小于 70 mm 的混凝土拌合物采用振动台成型。将搅拌好的混凝土拌合物一次装入试模，装料时用镘刀沿试模内壁略加插捣并使混凝土拌合物稍有富余，然后将试模放到振动台上，振动时应防止试模在振动台上自由跳动，直至混凝土表面出浆为止，刮去多余的混凝土，并用镘刀抹平。

4. 试件养护

（1）采用标准养护的试件成型后应覆盖表面，以防止水分蒸发，并在温度 20℃±5℃ 下静置一昼夜至两昼夜，然后拆模编号；再将拆模后的试件立即放在温度为 20℃±2℃、湿度为 95％ 以上的标准养护室的架子上养护，彼此相隔 10～20 mm。

（2）无标准养护室时，混凝土试件可放在温度为 20℃±2℃ 的不流动水中养护，水的 pH 值不应小于 7。

（3）与构件同条件养护的试件成型后，应覆盖表面，试件的拆模时间可与实际构件的拆模时间相同，拆模后试件仍需保持同条件养护。

5. 试验步骤

（1）试件从养护地点取出后，应尽快进行试验，以免试件内部的温、湿度发生显著变化。

（2）先将试件擦拭干净，测量尺寸，并检查外观，试件尺寸测量精确到 1 mm，并据此计算试件的承压面积。

（3）将试件安放在试验机的下压板上，试件的承压面应与成型时的顶面垂直。试件的中心应与试验机下压板中心对准。开动试验机，当上板与试件接近时，调整球座，使接触均衡。

（4）混凝土试件的试验应连续而均匀地加荷，混凝土强度等级低于 C30 时，其加荷速度为 0.3～0.5 MPa/s；若混凝土强度等级高于或等于 C30 时，则为 0.5～0.8 MPa/s。当试件接近破坏而开始迅速变形时，停止调整试验机油门，直到试件破坏，并记录破坏荷载。

（5）试件受压完毕，应清除上下压板上黏附的杂物，继续进行下一次试验。

6. 试验结果计算与处理

（1）混凝土立方体试件抗压强度按下式计算，精确至 0.1 MPa：

$$f_{cu} = \frac{P}{A} \tag{9.14}$$

式中：f_{cu}——混凝土立方体试件的抗压强度值（MPa）；

P——试件破坏荷载（N）；

A——试件承压面积（mm²）。

（2）以 3 个试件测值的算术平均值作为该组试件的抗压强度值。如 3 个测值中最大值或最小值中有 1 个与中间值的差值超过中间值的 15％ 时，则把最大和最小值舍去，取中间值作为该组试件的抗压强度值。如最大值和最小值与中间值的差均超过中间值的 15％，则该组试件的试验结果作废。

（3）混凝土立方体抗压强度是以 150 mm×150 mm×150 mm 的立方体试件作为抗压强度的标准值。当采用非标准尺寸试件时，应将其抗压强度乘以尺寸折算系数，折算成边长为 150 mm 的标准尺寸试件抗压强度。尺寸折算系数按下列规定采用。

① 当混凝土强度等级低于 C60 时，对边长为 100 mm 的立方体试件取 0.95，对边长为 200 mm 的立方体试件取 1.05。

② 当混凝土强度等级不低于 C60 时，宜采用标准尺寸试件；使用非标准尺寸试件时，尺寸折算系数应由试验确定，其试件数量不应少于 30 组。

▶ 9.5　建筑砂浆试验 ◀

9.5.1　建筑砂浆的拌合

1. 试验目的

学会建筑砂浆拌合物的拌制方法，为测试和调整建筑砂浆的性能，进行砂浆配合比设计打下基础。

2. 主要仪器设备

① 砂浆搅拌机；② 磅秤；③ 天平；④ 拌合钢板、镘刀等。

3. 拌合方法

按所选建筑砂浆配合比备料，称量要准确。

（1）人工拌合法

① 将拌合铁板与拌铲等用湿布润湿后，将称好的砂子平摊在拌合板上，再倒入水泥，用拌铲自拌合板一端翻拌至另一端，如此反复，直至拌匀。

② 将拌匀的混合料集中成锥形，在堆上做一凹槽，将称好的石灰膏或黏土膏倒入凹槽中，再倒入适量的水将石灰膏或黏土膏稀释（如为水泥砂浆，将称好的水倒一部分到凹槽里），然后与水泥及砂一起拌合，逐次加水，仔细拌合均匀。

③ 拌合时间一般需 5 min，和易性满足要求即可。

（2）机械拌合法

① 拌前先对砂浆搅拌机挂浆，即用按配合比要求的水泥、砂、水，在搅拌机中搅拌（涮膛），然后倒出多余砂浆。其目的是防止正式拌合时水泥浆挂失影响到砂浆的配合比。

② 将称好的砂、水泥倒入搅拌机内。

③ 开动搅拌机，将水徐徐加入（如是混合砂浆，应将石灰膏或黏土膏用水稀释成浆状），搅拌时间从加水完毕算起为 3 min。

④ 将砂浆从搅拌机倒在铁板上，再用铁铲翻拌两次，使之均匀。

9.5.2　建筑砂浆的稠度试验

1. 试验目的

通过稠度试验,可以测得达到设计稠度时的加水量,或在现场对要求的稠度进行控制,以保证施工质量。掌握《建筑砂浆基本性能试验方法》(JGJ/T 70—2009),正确使用仪器设备。

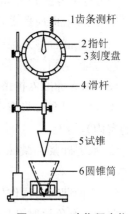

图 9 - 12　砂浆稠度仪

1齿条测杆
2指针
3刻度盘
4滑杆
5试锥
6圆锥筒

2. 主要仪器设备

① 砂浆稠度仪(图 9 - 12);② 钢制捣棒;③ 台秤、量筒、秒表等。

3. 试验步骤

(1) 盛浆容器和试锥表面用湿布擦干净后,将拌好的砂浆一次装入容器,使砂浆表面低于容器口约 10 mm 左右,用捣棒自容器中心向边缘插捣 25 次,然后轻轻地将容器摇动或敲击 5～6 下,使砂浆表面平整,随后将容器置于稠度测定仪的底座上。

(2) 拧开试锥滑杆的制动螺丝,向下移动滑杆,当试锥尖端与砂浆表面刚接触时,拧紧制动螺丝,使齿条侧杆下端刚接触滑杆上端,并将指针对准零点上。

(3) 拧开制动螺丝,同时计时间,待 10 s 立刻固定螺丝,将齿条测杆下端接触滑杆上端,从刻度盘上读出下沉深度(精确到 1 mm)即为砂浆的稠度值。

(4) 圆锥形容器内的砂浆,只允许测定一次稠度,重复测定时,应重新取样测定之。

4. 试验结果评定

(1) 取两次试验结果的算术平均值作为砂浆稠度的测定结果,计算值精确至 1 mm。

(2) 两次试验值之差如大于 10 mm,则应另取砂浆搅拌后重新测定。

9.5.3　建筑砂浆的立方体抗压强度试验

1. 试验目的

测定建筑砂浆立方体的抗压强度,以便确定砂浆的强度等级并可判断是否达到设计要求。掌握《建筑砂浆基本性能试验方法》(JGJ/T 70—2009),正确使用仪器设备。

2. 主要仪器设备

① 压力试验机;② 试模;③ 捣棒、垫板等。

3. 试件制备

(1) 制作砌筑砂浆试件时,采用 70.7 mm×70.7 mm×70.7 mm 的带底试模,试模内壁事先涂刷脱膜剂或薄层机油。

(2) 向试模内一次注满砂浆,用捣棒均匀由外向里按螺旋方向插捣 25 次,为了防止低稠度砂浆插捣后,可能留下孔洞,允许用油灰刀沿模壁插数次,使砂浆高出试模顶面 6～8 mm。

(3) 当砂浆表面开始出现麻斑状态时(约 15～30 min)将高出部分的砂浆沿试模顶面削去抹平。

4. 试件养护

(1) 试件制作后应在 20℃±5℃温度环境下停置一昼夜 24 h±2 h。当气温较低时,可适用延长时间,但不应超过两昼夜,然后对试件进行编号并拆模。试件拆模后,应在标准养护条件下,继续养护至 28 d,然后进行试压。

(2) 标准养护条件如下。

① 试件上面应覆盖,防止有水滴在试件上。

② 水泥混合砂浆温度为 20℃±3℃,相对湿度 90% 以上。

③ 养护期间,试件彼此间隔不少于 10 mm。

(3) 当无标准养护条件时,可采用自然养护

① 水泥混合砂浆应在正常温度,相对湿度为 60%～80% 的条件下(如养护箱中或不通风的室内)养护。

② 水泥砂浆和微沫砂浆应在正常温度并保持试块表面湿润的状态下(如湿砂堆中)养护。

③ 养护期间必须作好温度记录。

(4) 在有争议时,以标准养护为准。

5. 立方体抗压强度试验

(1) 试件从养护地点取出后,应尽快进行试验,以免试件内部的温度发生显著变化。试验前先将试件擦拭干净,测量尺寸,并检查其外观。试件尺寸测量精确至 1 mm,并据此计算试件的承压面积。如实测尺寸与公称尺寸之差不超过 1 mm,可按公称尺寸进行计算。

(2) 将试件安放在试验机的下压板上(或下垫板上),试件的承压面应与成型时的顶面垂直,试件中心应与试验机下压板中心对准。开动试验机,当上压板与试件(或上垫板)接近时,调整球座,使接触面均衡承压。试验时应连续而均匀地加荷,加荷速度应为 0.25 kN～1.5 kN(砂浆强度 5 MPa 以下时,取下限为宜;砂浆强度 5 MPa 以上时,取上限为宜)。当试件接近破坏而开始迅速变形时,停止调整试验油门,直至试件破坏,然后记录破坏荷载。

6. 试验结果计算与处理

(1) 砂浆立方体抗压强度应按下式计算,精确至 0.1 MPa:

$$f_{m,cu} = K\frac{P}{A} \tag{9.15}$$

式中:$f_{m,cu}$——砂浆立方体试件的抗压强度值(MPa);

$\quad P$——试件破坏荷载(N);

$\quad A$——试件承压面积(mm^2);

$\quad K$——换算系数,取 1.35。

(2) 以 3 个试件测定值的算术平均值作为该组试件的抗压强度值,平均值计算精确至 0.1 MPa。当 3 个测值的最大值或最小值中有一个与中间值的差值超过中间值的 15% 时,取中间值。当两个测值与中间值的差值均超过中间值的 15% 时,结果无效。

▶ 9.6　砌墙砖及砌块性能试验 ◀

9.6.1　烧结普通砖试验

1. 试验目的

通过测定烧结普通砖的抗压强度,作为评定砖强度等级的依据。掌握《砌墙砖试验方法》(GB/T 2542—2012)、《烧结普通砖》(GB/T 5101—2017),正确使用仪器设备。

2. 主要仪器设备

① 压力试验机;② 抗压试件制备平台;③ 锯砖机或切砖器、直尺、镘刀等。

3. 试件制备

(1) 将试样切断或锯成两个半截砖,断开的半截砖长不得小于 100 mm(图 9 - 13),如果不足 100 mm,应另取备用试件补足。

(2) 将已切割开的半截砖放入室温的净水中浸 20 min～30 min 后取出,在铁丝网架上滴水 20 min～30 min,以断口相反方向装入制样模具中。用插板控制两个半砖间距不应大于 5 mm,砖大面与模具间距不应大于 3 mm,砖断面、顶面与模具间垫以橡胶垫或其他密封材料,模具内表面涂油或脱膜剂。制样模具及插板如图 9 - 14 所示。

(3) 将净浆材料按照配制要求,置于搅拌机中搅拌均匀。

(4) 将装好试样的模具置于振动台上,加入适量搅拌均匀的净浆材料,振动时间为 0.5 min～1 min,停止振动,静置至净浆材料达到初凝时间(约 15 min～19 min)后拆模。

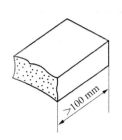

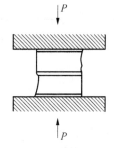

图 9 - 13　半截砖样　　　图 9 - 14　一次成型制样模具及插板　　　图 9 - 15　普通砖抗压
强度试验示意

4. 试件养护

制成的抹面试件应置于不低于 10℃的不通风室内养护 3 d,再进行试验。

5. 试验步骤

测量每个试件连接面或受压面的长 L(mm)、宽 b(mm)尺寸各两个,分别取其平均值,精确至 1 mm。将试件平放在加压板的中央,垂直于受压面加荷(图 9 - 15),加荷应均匀平稳,不得发生冲击和振动。加荷速度以 2～6 kN/s 为宜,直至试件破坏为止,记录最大破坏荷载 P(N)。

6. 试验结果

每块试件的抗压强度按下式计算(精确至 0.1 MPa):

$$f_{cu,i} = \frac{P}{Lb} \qquad (9.16)$$

7. 结果评定

试验后分别按下式计算出强度变异系数 δ、标准差 S：

$$\delta = \frac{s}{f_{cu}} \qquad (9.17)$$

$$S = \sqrt{\frac{1}{9}\sum_{i=1}^{10}(f_{cu,i} - \overline{f_{cu}})^2} \qquad (9.18)$$

式中：$\overline{f_{cu}}$——10 块砖样抗压强度算术平均值（MPa）；

$\quad f_{cu,i}$——单块砖样抗压强度的测定值（MPa）；

$\quad S$——10 块砖样的抗压强度标准差（MPa）。

（1）平均值—标准值方法评定

变异系数 $\delta \leqslant 0.21$ 时，按抗压强度平均值、强度标准值指标评定砖的强度等级。样本量 $n=10$ 时的强度标准值按下式计算（精确至 0.1 MPa）：

$$f_k = \overline{f_{cu}} - 1.8S \qquad (9.19)$$

（2）平均值—最小值方法评定

变异系数 $\delta > 0.21$ 时，按抗压强度平均值、单块最小抗压强度值评定砖的强度等级。具体可对照表 9-4 进行评定。

表 9-4　烧结普通砖的强度等级（单位：MPa）

强度等级	抗压强度平均值 $\overline{f} \geqslant$	$\delta \leqslant 0.21$	$\delta > 0.21$
		强度标准值 $f_k \geqslant$	单块最小抗压强度值 f_{min}
MU30	30.0	22.0	25.0
MU25	25.0	18.0	22.0
MU20	20.0	14.0	16.0
MU15	15.0	10.0	12.0
MU10	10.0	6.5	7.5

9.6.2　混凝土小型空心砌块试验方法

1. 试验目的

通过测定混凝土小型空心砌块的抗压强度，作为评定砌块强度等级的依据。掌握《混凝土砌块和砖试验方法》（GB/T 4111—2013），正确使用仪器设备。

2. 主要仪器设备

① 材料试验机；② 钢板；③ 玻璃平板；④ 水平尺。

3. 试件

(1) 试件数量为五个砌块。

(2) 处理试件的坐浆面和铺浆面,使之成为互相平行的平面。将钢板置于稳固的底座上,平整面向上,用水平尺调至水平。在钢板上先薄薄地涂一层机油,或铺一层湿纸,然后铺一层以 1 份重量的 32.5 级以上的普通硅酸盐水泥和 2 份细砂,加入适量的水调成的砂浆,将试件的坐浆面湿润后平稳地压入砂浆层内,使砂浆层尽可能均匀,厚度为 3~5 mm。将多余的砂浆沿试件棱边刮掉,静置 24 h 以后,再按上述方法处理试件的铺浆面。为使两面能彼此平行,在处理铺浆面时,应将水平尺置于现已向上的坐浆面上调至水平。在温度 10℃ 以上不通风的室内养护 3 d 后做抗压强度试验。

(3) 为缩短时间,也可在坐浆面砂浆层处理后,不经静置立即在向上的铺浆面上铺一层砂浆,压上事先涂油的玻璃平板,边压边观察砂浆层,将气泡全部排除,并用水平尺调至水平,直至砂浆层平而均匀,厚度达 3~5 mm。

4. 试验步骤

(1) 测量每个试件的长度和宽度分别求出各个方向的平均值(长度在条面的中间,宽度在顶面的中间,高度在顶面的中间测量,每项对应两面各测一次),精确至 1 mm。

(2) 将试件置于试验机承压板上,使试件的轴线与试验机压板的压力中心重合,以 10~30 kN/s 的速度加荷,直至试件破坏。记录最大破坏荷载 P。若试验机压板不足以覆盖试件受压面时,可在试件的上、下承压面加辅助钢压板。辅助钢压板的表面光洁度应与试验机原压板同,其厚度至少为原压板边至辅助钢压板最远角距离的三分之一。

5. 结果计算与评定

(1) 每个试件的抗压强度按下式计算,精确至 0.1 MPa:

$$R = \frac{P}{LB} \tag{9.20}$$

式中:R——试件的抗压强度(MPa);

　　　P——破坏荷载(N);

　　　L——受压面的长度(mm);

　　　B——受压面的宽度(mm)。

(2) 试验结果以五个试件抗压强度的算术平均值和单块最小值表示,精确至 0.1 MPa。

▶ 9.7　钢筋试验 ◀

9.7.1　钢筋的拉伸性能试验

1. 试验目的

测定低碳钢的屈服强度、抗拉强度、伸长率三个指标,作为评定钢筋强度等级的主要技术依据。掌握《金属材料 拉伸试验 第 1 部分:室温试验方法》(GB/T 228.1—2021)和钢筋强度等级的评定方法。

标准规范

金属材料 拉伸试验
第 1 部分:室温试验方法

2. 主要仪器设备

① 万能试验机;② 钢板尺、游标卡尺、千分尺、两脚爪规等。

3. 试件制备

(1) 抗拉试验用钢筋试件一般不经过车削加工,可以用两个或一系列等分小冲点或细划线标出原始标距(标记不应影响试样断裂)(图 9 - 16)。

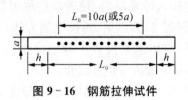

图 9 - 16 钢筋拉伸试件

(2) 试件原始尺寸的测定如下。

① 测量标距长度 L_0,精确到 0.1 mm。

② 圆形试件横断面直径应在标距的两端及中间处两个相互垂直的方向上各测一次,取其算术平均值,选用三处测得的横截面积中最小值,横截面积按下式计算:

$$A_0 = \frac{1}{4}\pi \cdot d_0^2 \tag{9.21}$$

式中:A_0——试件的横截面积(mm^2);

d_0——圆形试件原始横断面直径(mm)。

4. 试验步骤

(1) 屈服强度与抗拉强度的测定如下。

① 调整试验机测力度盘的指针,使对准零点,并拨动副指针,使与主指针重叠。

② 将试件固定在试验机夹头内,开动试验机进行拉伸。拉伸速度为:屈服前,应力增加速度每秒钟为 10 MPa;屈服后,试验机活动夹头在荷载下的移动速度为不大于 $0.5\,L_c/min$(不经车削试件 $L_c = L_0 + 2h_1$)。

③ 拉伸中,测力度盘的指针停止转动时的恒定荷载,或不计初始瞬时效应时的最小荷载,即为求得屈服点荷载 P_s。

④ 向试件连续施荷直至拉断由测力度盘读出最大荷载,即为求得抗拉极限荷载 P_b。

(2) 伸长率的测定如下。

① 将已拉断试件的两端在断裂处对齐,尽量使其轴线位于一条直线上。如拉断处由于各种原因形成缝隙,则此缝隙应计入试件拉断后的标距部分长度内。

② 如拉断处到临近标距端点的距离大于 $1/3L_0$ 时,可用卡尺直接量出已被拉长的标距长度 L_1(mm)。

③ 如拉断处到临近标距端点的距离小于或等于 $1/3L_0$ 时,可按下述移位法计算标距 L_1(mm):在长段上,从拉断处 O 取基本等于短段格数,得 B 点,接着取等于长段所余格(偶数)之半,得 C 点[图 9 - 17(a)];或者取所余格数(奇数),减 1 与加 1 之半,得 C 与 C_1 点 [图 9 - 17(b)]。移位后的 L_1 分别为 $AO + OB + 2BC$(偶数)或者 $AO + OB + BC + BC_1$(奇数)。

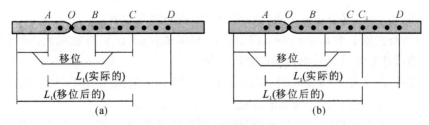

图 9 - 17 移位法测量断后标距 L_1

④ 如试件在标距端点上或标距处断裂,则试验结果无效,应重新试验。

5. 试验结果处理

(1) 屈服强度按下式计算:

$$\sigma_s = \frac{P_s}{A_0} \qquad (9.22)$$

式中: σ_s——屈服强度(MPa);

P_s——屈服时的荷载(N);

A_0——试件原横截面面积(mm^2)。

(2) 抗拉强度按下式计算:

$$\sigma_b = \frac{P_b}{A_0} \qquad (9.23)$$

式中: σ_b——屈服强度(MPa);

P_b——最大荷载(N);

A_0——试件原横截面面积(mm^2)。

(3) 伸长率按下式计算(精确至1%):

$$\delta_{10}(\delta_5) = \frac{l_1 - l_0}{l_0} \times 100\% \qquad (9.24)$$

式中: $\delta_{10}(\delta_5)$——分别表示 $L_0 = 10\,d_0$ 或 $L_0 = 5\,d_0$ 时的伸长率;

L_0——原始标距长度 $10\,d_0$(或 $5\,d_0$)(mm);

L_1——试件拉断后直接量出或按移位法确定的标距部分长度(mm)。

(4) 当试验结果有一项不合格时,应另取双倍数量的试样重做试验,如仍有不合格项目,则该批钢材判为拉伸性能不合格。

9.7.2 钢筋的弯曲(冷弯)性能试验

1. 试验目的

通过检验钢筋的工艺性能评定钢筋的质量。掌握《金属材料 弯曲试验方法》(GB/T 232—2010)和钢筋质量的评定方法,正确使用仪器设备。

2. 主要仪器设备

压力机或万能试验机。

3. 试件制备

(1) 试件的弯曲外表面不得有划痕。

（2）试样加工时，应去除剪切或火焰切割等形成的影响区域。

（3）当钢筋直径小于 35 mm 时，不需加工，直接试验；若试验机能量允许时，直径不大于 50 mm 的试件亦可用全截面的试件进行试验。

（4）当钢筋直径大于 35 mm 时，应加工成直径 25 mm 的试件。加工时应保留一侧原表面，弯曲试验时，原表面应位于弯曲的外侧。

（5）弯曲试件长度根据试件直径和弯曲试验装置而定，通常按下式确定试件长度：

$$l = 5d + 150 \tag{9.25}$$

4. 试验步骤

（1）半导向弯曲

① 试样一端固定，绕弯心直径进行弯曲，如图 9-18 所示。

② 试样弯曲到规定的弯曲角度或出现裂纹、裂缝或裂断为止。

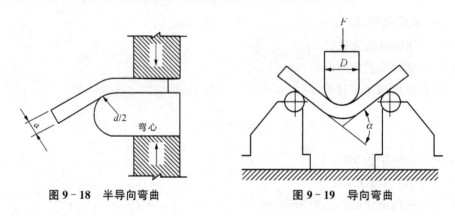

图 9-18　半导向弯曲　　　　　　图 9-19　导向弯曲

（2）导向弯曲

① 试样放置于两个支点上，将一定直径的弯心在试样两个支点中间施加压力，使试样弯曲到规定的角度（图 9-19）或出现裂纹、裂缝、裂断为止。

② 试样在两个支点上按一定弯心直径弯曲至两臂平行时，可一次完成试验，亦可按①弯曲至如图 9-19，然后放置在试验机平板之间继续施加压力，压至试样两臂平行。此时可以加与弯心直径相同尺寸的衬垫进行试验，如图 9-20。

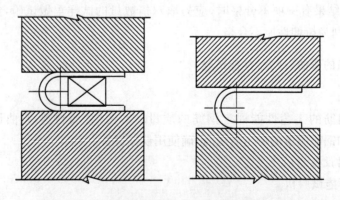

图 9-20　加与弯心直径相同尺寸的衬垫进行试验

5. 试验结果处理

按以下五种试验结果评定方法进行,若无裂纹、裂缝或裂断,则评定试件合格。

（1）完好。试件弯曲处的外表面金属基本上无肉眼可见因弯曲变形产生的缺陷时,称为完好。

（2）微裂纹。试件弯曲外表面金属基本上出现细小裂纹,其长度不大于 2 mm,宽度不大于 0.2 mm 时,称为微裂纹。

（3）裂纹。试件弯曲外表面金属基本上出现裂纹,其长度大于 2 mm,而小于或等于 5 mm,宽度大于 0.2 mm,而小于或等于 0.5 mm 时,称为裂纹。

（4）裂缝。试件弯曲外表面金属基本上出现明显开裂,其长度大于 5 mm,宽度大于 0.5 mm 时,称为裂缝。

（5）裂断。试件弯曲外表面出现沿宽度贯穿的开裂,其深度超过试件厚度的 1/3 时,称为裂断。

注：在微裂纹、裂纹、裂缝中规定的长度和宽度,只要有一项达到某规定范围,即应按该级评定。

▶ 9.8　混凝土非破损试验 ◀

9.8.1　试验目的

验证和鉴定结构的施工质量;处理鉴定工程质量事故和受灾结构损伤程度,为维护、加固设计提供依据;对久用旧桥普查检测,判断剩余寿命,并为加固改建提供合理的设计参数。

9.8.2　检测方法

1. 回弹法检测混凝土强度

使用回弹仪的弹击拉簧驱动仪器内的弹击重锤,通过中心导杆,弹击混凝土表面,并测得反弹距离,以反弹距离与弹簧初始长度之比作为回弹值 R,由回弹值与混凝土强度的相关关系来推定混凝土强度。

回弹值代表弹击前后的能量损失。

2. 超声回弹综合法

超声回弹综合法是超声法检测和回弹仪测量的综合,是先利用超声仪测定超声波在混凝土构件中的传播时间 t 并计算出超声波在混凝土中的声速值 V,然后利用回弹法测定混凝土表面硬度即回弹值 R,同时根据回弹值 R 和声速值 V 来推定混凝土强度 f_{cu}。由于超声声速值反映了混凝土的内部密实度,而且混凝土强度的不同,其结构密实度也不同,鉴于混凝土的强度与超声声速 V 和混凝土的表面硬度(表面硬度可由回弹锤的反弹高度即回弹值 R 反映)具有相关性,因此完全可以建立回弹值和超声声速值与混凝土抗压强度之间的相关关系式 f_{cu}-V-R。

由于声速值与回弹值综合后,原来对超声声速和回弹值有影响的因素,没有原来单一方法时那么显著,这就扩大了超声回弹综合法的适用范围,提高了测试精度。

3. 钻芯法

使用专用的取芯钻机,从被检测结构或构件上直接钻取圆柱形的混凝土芯样,并根据芯样的抗压试验结果推定混凝土的抗压强度。

▶ 9.9　防水材料试验 ◀

9.9.1　实验目的

本试验的目的是通过防水材料试验,掌握高分子防水片材取样制备和拉伸强度、撕裂强度、不透水性、低温弯折试验方法和技术标准,学会通过实验分析防水片材的性能。

9.9.2　实验仪器和设备

① 拉力试验机;② 电动油毡不透水仪;③ 低温试验箱和弯折仪。

9.9.3　实验步骤

防水片材常规实验可分为五部分的内容,即试样制备、拉伸实验、撕裂实验、不透水性试验和低温弯折试验。

1. 试样制备

沿片材纵向裁取长度为 1 m 的试样,展平后在标准状态下静置 24 h 后,分别按纵横两个方向开始裁取试片。裁取时应顺着织物的纹路,尽量不破坏纤维并使工作部分保证最大的纤维根数。试样的形状与个数分别为:圆形试件(Φ140 mm)3 个;长方形试件纵向、横向各 5 个(200 mm×25 mm);直角形试件纵向、横向各 5 个;长方形试件(120 mm×50 mm)纵向、横向各 2 个。

2. 拉伸试验

拉伸试验应在标准环境下进行,首先预测其破坏时拉力,选择量程,使破坏时最大拉力在量程范围的 20%～80%之间。将长方形试件(200 mm×25 mm)置于夹持器的中心,将上下夹持器对准夹持线夹紧试件,夹持距离为 120 mm。开动机器,以 100 mm/min±10 mm/min的速度拉伸试件至试件完全断裂。读取试样加强层断裂时的力和拉伸值,计算试件断裂拉伸强度和扯断伸长率,纵向和横向分别测试 5 个试件,结果取中值。

3. 撕裂试验

撕裂试验应在标准环境下进行,首先预测其破坏时最大力,选择量程,使破坏时最大力在量程范围的 20%～80%之间。将直角形试件置于夹持器的中心,用上下夹持器对准边线夹紧试件,夹持距离为 80 mm。开动机器,以 250 mm/min±50 mm/min 的拉伸速度拉伸试件至试件断裂。读取断裂时的最大力为其撕裂强度,纵向和横向分别测试 5 个试件,结果取中值。

4. 不透水性试验

不透水性试验采用的是电动油毡不透水仪。试验时按不透水仪的操作规程将试样装好,并一次性升压至规定压力,保持 30 min 后观察试验有无渗漏。

5. 低温弯折试验

要求实验室温度：23℃±2℃，试样在实验室温度下停放时间不少于 24 h。

将制备的试件弯曲 180°，使 50 mm 宽的试件边缘重合、齐平，将边缘固定以保证其在试验中不发生错位，并将弯折仪的两平板间距调到片材厚度的三倍。将弯折仪上平板打开，将厚度相同的两块试件平放在底板上，重合的一边朝向转轴，且距转轴 20 mm，在 -20℃ 的温度下保持 1 h 后迅速压下上平板，达到所调间距位置，保持 1 s 后将试件取出，用 8 倍放大镜观察试件弯折处有无裂纹。

▶ 9.10　保温材料试验 ◀

9.10.1　实验目的

学习墙体保温性能检测装置的实验原理，熟悉实验装置的使用情况，对墙体砌块进行热工参数的检测实验，学会对实验数据的整理。

9.10.2　实验设备

防护热箱法实验装置，其结构如图 9-21。

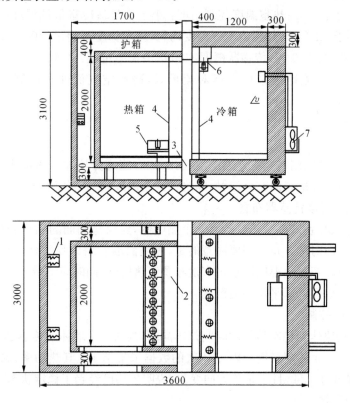

1—防护箱微调加热器；2—试验墙体；3—支撑件；4—导流板(无)；
5—热箱微调加热器；6—分体式变频空调器；7—冷箱加热送风器(无)

图 9-21　防护热箱装置结构图(具体尺寸依现场装置而定)　单位：mm

9.10.3　实验内容

1. 检测前期工作

根据试件的检查和分析,应初步估计出试件热工性能的可能范围值,并评价可能获得的准确度。

(1) 检测设备标定

墙体保温检测设备在投入使用前应进行计量箱壁的标定。

标准试件采用长期存放的 EPS 或 XPS 板,厚度可以是 50~100 mm。标准试件可重复多次使用,但应小心保存,避免受潮、阳光照射。

标定时冷箱和计量热箱的温度设定应根据实际使用情况确定,冷箱温度应与实际使用时一致;计量热箱温度设定为第一种工况比防护热箱温度低 3℃~5℃,第二种工况比防护热箱温度高 3℃~5℃,而防护热箱的温度始终保持与实际使用时一致。

(2) 检测前样品处理

墙体在砌筑过程中要进行润湿处理,含水率较高,加上墙体俩侧的砂浆面层、防水层等,短期内水分不易蒸发。因此必须要对墙体的含水率进行人工调节,控制墙体的含水率在 5% 以下;尽量将被测试的墙体在干燥状态下进行,使检测结果更加接近理论计算值,各个检测机构的检测结果趋于接近。

(3) 参数控制

热室最高温度:30℃;热室温度控制精度:小于 0.1℃;冷室最低温度:−10℃;冷室温度控制精度:小于 0.2℃;冷热箱内空气温度均匀,纵向梯度不超过 ±0.5℃;制冷机组功率:2.2 kW;电暖器功率:500 W;传感器精度:0.062 5;温差范围:25℃~50℃。

计量热箱的空气流速可采用自然对流形式,冷箱空气流速宜控制距离试件冷表面 50 mm 处的平均风速为 3.0 m/s。

2. 实验准备

(1) 试件安装

安装前检查试件两侧是否有连通的空气孔,如有应充分填埋。热箱侧的试件表面应平整,保证鼻锥带与试件框表面充分接触,隔绝计量箱内外侧的空气流。

(2) 试件表面温度传感器布置

本实验室检测装置试件冷热侧各有 5 个热电偶,建议每侧面的测点分布为四角各一个中间一个,且冷热面对称分布。需要注意的是,热电偶端应用硅胶黏合,增强冷侧面表温度的准确值;同时应注意避免温度测点过多地布置于热桥处;同时应测量所有与试件进行辐射换热表面的温度,以便计算平均辐射温度。

(3) 测量时间控制

不同墙体、砌块达到稳态传热的时间是不同的,判断一个墙体的传热是否会达到平衡状态,应至少在两个 2 h 的测量周期内(12 次的数据采集结果)其热功率、温度差、传热系数计算值的偏差值小于 1%,且不是单方向变化,说明传热已经趋于稳定状态。

(4) 注意的问题

① 计量面积应足够大。

② 热源应用绝热反射罩屏蔽使得辐射到计量箱壁和试件上的辐射热量减至最小。

③ 实验允许的话,可以在冷热侧均设置导流屏。导流屏应与计量箱内面同宽,上下端有空隙以便空气循环。导流屏在垂直其表面方向上可以移动,以调节平行于试件表面的空气速度。导流屏表面的辐射率亦应大于 0.8。

④ 防护箱内环境的不均匀性引起不平衡误差应小于 $\pm 0.5\%$。为避免防护箱中的空气停滞不动,通常需要安装循环风扇。

⑤ 试件表面如果不平整,可用砂浆、嵌缝材料或其他适当的材料将同计量箱周边密封接触的面积填平。

3. 结果评价

(1) 试验结果应同初步估计值进行比较。按本标准进行测试其准确度应在 $\pm 5\%$ 之内。存在明显差异时,应仔细检查试件,找出它与技术要求的差异,然后根据检查结果重新评价。

(2) 实验结果如果与标准值偏差较大,可能原因如下。

① 检测仪器本身的精度问题无法去改变。

② 测量过程中的操作问题。

③ 填充材料的本身的密度等热工参数随外界环境不断变化。

④ 计算过程过于简单或各类的误差。

▶ 9.11　综合设计试验：普通混凝土配合比设计试验 ◀

9.11.1　实验目的

了解普通混凝土配合比设计的全过程,培养综合设计实验能力,熟悉混凝土拌合物的和易性及混凝土强度实验方法。

9.11.2　工程和原材料条件

某工程的预制钢筋混凝土梁(不受风雪影响)。混凝土设计强度等级为 C25,要求强度保证率 95%。该施工单位无历史统计资料。施工要求坍落度为 30~50 mm。施工现场混凝土由机械搅拌,机械振捣。

原材料:① 普通水泥,强度等级 32.5,表观密度 $\rho_c = 3.1$ g/cm^3;② 中砂;③ 碎石;④ 自来水。

9.11.3　实验步骤

1. 原材料性能试验

(1) 水泥性能试验

① 凝结时间试验;② 安定性试验;③ 胶砂强度试验。

(2) 砂性能试验

表观密度测定、堆积密度测定;筛分析试验。

(3) 石性能试验

表观密度测定、堆积密度测定;筛分析试验。

2. 计算初步配合比

根据给定的工程条件、原材料和实验测得的原材料性能进行初步配合比计算。计算应按照《普通混凝土配合比设计规程》(JGJ 55—2011)的规定。所得初步配合比,供试配用。

3. 配合比的试配

4. 配合比的调整和确定

参考文献

[1] 王春阳.建筑材料[M].4 版.北京:高等教育出版社,2019.

[2] 依巴丹,李国新.建筑材料[M].2 版.北京:机械工业出版社,2014.

[3] 高琼英.建筑材料[M].4 版.武汉:武汉理工大学出版社,2012.

[4] 张健.建筑材料与检测[M].2 版.北京:化学工业出版社,2007.

[5] 谭平,张瑞红,孙青霭.建筑材料[M].3 版.北京:北京理工大学出版社,2019.

[6] 霍曼琳.建筑材料学[M].2 版.重庆:重庆大学出版社,2015.

[7] 梅杨,赵瑞霞.建筑材料与检测[M].2 版.郑州:郑州大学出版社,2022.

[8] 宋岩丽,范红岩.建筑材料与检测[M].4 版.北京:人民交通出版社,2022.

[9] 高军林,李念国.建筑材料与检测[M].2 版.北京:中国电力出版社,2014.

[10] 周明月.建筑材料与检测[M].2 版.北京:化学工业出版社,2016.

[11] 张健.建筑材料与检测[M].2 版.北京:化学工业出版社,2007.

[12] 魏鸿汉.建筑材料[M].5 版.北京:中国建筑工业出版社,2018.

[13] 姜志青.道路建筑材料[M].6 版.北京:人民交通出版社,2021.

[14] 李维,李巧玲.建筑材料质量检测[M].北京:中国计量出版社,2006.

[15] 申淑荣,冯翔.建筑材料[M].北京:冶金工业出版社,2010.

[16] 高琼英.建筑材料[M].4 版.武汉:武汉理工大学出版社,2012.

[17] 王瑞燕.建筑材料[M].2 版.重庆:重庆大学出版社,2013.

[18] 蔡丽朋.建筑材料[M].2 版.北京:化学工业出版社,2010.

[19] 王春阳.建筑材料[M].4 版.北京:高等教育出版社,2019.

[20] 柯国军.土木工程材料[M].2 版.北京:北京大学出版社,2012.

[21] 张思梅.土木工程材料[M].北京:机械工业出版社,2011.

[22] 中华人民共和国住房和城乡建设部.混凝土强度检验评定标准:GB/T 50107—2010[S]. 北京:中国建筑工业出版社,2010.

[23] 中华人民共和国住房和城乡建设部.普通混凝土长期性能和耐久性能试验方法标准: GB/T 50082—2009[S].北京:中国建筑工业出版社,2009.

[24] 中华人民共和国住房和城乡建设部.混凝土质量控制标准:GB 50164—2011[S].北京:中国建筑工业出版社,2012.

[25] 中华人民共和国住房和城乡建设部.普通混凝土配合比设计规程:JGJ 55—2011[S].北京:中国建筑工业出版社,2011.

[26] 中华人民共和国国家质量监督检验检疫总局,中国国家标准化管理委员会.水泥标准稠度用水量、凝结时间、安定性检验方法:GB/T 1346—2011[S].北京:中国标准出版

社,2012.

[27] 中华人民共和国国家质量监督检验检疫总局,中国国家标准化管理委员会.蒸压加气混凝土砌块:GB/T 11968—2020[S].北京:中国标准出版社,2020.

[28] 中华人民共和国国家质量监督检验检疫总局,中国国家标准化管理委员会.塑性体改性沥青防水卷材:GB 18243—2008[S].北京:中国标准出版社,2008.

[29] 中华人民共和国国家质量监督检验检疫总局,中国国家标准化管理委员会.弹性体改性沥青防水卷材:GB 18242—2008[S].北京:中国标准出版社,2008.

[30] 中华人民共和国国家质量监督检验检疫总局,中国国家标准化管理委员会.烧结多孔砖和多孔砌块:GB 13544—2011[S].北京:中国标准出版社,2012.

[31] 中华人民共和国住房和城乡建设部.预拌砂浆应用技术规程:JGJ/T 223−2010[S].北京:中国建筑工业出版社,2011.

[32] 上海市建设和交通委员会.商品砌筑砂浆现场检测技术规程:DG/T J08—2021—2007[S].2007.

[33] 中华人民共和国国家质量监督检验检疫总局,中国国家标准化管理委员会.预拌砂浆:GB/T 25181—2019[S].北京:中国标准出版社,2019.

[34] 中华人民共和国住房和城乡建设部.砌筑砂浆配合比设计规程:JGJ/T 98—2010[S].北京:中国建筑工业出版社,2011.

[35] 中华人民共和国国家发展和改革委员会.混凝土小型空心砌块和混凝土砖砌筑砂浆:JC 860—2008[S].北京:中国建材工业出版社,2008.

[36] 中华人民共和国住房和城乡建设部.抹灰砂浆技术规程:JGJ/T 220—2010[S].北京:中国建筑工业出版社,2011.

[37] 中华人民共和国国家质量监督检验检疫总局,中国国家标准化管理委员会.预应力混凝土用钢丝:GB/T 5223—2014[S].北京:中国标准出版社,2015.

[38] 王勇,曹元辉,张萌,等.碳中和背景下建材行业未来发展趋势探讨[J].中国建材科技,2022,31(3):97−99.

[39] 刘博.现代夯土结构的材料力学特性及抗震性能研究[D].西安:西安建筑科技大学,2019.

[40] 麻向龙.生土建筑墙体材料体系及多功能化的研究[D].西安:西安建筑科技大学,2016.

[41] 本刊专题报道组.特种水泥系列报道之核电水泥:走在钢索上的材料[J].中国建材,2020(12):112−115.